高等学校电子信息类系列教材

单片机原理、接口技术及应用(含 C51)

主　编　杨学昭　王东云
副主编　张海峰　贺焕林　廖伍代
参　编　房泽平　路向阳　耿世勇　任鹏飞
主　审　张五一

U0379226

西安电子科技大学出版社

内 容 简 介

本书以 MCS-51 系列单片机为核心，全面详细地介绍了单片机的原理、程序设计及应用系统设计等内容。全书主要内容包括 MCS-51 系列单片机的结构及原理、指令系统、汇编语言程序设计、中断系统、定时器/计数器、串行接口、存储器系统扩展、接口技术及应用、C51 程序设计及应用、测控系统应用实例、MCS-51 单片机兼容机及 I²C 串行总线技术，最后还介绍了单片机系统抗干扰技术设计。本书选材切合实际，内容由浅入深、循序渐进，可读性好，实用性强，有丰富的例题及习题。

本书既可作为高等院校电子、电气、信息类专业的教材，也可作为从事单片机应用的工程技术人员的参考书。

图书在版编目（CIP）数据

单片机原理、接口技术及应用：含 C51 / 杨学昭，王东云主编.
—西安：西安电子科技大学出版社，2009.2(2022.8 重印)
ISBN 978–7–5606–2164–7

Ⅰ. 单…　Ⅱ. ① 杨…　② 王…　Ⅲ. ① 单片微型计算机—基础理论—高等学校—教材　② 单片微型计算机—接口—高等学校—教材　Ⅳ. TP368.1

中国版本图书馆 CIP 数据核字（2008）第 192937 号

策　　划　毛红兵
责任编辑　孟秋黎　毛红兵
出版发行　西安电子科技大学出版社（西安市太白南路 2 号）
电　　话　(029)88202421　88201467　邮　编　710071
http://www.xduph.com　E-mail: xdupfxb001@163.com
经　　销　新华书店
印刷单位　西安日报社印务中心
版　　次　2022 年 8 月第 1 版第 3 次印刷
开　　本　787 毫米×1092 毫米　1/16　印张 21.5
字　　数　508 千字
定　　价　49.00 元
ISBN 978 – 7 – 5606 – 2164 – 7 / TP
XDUP 2456001–3

＊＊＊ 如有印装问题可调换 ＊＊＊

前　言

随着电子技术和计算机技术应用领域的不断扩大，单片机技术以其简单易学、开发方便、价格低廉等特点，已经成为电子技术领域中的一个新的关注点，成为从事电子技术开发所必须掌握的专业技术之一。

单片机技术是一门综合性应用技术，是通过电子技术硬件电路及程序设计进行新产品开发和传统设备改造的重要技术手段之一。本书根据我们多年的教学和实践经验，以"由浅入深，简单易懂，培养技能，重在应用"为原则编写而成。

本书共 13 章，介绍了 51 系列单片机的结构、指令系统、程序设计、接口技术及系统应用等内容，包含基于 C51 程序设计、单片机应用系统设计开发及单片机新技术等内容。

本书由杨学昭、王东云任主编，张海峰、贺焕林、廖伍代任副主编，参加编写的还有房泽平、路向阳、耿世勇和任鹏飞。其中杨学昭编写了第 1 章、第 6 章及第 11 章的 11.1～11.3节，王东云编写了第 2 章及第 11 章的 11.4 节，张海峰编写了第 4 章及第 10 章的 10.1～10.5节，贺焕林编写了第 8 章及第 9 章的 9.1～9.4 节，廖伍代编写了第 3 章和第 5 章，房泽平编写了第 7 章、第 9 章的 9.5、9.6 节及附录 A 和附录 B，路向阳编写了第 10 章的 10.8 节、第 13 章及附录 C、附录 D 和附录 E，耿世勇编写了第 12 章，任鹏飞编写了第 10 章的 10.6、10.7 节。

全书由张五一教授主审。张五一教授在百忙中对本书进行了仔细认真的审阅，并提出了宝贵意见，在此深表感谢。本书在编写过程中还得到了张谦教授、李伟锋教授及陈旭等老师的支持与帮助，在此一并表示感谢。

限于编者水平和经验，书中的疏漏之处在所难免，希望使用本书的广大读者提出批评和建议。

编　者

2008 年 7 月

目　　录

第1章 绪 论

本章概括地介绍单片微型计算机的概念、发展概况、目前市场流行的单片机的型号以及开发调试单片机的方法。

1.1 单片微型计算机及其发展趋势

1.1.1 单片机的概念

单片微型计算机简称单片机(Single Chip Computer)，通常是为实时控制应用而设计制造的，因此，又称为微控制器(Micro-Controller Unit，MCU)。单片机是在一块芯片上将中央处理器(CPU)、存储器(RAM，ROM)、定时器/计数器、中断控制、各种输入/输出(I/O)接口(如并行 I/O 口、串行 I/O 口和 A/D 转换器)等集成为一体的器件。

单片微型计算机是 20 世纪 70 年代初期发展起来的，它是微型计算机发展中的一个重要分支，并以其独特的结构和性能被广泛应用于工业、农业、国防、网络、通信以及人们的日常工作和生活中。

不同生产厂家的不同型号的单片机，由于用途、功能等的不同，具体的结构和性能也有较大的差异，但总的模块结构是一样的，因此我们只要掌握了某个型号的单片机的原理及应用，就可以触类旁通，通过自学很快地掌握其他型号的单片机知识。

单片机自问世以来，其性能不断提高和完善，其资源不仅能满足很多应用场合的需要，而且具有集成度高、功能强、速度快、体积小、功耗低、使用方便、性能可靠、价格低廉等特点。因此，单片机在工业控制、智能仪器仪表、数据采集和处理、通信系统、网络系统、汽车工业、国防工业、高级计算器具、家用电器等领域的应用日益广泛，其应用潜力越来越被人们所重视。特别是当前用 CMOS 工艺制成的各种单片机，由于功耗低、使用的温度范围大、抗干扰能力强，故能满足一些特殊要求。而特殊功能的专用单片机的推出，如单片收音机芯片、单片 DVD 芯片等，更加扩大了单片机的应用范围，也进一步促进了单片机技术的发展。

1.1.2 单片机的发展趋势

当前，单片机在以 8 位机为主流的基础上正朝着多功能、精简指令集、低功耗、专用的方向发展。就市场上已出现的单片机而言，其技术革新与进步主要表现在以下几个方面：

1. CPU 的发展

改变 CPU 的字长或提高其时钟频率均可提高 CPU 的数据处理能力和运算速度。CPU的字长目前有 8 位、16 位和 32 位。时钟频率高达 40 MHz 的单片机也已出现。

2．片内存储器的发展

(1) 扩大存储容量。早期单片机的片内存储器，一般 RAM 为 64～128 B，ROM 为 1～2 KB，寻址范围为 4 KB。新型单片机片内 RAM 为 256 B、2048 B，ROM 多达 64 KB。如华邦公司的 W78E516，片内 Flash ROM 为 64 KB，Dallas Semiconductor 的 DS87C550 片内 RAM 容量为 2 KB。新型单片机的寻址范围可扩大到 64 KB，甚至 128 KB。

(2) 片内 EPROM 开始由 Flash ROM、EEPROM 代替。早期单片机内 ROM 有的采用可擦除的只读存储器 EPROM，然而 EPROM 必须要高压编程，紫外线擦除，给使用带来不便。近年来推出的闪速存储器 Flash ROM、电擦除可编程只读存储器 EEPROM 可在正常工作电压下进行读写，并能在断电的情况下保持信息不丢失。

3．片内输入/输出接口功能

最初的单片机只有并行输入/输出接口、定时器/计数器，它们的功能较弱，实际应用中往往需要通过特殊的接口扩展功能，从而增加了应用系统结构的复杂性。

近年来，新型单片机内的接口无论类型还是数量上都有很大的发展，这不仅大大提高了单片机的功能，而且使系统的总体结构也大大简化了。例如，有些单片机的并行 I/O 口能直接输出大电流和高电压，可直接用于驱动荧光显示管(VFD)、液晶显示器(LCD)和数码显示管(LED)等，应用系统中就不再需要外部驱动电路；有些单片机片内含有 A/D 转换器，在一些实时控制系统中可省掉外部 A/D 转换器。

目前，在单片机中包含的各种接口有数十种，如 A/D 转换器、D/A 转换器、DMA 控制器、CRT 控制器、LCD 驱动器、LED 驱动器、VFD 驱动器、正弦波发生器、声音发生器、字符发生器、波特率发生器、锁相环、频率合成器、脉宽调制器等。虽然一个单片机内只含若干种接口，但其功能却比初期的单片机强得多。

4．特种单片机发展迅速

面对激烈的市场竞争，许多公司推出了性能、功能多样化的单片机。例如，TI 公司的 MSP430，其功耗极低，适合掌上控制；RCA 公司的 68HC05D2 在片内固化了键盘管理程序，CDP1804P 在片内固化了 PASCAL 语言等。

目前国际市场上 8 位、16 位单片机系列已有很多，但是，在国内使用较多的系列是 Intel 公司的产品，其中又以 MCS-51 系列单片机应用尤为广泛，历经多年不衰，而且还在进一步发展。MCS-51 系列单片机的兼容机型号众多，功能齐全，可以满足不同场合的应用需要。

1.2　MCS-51 及其兼容的单片机

目前，在 8 位单片机的使用中，以 MCS-51 系列单片机应用最为广泛，与其兼容的单片机数量众多，以下简单介绍 MCS-51 及其兼容的单片机产品，较详细的介绍可参见本书第 12 章。

1.2.1　MCS-51 系列单片机

MCS-51 系列单片机是 Intel 公司早期推出的性能优越的单片机，该系列有 8031、8051、

8751 及 8032、8052、8752 等多种产品，其中 8051、8052 片内带有 4 KB 的 ROM，8751、8752 片内带有 4 KB 的 EPROM，8031、8032 片内没有 ROM(使用时，需要在其外部扩展程序存储器)。另外，8031/51 片内有 128 B 的 RAM，8032/52 片内有 256 B 的 RAM。MCS-51系列单片机的典型产品是 8051，它内部有 4 KB 的 ROM，128 B 的 RAM，两个 16 位的定时器/计数器，4 个 8 位的并行 I/O 口，一个串行口及 5 个中断源等资源。MCS-51 系列单片机内部资源配置如表 1-1 所示。

表 1-1 MCS-51 系列单片机内部资源配置

型号	程序存储器	片内 RAM	定时器/计数器	并行 I/O 口	串行口	中断源/中断优先级
8031/80C31	无	128 B	2×16	32	1	5/2
8051/80C51	4 KB ROM	128 B	2×16	32	1	5/2
8751/87C51	4 KB EPROM	128 B	2×16	32	1	5/2
8032/80C32	无	256 B	3×16	32	1	6/2
8052/80C52	4 KB ROM	256 B	3×16	32	1	6/2

除非特别声明，本书以 8051 单片机为例讲解 MCS-51 系列单片机的原理及接口。

1.2.2 8051 兼容的单片机

如前所述，由于 Intel 公司的 MCS-51 系列单片机的内核的开放性，使得一些半导体芯片制造商在 51 内核上集成了一些片内外设，如 ADC、DAC、存储器等，使其可成为 MCS-51的兼容机。典型的有 ATMEL 公司的 AT89C 系列内部集成 Flash ROM，PHILIPS 公司的与8051 兼容的单片机中集成了各种总线、ADC、DAC 等，华邦公司的 WE78、WE77 系列等集成了 Flash ROM、WDT("看门狗"计时器电路)等功能。这些功能不同的兼容机，使 MCS-51单片机的应用越来越广，且价格越来越低，性能越来越好。这些与 MCS-51 单片机兼容的单片机的指令与 8051 完全兼容，大大方便了开发者的使用。一些常用的与 51 系列兼容的单片机的特性如表 1-2 所示。

表 1-2 与 51 系列兼容的单片机特性

厂商	型号	程序存储器	片内 RAM	定时器/计数器	并行 I/O 口	串行口	中断源/优先级	其他特点
ATMEL	AT89C2051	2 KB Flash ROM	128 B	2 × 16	15	1	6/2	直接驱动 LED 输出，片上模拟比较器
	AT89C51	4 KB Flash ROM	128 B	2 × 16	32	1	6/2	
	AT89C52	8 KB Flash ROM	256 B	2 × 16	32	1	8/2	
	AT89S53	12 KB Flash ROM	256 B	3 × 16	32	1	9/2	SPI，WDT，2 个数据指针
华邦	W78E51	4 KB EPROM	128 B	2 × 16	32	1	5/2	
	W77E58	32 KB Flash ROM	256 B+ 1024 B	3 × 16	36	2	12/2	扩展了 4 位 I/O 口，双数据指针，WDT

厂商	型号	程序存储器	片内RAM	定时器/计数器	并行I/O	串行口	中断源/优先级	其他特点
Analog Devices	ADμC812	8 KB EEPROM	256 B+ 640 B	2 × 16	32	1	9/2	WDT，SPI，8 通道 12 位 ADC，2 通道 12 位 DAC，片上 DMA 控制器
PHILIPS	80C552	无	256 B	3 × 16	48	1	15/4	CMOS 型 10 位 ADC，捕捉/比较单元，PWM
	83/87C552	8 KB EEPROM	256 B	3 × 16	48	1	15/4	CMOS 型 10 位 ADC，捕捉/比较单元，PWM
	83/89CE558	32 KB EEPROM	256 B+ 1024 B	3 × 16	40	1	15/4	8 通道 10 位 ADC，捕捉/比较单元，PWM，双数据指针，I^2C 总线，PLL(32 kHz)
	83C592	16 KB EEPROM	256 B+ 256 B	3 × 16	48	2	15/2	CMOS 型 CAN 微控制器
SST	SST89E554	32KB+8KB Flash ROM	1 KB	3 × 16	32	2	8/4	40 MHz，SPI，双数据指针，WDT
TI	MSC1210Y2	4KB+2KB Flash ROM	1280 B	3 × 16	32	2	21/12	32 位累加器，WDT，SPI，低电压检测，16 位 PWM
Intel	87C54	16 KB EPROM	256 B	3 × 16	32	1	7/4	具有帧错误检测的可编程串口
	83/87C51GB	8 KB EPROM	256 B	3 × 16	48	1	15/4	PWM，WDT，8 通道 8 位 ADC，具有帧检测和识别的串口

注：SPI (Serial Peripheral Interface)即串行外围设备接口；WDT(Watch Dog Timer)即"看门狗"计时器电路；I^2C(Inter-Integrated Circuit)即芯片间串行传输总线；PWM(Pulse Width Modulation)即脉宽调制。

1.3 单片机的应用领域

单片机主要可用于以下几方面：

(1) 工业测控系统中的应用。由于控制系统特别是工业控制系统的工作环境恶劣，各种干扰较强，而且往往要求实时控制，故要求控制系统工作稳定、可靠，抗干扰能力强。单片机最适宜用于工业控制领域，如恒温控制、电梯控制、飞机导航、火箭飞行、航天卫星及各种生产线自动控制等。

(2) 智能仪器仪表中的应用。用单片机制作的测量、控制仪表，能使仪表向数字化、智能化、多功能化、柔性化发展，并将监测、处理、控制等功能一体化，使仪表重量大大减轻，便于携带和使用，同时降低了成本，提高了性价比，如数字式示波器、智能转速表、计时器及各种各样的测量仪等。

(3) 家用产品中的应用。单片机在家用产品特别是家用电器中使用得相当广泛，通过智能控制可使传统家电产品结构简化，控制智能化，功能强，可靠性高，节能，节电，如模糊洗衣机、变频空调、数字电视机、家用 VCD、DVD、智能电动玩具、电子琴等。

(4) 计算机外设及办公、通信产品中的应用。在计算机应用系统中，除通用外部设备(键盘、显示器、打印机)外，还有许多用于外部通信、数据采集、多路分配管理、驱动控制等接口。如果这些外部设备和接口全部由主机管理，势必造成主机负担过重、运行速度降低，并且不能提高对各种接口的管理水平。如果采用单片机专门对接口进行控制和管理，则主机和单片机就能并行工作，这不仅可大大提高系统的运算速度，而且单片机还可对接口信息进行预处理，以减少主机和接口间的通信密度，提高接口控制管理的水平，如绘图仪控制器，磁带机、打印机的控制器等。除办公用的计算机外，其他办公产品中也大量采用单片机，如复印机、传真机等；在通信设备厂中，如调制解调器、程控电话交换机、电话机、手机、无线中继站等也大量使用单片机。

综上所述，单片机在很多应用领域都得到了广泛的应用。目前国外的单片机应用已相当普及，国内虽然从 1980 年才开始着手开发应用，但至今也已有数十家专门生产单片机的工厂或公司，愈来愈多的科技工作者投身到单片机的开发和应用中，并且在程序控制、智能仪表等方面涌现出大量科技成果。可以预见，单片机在我国必将有着更为广阔的发展前景。

1.4 单片机的开发工具和仿真调试方式

1.4.1 单片机的开发工具

所谓单片机的开发，就是利用单片机内部的资源，配置相应接口电路、测控电路及外部设备，设计相应的程序以完成目标系统所需功能的过程。

学习单片机的目的是应用它实现不同控制功能。要学好单片机的知识，除了掌握单片机的原理(内部结构、指令系统等)外，还必须具备必要的硬件知识，如数字电路、模拟电路以及各种接口芯片，因为任何一款单片机都不可能含有我们所要设计和开发的系统的全部功能，这就需要通过相应的硬件电路(或软件)去实现。最典型的人机接口，如显示器、键盘等，需要通过接口和程序才能实现；更高层次的开发应用还需掌握传感器及信号处理知识、控制及驱动电路的设计等硬件知识，以实现不同功能和要求的单片机系统(参见第 11 章)。

开发一个单片机应用系统，除了设计硬件电路外，就是编写相应的程序。程序的正确与否，需要通过仿真器来调试，因为任何一个程序都不是一次编写就能成功的，需要反复修改和反复实验。有时，硬件的错误也可以通过正确的软件来发现。

因此，熟练掌握单片机，必须有相应的开发工具，具体如下：

首先，要有一套合适的仿真器或下载转换板，用来调试编写的程序，通过仿真，可以发现程序设计中的错误并及时更正。当然，也可以利用正确的软件来检查硬件电路的错误。

仿真器或下载转换板可以通过生产厂家购买，比较典型的有南京伟福仿真器、启东单片机仿真器等。一般学校购买的单片机实验装置都含有仿真器和用户板。

其次，要有一块用户板。我们把各种硬件电路制成的电路板称为用户板，一个简单的用户板应包括 I/O 接口(特别是人机接口)、A/D 转换、D/A 转换、通信等功能。用户板可根据需要通过自行焊接或购置实现。

学习完单片机内部的结构及指令系统后，便可以通过实验掌握单片机的原理、系统设计及产品开发。

1.4.2 单片机的仿真调试方式

1．通过仿真器调试

通过仿真器调试单片机的原理框图如图 1-1 所示。这种方式下，通过 PC 机编写源程序，汇编后如无错误，则下载到仿真器中。采用断点、单步等调试功能，利用各种窗口观察程序的执行情况，同时观察用户板上相应的硬件变化。如果所有功能达到预期目的，则通过编程器把调试好的程序烧写到带存储器的单片机或单独的程序存储器中，此时，在用户板中插上带程序的单片机芯片(或程序存储器)，该系统便可脱离仿真器单独工作。这种方式的优点是，调试时程序在仿真器内部 RAM 中，可以无限次写入而不会损坏仿真器，缺点是仿真器价格一般较贵。

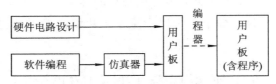

图 1-1　通过仿真器调试单片机

仿真器的型号较多，功能各异，比较典型的仿真器及软件是基于 Windows 调试的仿真器，具体功能和使用方法请参阅附录中的相关网站和参考资料。

2．利用下载板调试

通过 ISP 调试单片机的原理框图如图 1-2 所示，它是通过单片机内部的 Flash，使用 ISP(In System Program，在片上可编程系统)方式直接把编好的程序写入单片机内部的 Flash ROM 或 EEPROM 中，然后在用户板上调试。

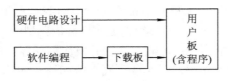

图 1-2　通过 ISP 调试单片机

这种方式的优点是，调试时，程序直接下载到单片机内部的程序存储器中，无需仿真器，下载板价格低廉。缺点是需要专用的内部带程序存储器的单片机，如 AT89S51、AT89S52 系列的单片机，下载的次数也有限制；另外，下载板也会占用单片机的若干个 I/O 口资源。

习题与思考题

1-1　什么是单片机？它与一般微型计算机在结构上有何区别？

1-2　MCS-51 系列单片机内部资源配置如何？试举例说明 8051 及与 51 兼容的单片机的异同。

1-3　简述单片机的仿真调试方式。

第 2 章　MCS-51 系列单片机的结构及原理

MCS-51 系列单片机产品有 8051、8031、8751、80C51、80C31 等型号(前三种为 CMOS 芯片，后两种为 CHMOS 芯片)。它们的结构基本相同，主要差别反映在存储器的配置上。本章将对 8051 单片机的结构、组成及工作方式作一介绍。

2.1　MCS-51 单片机内部结构

2.1.1　MCS-51 单片机组成

MCS-51 单片机内部包含下列几个部件：
- ◆ 一个 8 位 CPU；
- ◆ 一个片内振荡器及时钟电路；
- ◆ 4 KB ROM 程序存储器；
- ◆ 128 B RAM 数据存储器；
- ◆ 两个 16 位定时器/计数器；
- ◆ 可寻址 64 KB 外部数据存储器和 64 KB 外部程序存储器控制电路；
- ◆ 32 条可编程的 I/O 线(四个 8 位并行 I/O 端口)；
- ◆ 一个可编程全双工串行口；
- ◆ 具有五个中断源、两个优先级嵌套中断结构。

8051 单片机框图如图 2-1 所示。各功能部件由内部总线连接在一起。图中 4 KB 的 ROM 存储器部分用 EPROM 替换就成为 8751 的结构图；去掉 ROM 部分就成为 8031 的结构图。

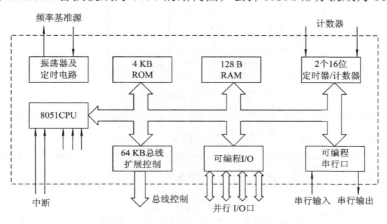

图 2-1　8051 单片机框图

1．CPU

CPU 是单片机的核心部件，它由运算器和控制器等部件组成。

1) 运算器

运算器的功能是进行算术运算和逻辑运算，它可以对半字节(4 位)、单字节等数据进行操作。例如，运算器能完成加、减、乘、除、加 1、减 1、BCD 码十进制调整、比较等算术运算和与、或、异或、求补、循环等逻辑操作，操作结果的状态信息送至状态寄存器。

8051 运算器还包含有一个布尔处理器，用来处理位操作。它是以进位标志位 C 为累加器的，可执行置位、复位、取反、等于 1 转移、等于 0 转移、等于 1 转移且清零以及进位标志位与其他可寻址的位之间进行数据传送等位操作，也能在进位标志位与其他可位寻址的位之间进行逻辑与、或操作。

2) 程序计数器 PC

程序计数器 PC 用来存放即将要执行指令的地址，共 16 位，可对 64 KB 程序存储器直接寻址。执行指令时，PC 内容的低 8 位经 P0 口输出，高 8 位经 P2 口输出。

3) 控制部件

CPU 执行指令时，将通过程序计数器 PC 在程序存储器中读取的指令代码存放到指令寄存器中，经译码后由定时与控制电路发出相应的控制信号，完成指令功能。

2．振荡与时钟电路

8051 片内设有一个由反相放大器所构成的振荡电路，XTAL1 和 XTAL2 分别为振荡电路的输入端和输出端，时钟可以由内部方式产生或外部方式产生。内部方式时钟电路如图 2-2 所示。在 XTAL1 和 XTAL2 引脚上外接定时元件，内部振荡电路就产生自激振荡。定时元件通常采用石英晶体和电容组成的并联谐振回路。晶振可以在 1.2～12 MHz 之间选择，电容值在 5～30 pF 之间选择，电容的大小可起频率微调作用。振荡频率主要由石英晶振的频率确定，目前，51 系列单片机的晶振频率 f_{osc} 范围为 1.2～12 MHz，其典型值为 6 MHz、11.0592 MHz、12 MHz 等。

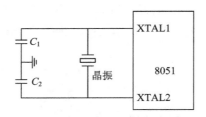

图 2-2　时钟振荡电路

外部方式的时钟很少用，若要用时，只要将 XTAL1 接地，XTAL2 接外部振荡器即可。对外部振荡信号无特殊要求，只要保证脉冲宽度，一般采用频率低于 12 MHz 的方波信号。

时钟发生器把振荡频率 2 分频，产生一个两相时钟信号 P1 和 P2 供单片机使用。P1 在每一个状态 S 的前半部分有效，P2 在每个状态 S 的后半部分有效。

3．存储器

MCS-51 单片机的程序存储器和数据存储器空间是互相独立的，物理结构也不同。程序存储器为只读存储器(ROM)，数据存储器为随机存取存储器(RAM)。数据存储器又分为内部RAM和外部RAM，单片机的外部数据存储器编址方式采用与I/O端口统一编址的方式。有关存储器的内容将在下一节讲述。

4．并行I/O端口

MCS-51单片机设有4个8位双向I/O端口(P0、P1、P2、P3)，每一条I/O线都能独立地用作输入或输出。P0口为三态双向口，能带8个LSTTL电路。P1、P2、P3口为准双向口(在用作输入线时，口锁存器必须先写入"1"，故称为准双向口)，负载能力为4个LSTTL电路。

1) P0端口——双向口

图2-3是P0口(P0.0～P0.7，32～39脚)其中一位的结构图，包括1个输出锁存器、2个三态缓冲器、1个输出驱动电路和1个输出控制端。输出驱动电路由一对场效应管组成，其工作状态受输出端的控制，输出控制端由1个与门、1个反相器和1个转换开关MUX组成。对8051/8751来讲，P0口既可作为输入/输出口，又可作为地址/数据总线使用。

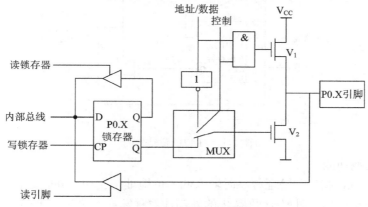

图2-3 P0口的位结构图

(1) P0口作地址/数据复用总线使用。

若从P0口输出地址或数据信息，此时控制端应为高电平，转换开关MUX将反相器输出端与输出级场效应管V_2接通，同时与门开锁，内部总线上的地址或数据信号通过与门去驱动V_1管，又通过反相器去驱动V_2管，这时内部总线上的地址或数据信号就传送到P0口的引脚上。例如，若地址/数据为0时，该信号一方面通过与门使V1截止，另一方面，在控制信号作用下，该信号经反相器使V2导通，从而在引脚上输出0信号；反之，若地址/数据为1时，将会使V1导通，V2截止，引脚输出1信号。工作时低8位地址与数据线分时使用P0口。低8位地址由ALE信号的负跳变使它锁存到外部地址锁存器中，而高8位地址由P2口输出(P0口和P2口的地址/数据总线功能详见第8、9章)。

(2) P0口作通用I/O端口使用。

对于有内部ROM的单片机，P0口也可以作通用I/O端口，此时控制端为低电平，转换开关把输出级与锁存器的Q端接通，同时因与门输出为低电平，输出级V_1管处于截止状态，输出级为漏极开路电路，在驱动NMOS电路时应外接上拉电阻；作输入口用时，应先将锁存器写"1"，这时输出级两个场效应管均截止，可作高阻抗输入，通过三态输入缓冲器读取引脚信号，从而完成输入操作。

2) P1 口——准双向口

(1) P1 口(P1.0～P1.7，1～8 脚)作通用 I/O 端口使用。

P1 口是一个有内部上拉电阻的准双向口，位结构如图 2-4 所示，P1 口的每一位口线能独立用作输入线或输出线。作输出时，如将"0"写入锁存器，场效应管导通，输出线为低电平，即输出为"0"。因此在作输入时，必须先将"1"写入锁存器，使场效应管截止。该口线由内部上拉电阻提拉成高电平，同时也能被外部输入源拉成低电平，即当外部输入"1"时该口线为高电平，而输入"0"时，该口线为低电平。P1 口作输入时，可被任何 TTL 电路和 MOS 电路驱动，由于具有内部上拉电阻，也可以直接被集电极开路和漏极开路电路驱动，不必外加上拉电阻。P1 口可驱动 4 个 LSTTL 门电路。

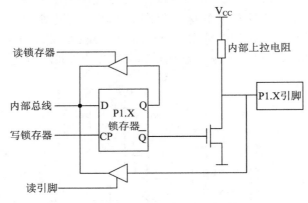

图 2-4　P1 口的位结构图

(2) P1 口其他功能。

P1 口在 EPROM 编程和验证程序时输入低 8 位地址；在 8032/8052 系列中 P1.0 和 P1.1 是多功能的，P1.0 可作定时器/计数器 2 的外部计数触发输入端 T2，P1.1 可作定时器/计数器 2 的外部控制输入端 T2EX。

3) P2 口——准双向口

P2 口(P2.0～P2.7，21～28 脚)的位结构如图 2-5 所示，引脚上拉电阻同 P1 口。在结构上，P2 口比 P1 口多一个输出控制部分。

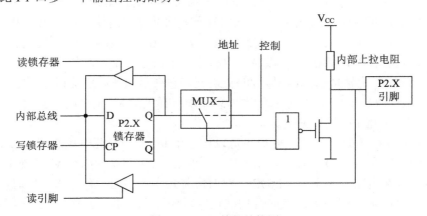

图 2-5　P2 口的位结构图

(1) P2 口作通用 I/O 端口使用。

当 P2 口作通用 I/O 端口使用时，是一个准双向口，此时转换开关 MUX 倒向左边，输出级与锁存器接通，引脚可接 I/O 设备，其输入/输出操作与 P1 口完全相同。

(2) P2 口作地址总线口使用。

当系统中接有外部存储器时，P2 口用于输出高 8 位地址 $A_{15} \sim A_8$。这时在 CPU 的控制下，转换开关 MUX 倒向右边，接通内部地址总线。P2 口的口线状态取决于片内输出的地址信息，这些地址信息来源于 PCH、DPH 等。在外接程序存储器的系统中，由于访问外部存储器的操作连续不断，P2 口不断送出地址高 8 位。例如，在 8031 构成的系统中，P2 口一般只作地址总线口使用，不再作 I/O 端口直接连外部设备。

在不接外部程序存储器而接有外部数据存储器的系统中，情况有所不同。若外接数据存储器容量为 256 B，则可使用 "MOVX A，@Ri" 类指令由 P0 口送出 8 位地址，P2 口上引脚的信号在整个访问外部数据存储器期间也不会改变，故 P2 口仍可作通用 I/O 端口使用。若外接存储器容量较大，则需用 "MOVX A，@DPTR" 类指令，由 P0 口和 P2 口送出 16 位地址，在读写周期内，P2 口引脚上将保持地址信息。P2 口可驱动 4 个 LSTTL 门电路。

4) P3 口——双功能口

P3 口(P3.0～P3.7，10～17 脚)是一个多用途的端口，也是一个准双向口，作为第一功能使用时，其功能同 P1 口。P3 口的位结构如图 2-6 所示。

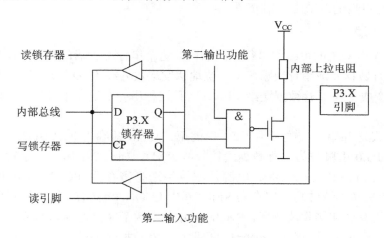

图 2-6　P3 口的位结构图

当作第二功能使用时，每一位功能定义如表 2-1 所示。P3 口的第二功能实际上就是系统具有控制功能的控制线。此时相应的口线锁存器必须为 "1" 状态，与非门的输出由第二功能输出线的状态确定，从而 P3 口线的状态取决于第二功能输出线的电平。在 P3 口的引脚信号输入通道中有 2 个三态缓冲器，第二功能的输入信号取自第一个缓冲器的输出端，第二个缓冲器仍是第一功能的读引脚信号缓冲器。P3 口可驱动 4 个 LSTTL 门电路。

每个 I/O 端口内部都有一个 8 位数据输出锁存器和一个 8 位数据输入缓冲器，内部的 4 个数据输出锁存器与端口号 P0、P1、P2 和 P3 同名，皆为特殊功能寄存器。因此，CPU 数据从并行 I/O 端口输出时可以得到锁存，数据输入时可以得到缓冲。

表 2-1 P3 口的第二功能

端 口 功 能	第 二 功 能
P3.0	RXD，串行输入(数据接收)口
P3.1	TXD，串行输出(数据发送)口
P3.2	$\overline{INT0}$，外部中断 0 输入线
P3.3	$\overline{INT1}$，外部中断 1 输入线
P3.4	T0，定时器 0 外部输入
P3.5	T1，定时器 1 外部输入
P3.6	$\overline{WR}$，外部数据存储器写选通信号输出
P3.7	$\overline{RD}$，外部数据存储器读选通信号输入

4 个并行 I/O 端口作为通用 I/O 口使用时，共有写端口、读端口和读引脚三种操作方式。写端口实际上就是输出数据，是将累加器 A 或其他寄存器中的数据传送到端口锁存器中，然后经输出锁存器自动从端口引脚线上输出。读端口不是真正地从外部输入数据，而是将端口锁存器中的输出数据读到 CPU 的累加器。读引脚才是真正的输入外部数据的操作，是从端口引脚线上读入外部的输入数据。端口的上述三种操作实际上是通过指令或程序来实现的，这些将在以后的章节中详细介绍。

5．串行 I/O 端口

8051 有一个全双工的可编程串行 I/O 端口。这个串行 I/O 端口既可以在程序控制下将 CPU 的 8 位并行数据变成串行数据一位一位地从发送数据线 TXD 发送出去，也可以把串行接收到的数据变成 8 位并行数据送给 CPU，而且这种串行发送和串行接收可以单独进行或者同时进行。

8051 串行发送和串行接收利用了 P3 口的第二功能，即利用 P3.1 引脚作为串行数据的发送线 TXD，P3.0 引脚作为串行数据的接收线 RXD，如表 2-1 所示。串行 I/O 口的电路结构还包括串行口控制器 SCON、电源及波特率选择寄存器 PCON 和串行数据缓冲器 SBUF 等，它们都属于特殊功能寄存器 SFR。其中 PCON 和 SCON 用于设置串行口工作方式和确定数据的发送和接收波特率，SBUF 实际上由两个 8 位寄存器组成，一个用于存放欲发送的数据，另一个用于存放接收到的数据，起着数据缓冲的作用，这些将在第 7 章中详细介绍。

6．定时器/计数器及中断控制部件

MCS-51 单片机内部有两个 16 位可编程的定时器/计数器，即定时器 T0 和定时器 T1(8052 提供 3 个，其第三个称定时器 T2)。它们既可用作定时器方式，又可用作计数器方式。这些将在第 6 章中详细介绍。

此外，MCS-51 系列单片机具有 5 个中断源的管理控制功能，这些内容都将在第 5 章中讨论。

7．总线

MCS-51 单片机具有总线结构，通过地址/数据总线可以与存储器(RAM、EPROM)、并行 I/O 接口芯片相连接。

在访问外部存储器时，P2 口输出高 8 位地址，P0 口输出低 8 位地址，由 ALE(地址锁存允许)信号将 P0 口(地址/数据总线)上的低 8 位锁存到外部地址锁存器中，从而为 P0 口接收数据做准备。

在访问外部程序存储器(如执行 MOVC)指令时，$\overline{PSEN}$(外部程序存储器选通)信号有效，在访问外部数据存储器(即执行 MOVX)指令时，由 P3 口自动产生读/写($\overline{RD}$ /$\overline{WR}$)信号，通过 P0 口对外部数据存储器单元进行读/写操作。

MCS-51 单片机所产生的地址、数据和控制信号与外部存储器、并行 I/O 接口芯片连接简单、方便。有关这部分内容将在第 8、9 章中叙述。

2.1.2 MCS-51 单片机存储器结构

MCS-51 存储器结构与常见的微型计算机的配置方式不同，它把程序存储器和数据存储器分开，各有自己的寻址系统、控制信号和功能，程序存储器用来存放程序和始终要保留的常数，如经汇编后所编程序的机器码。数据存储器通常用来存放程序运行中所需要的常数或变量，例如模/数转换时实时采集的数据等。

从物理地址空间看，MCS-51 有三个存储器地址空间：ROM 程序存储器(包含片内 ROM 和片外 ROM)，地址范围是 0000H～FFFFH；片内数据存储器，地址范围是 00H～FFH；片外数据存储器，地址范围是 0000H～FFFFH，如图 2-7 所示。注：8031 无片内程序存储器，且 51 系列的单片机片内只有 00H～7FH 单元的数据存储器。

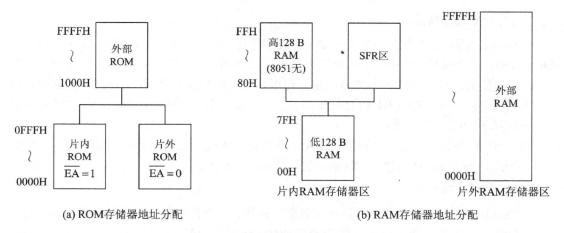

(a) ROM存储器地址分配   (b) RAM存储器地址分配

图 2-7 51 系列单片机存储器地址分配图

MCS-51 系列各芯片的存储器在结构上有些区别，但区别不大，从应用设计的角度可分为如下几种情况：片内有程序存储器和片内无程序存储器、片内有数据存储器且存储单元够用和片内有数据存储器且存储单元不够用。具体使用时，一般选用内部含有存储器的单片机。

1. 程序存储器

程序存储器用来存放程序和表格常数。程序存储器以程序计数器 PC 作地址指针,通过 16 位地址总线,可寻址的地址空间为 64 KB。片内、片外统一编址。

1) 片内有程序存储器且存储空间足够

在 8051/8751 片内,带有 4 KB ROM/EPROM 程序存储器(内部程序存储器),地址范围为 0000H～0FFFH。4 KB 可存储约 2000 多条指令,对于一个小型的单片机控制系统来说已足够了,不必另加程序存储器,若不够还可选 8 KB 或 16 KB 内存的单片机芯片,如 89C52 等。总之,尽量不要扩展外部程序存储器,这会增加成本,增大产品体积。

2) 片内有程序存储器且存储空间不够

若开发的单片机系统较复杂,片内程序存储器存储空间不够用时,可外扩展程序存储器,具体扩展多大的芯片要计算一下,由两个条件决定:一是看程序容量大小,二是看扩展芯片容量大小。64 KB 总容量减去内部 4 KB 即为外部能扩展的最大容量,程序存储芯片 2764 可扩展容量为 8 KB、27128 为 16 KB、27256 为 32 KB、27512 为 64 KB,具体扩展方法见第 8 章。定了芯片后就要算好地址,将 $\overline{EA}$ 引脚接高电平,使程序从内部 ROM 开始执行,当 PC 值超出内部 ROM 的容量时,会自动转向外部程序存储器空间。

3) 片内无程序存储器

8031 芯片无内部程序存储器时,需外部扩展 EPROM 芯片,地址从 0000H 至 FFFFH 都是外部程序存储器空间,在设计时 $\overline{EA}$ 应始终接低电平,使系统只从外部程序储器中取指令。

MCS-51 单片机复位后程序计数器 PC 的内容为 0000H,因此系统从 0000H 单元开始取指,并执行程序,它是系统执行程序的起始地址,通常在该单元中存放一条跳转指令,而用户程序从跳转地址开始存放程序。

2. 片外数据存储器

当单片机应用系统中内部数据存储器不够用时,就要扩展外部数据存储器,如通过 6264(8 KB)、62256(32 KB)等存储芯片扩展实现,MCS-51 具有扩展 64 KB 外部数据存储器和 I/O 口的能力,这对很多应用领域已足够使用,对外部数据存储器的访问采用 MOVX 指令,用间接寻址方式,R0、R1 和 DPTR 都可作间址寄存器。有关外部存储器的扩展和信息传送将在第 8、9 章详细介绍。

对于 51 系列的单片机,访问外部 RAM 和外部 I/O 接口采用的是统一编址方式,指令相同,因此,外部 RAM 地址与 I/O 接口的端口地址不能相同。

3. 内部数据存储器

MCS-51 系列单片机各芯片内部都有数据存储器,它分成物理上独立的且性质不同的几个区:00H～7FH 单元组成 128 B 地址空间的 RAM 区;80H～FFH(128～255)单元组成高 128 B 地址空间的特殊功能寄存器(又称 SFR)区。对于 8032、8052、8752 的单片机还有 80H～FFH 单元组成的高 128 B 地址空间的 RAM 区。

在 8051、8751 和 8031 单片机中,低 128 B 的 RAM 内部数据存储器又分为工作寄存器区(00H～1FH)、位寻址区(20H～2FH)和数据缓冲区(30H～7FH)。内部 RAM 区中不同的地址区域功能结构如图 2-8 所示。

数据缓冲区	地址范围30H～7FH
位寻址区(位地址00～7F)	地址范围20H～2FH
工作寄存器区3(R0～R7)	地址范围18H～1FH
工作寄存器区2(R0～R7)	地址范围10H～17H
工作寄存器区1(R0～R7)	地址范围08H～0FH
工作寄存器区0(R0～R7)	地址范围00H～07H

图 2-8　MCS-51 内部 RAM 存储器结构

1) 工作寄存器区(00H～1FH)

00H～1FH(0～31)共 32 个单元是 4 个通用工作寄存器区，每一个区有 8 个工作寄存器，编号为 R0～R7，每一区中的 R0～R7 与内部 RAM 单元地址对应关系见图 2-8。

当前程序使用的工作寄存器区是由程序状态字 PSW(特殊功能寄存器，字节地址为 0D0H)中的 D_4、D_3 位(RS1 和 RS0)来决定的，PSW 的状态和工作寄存区对应关系见表 2-2。

表 2-2　工作寄存器区选择

PSW.4 (RS1)	PSW.3 (RS0)	当前使用的工作寄存器区 R0～R7
0	0	0 区　(00～07H)
0	1	1 区　(08～0FH)
1	0	2 区　(10～17H)
1	1	3 区　(18～1FH)

CPU 通过对 PSW 中的 D_4、D_3 位内容的修改，就能任选一个工作寄存器区，例如：

```
SETB    PSW.3
CLR     PSW.4    ；选定第 1 区
SETB    PSW.4
CLR     PSW.3    ；选定第 2 区
SETB    PSW.3
SETB    PSW.4    ；选定第 3 区
```

如果不设定则默认为第 0 区，即上电复位时的值。特别注意的是，如果不加设定，在同一段程序中 R0～R7 只能用一次，若用两次程序会出错。

如果用户程序不需要 4 个工作寄存器区，则不用的工作寄存器单元可以作一般的 RAM 使用。

2) 位寻址区(20H～2FH)

内部 RAM 的 20H～2FH 为位寻址区(见表 2-3)，这 16 个单元中的每一位都有一个位地址，位地址范围为 00H～7FH。位寻址区的每一位都可以由指令直接进行位处理。通常把各种程序状态标志、位控制变量设在位寻址区内。同样，位寻址区的 RAM 单元也可以作一般的数据缓冲器使用。

表 2-3　RAM 寻址区位地址映象

字节地址	位　地　址							
	D7	D6	D5	D4	D3	D2	D1	D0
20H	07	06	05	04	03	02	01	00
21H	0F	0E	0D	0C	0B	0A	09	08
22H	17	16	15	14	13	12	11	10
23H	1F	1E	1D	1C	1B	1A	19	18
24H	27	26	25	24	23	22	21	20
25H	2F	2E	2D	2C	2B	2A	29	28
26H	37	36	35	34	33	32	31	30
27H	3F	3E	3D	3C	3B	3A	39	38
28H	47	46	45	44	43	42	41	40
29H	4F	4E	4D	4C	4B	4A	49	48
2AH	57	56	55	54	53	52	51	50
2BH	5F	5E	5D	5C	5B	5A	59	58
2CH	67	66	65	64	63	62	61	60
2DH	6F	6E	6D	6C	6B	6A	69	68
2EH	77	76	75	74	73	72	71	70
2FH	7F	7E	7D	7C	7B	7A	79	78

3) 数据缓冲区(30H~7FH)

数据缓冲区也称为用户使用区，单片机开发用户可以利用该存储区域暂时存储各种数据信息。

在一个实际的程序中，往往需要一个后进先出的 RAM 区，以保存 CPU 的现场，这种后进先出的缓冲器区称为堆栈(堆栈的用途详见"指令系统和中断"章节)。堆栈原则上可以设在内部 RAM 的任意区域内，但一般设在 30H~7FH 的范围内。栈顶的位置由栈指针 SP 指出。一般使用时，根据中断源或子程序使用的多少和程序嵌套次数的不同把 60H~7FH 作为堆栈区，即程序初始化时 SP 指向 60H 单元，剩余单元作为真正的用户区。

4. 特殊功能寄存器

特殊功能寄存器(Special Function Register，SFR)是指有特殊用途的寄存器集合。MCS-51 单片机内的锁存器、定时器、串行口数据缓冲器以及各种控制寄存器和状态寄存器都是以特殊功能寄存器的形式出现的，它们分散地分布在内部 RAM 地址空间范围(这些 SFR 对应的地址，就是单片机内部这些接口部件所对应的端口地址)。8031/8051/8751 中有 21 个 SFR，8032/8052/8752 中有 26 个 SFR。

表 2-4 列出了这些特殊功能寄存器的助记标识符、名称及地址，其中大部分寄存器的应用将在后面有关章节中详述，这里仅作简单介绍。

表 2-4　特殊功能寄存器(SFR)

标 识 符	名 称	地 址
* ACC	累加器	E0H
* B	B 寄存器	F0H
* PSW	程序状态字	D0H
SP	堆栈指针	81H
DPTR	数据指针(包括 DPH 和 DPL)	83H 和 82H
* P0	P0 口	80H
* P1	P1 口	90H
* P2	P2 口	A0H
* P3	P3 口	B0H
* IP	中断优先级控制	B8H
* IE	允许中断控制	A8H
TMOD	定时器/计数器方式控制	89H
*TCON	定时器/计数器控制	88H
*+T2CON	定时器/计数器 2 控制	C8H
TH0	定时器/计数器 0(高位字节)	8CH
TL0	定时器/计数器 0(低位字节)	8AH
TH1	定时器/计数器 1(高位字节)	8DH
TL1	定时器/计数器 1(低位字节)	8BH
+TH2	定时器/计数器 2(高位字节)	CDH
+TL2	定时器/计数器 2(低位字节)	CCH
+RLDH	定时器/计数器 2 自动再装载	CBH
+RLDL	定时器/计数器 2 自动再装载	CAH
*SCON	串行控制	98H
SBUF	串行数据缓冲器	99H
PCON	电源控制	87H

注：表中*是可位操作的 SFR，+是 52 系列单片机所具有的 SFR。

1) 累加器 A

累加器是最常用的特殊功能寄存器，大部分单操作数指令的操作取自累加器，很多双操作数指令的一个操作数也取自累加器。加、减、乘、除算术运算指令的运算结果都存放在累加器 A 或 A、B 寄存器对中。指令系统中用 A 作为累加器的助记符。

2) B 寄存器

B 寄存器是乘、除法指令中常用的寄存器。乘法指令的两个操作数分别取自 A 和 B，其结果存放在 A、B 寄存器对中；除法指令中，被除数取自 A，除数取自 B，商数存于 A，余数存于 B。

在其他指令中，B 寄存器可作为 RAM 中的一个单元来使用。

3) 程序状态字 PSW

程序状态字是一个 8 位寄存器，它包含了程序状态信息，其格式如下：

	D_7	D_6	D_5	D_4	D_3	D_2	D_1	D_0
	CY	AC	F0	RS1	RS0	OV	—	P

此寄存器各位的含义如下(其中 PSW.1 未用)：

① CY(PSW.7)：进位标志。在执行某些算术和逻辑指令时，它可以被硬件或软件置位或清零。CY 在布尔处理机中被认为是位累加器，其重要性相当于一般中央处理器中的累加器 A。

② AC(PSW.6)：辅助进位标志。当进行加法或减法操作而产生由低 4 位数向高 4 位数进位或借位时，AC 将被硬件置位，否则就被清零。AC 被用于 BCD 码调整，详见指令系统中的"DA A"指令。

③ F0(PSW.5)：用户标志位。F0 是用户定义的一个状态标记，用软件来使它置位或清零。该标志位状态一经设定，可由软件测试 F0，以控制程序的流向。

④ RS1、RS0(PSW.4、PSW.3)：寄存器区选择控制位。可以用软件来置位或清零以确定工作寄存器区。RS1、RS0 与寄存器区的对应关系见表 2-2。

⑤ OV(PSW.2)：溢出标志。当执行算术指令时，由硬件置位或清零，以指示溢出状态。当执行加法指令 ADD，位 6 向位 7 有进位而位 7 不向 CY 进位，或位 6 不向位 7 进位而位 7 向 CY 进位时，溢出标志 OV 置位，否则清零。

溢出标志常用于 ADD 和 SUBB 指令对带符号数作加、减运算时，OV=1 表示加、减运算的结果超出了目的寄存器 A 所能表示的带符号数(2 的补码)的范围($-128 \sim +127$)，参见第 3 章指令系统中关于 ADD 和 SUBB 指令的说明。

在 MCS-51 中，无符号数乘法指令 MUL 的执行结果也会影响溢出标志。若置于累加器 A 和寄存器 B 的两个数的乘积超过 255 时，OV=1，否则 OV=0。此积的高 8 位放在 B 内，低 8 位放在 A 内。因此，OV=0 意味着只要从 A 中取得乘积即可，否则要从 A、B 寄存器对中取得乘积。

除法指令 DIV 也会影响溢出标志。当除数为 0 时，OV=1，否则 OV=0。

⑥ P(PSW.0)：奇偶标志。每个指令周期都由硬件来置位或清零，以表示累加器 A 中 1 的位数的奇偶数。若 1 的位数为奇数，P 置 1，否则 P 清零。

P 标志位对串行通信中的数据传输有重要的意义，在串行通信中常用奇偶校验的办法来检验数据传输的可靠性。在发送端可根据 P 的值对数据进行奇偶置位或清零。

4) 堆栈指针

堆栈指针 SP 是一个 8 位特殊功能寄存器。它指示出堆栈顶部在内部 RAM 中的位置。系统复位后，SP 初始化为 07H，使得堆栈事实上由 08H 单元开始。考虑到 08H～1FH 单元分属于工作寄存器区 1～3，若程序设计中要用到这些区，则最好把 SP 值设置为 1FH 或更大的值如 60H。SP 的初始值越小，堆栈深度就越深。堆栈指针的值可以由软件改变，因此堆栈在内部 RAM 中的位置比较灵活。

除用软件直接改变 SP 值外，在执行 PUSH、POP、各种子程序调用、中断响应、子程序返回(RET)和中断返回(RETI)等指令时，SP 值将自动调整。

5）数据指针

数据指针 DPTR 是一个 16 位特殊功能寄存器，其高位字节寄存器用 DPH 表示，低位字节寄存器用 DPL 表示，它既可以作为一个 16 位寄存器 DPTR 来处理，也可以作为两个独立的 8 位寄存器 DPH 和 DPL 来处理。

DPTR 主要用来存放 16 位地址，当对 64 KB 外部存储器寻址时，可作为间址寄存器用。可以传送 "MOVX A，@DPTR" 和 "MOVX @DPTR，A" 指令。在访问程序存储器时，DPTR 可用作基址寄存器，有一条采用基址＋变址寻址方式的指令，即 "MOVC A，@A+DPTR"，常用于读取存放在程序存储器内的表格常数。

6）端口 P0～P3

特殊功能寄存器 P0、P1、P2 和 P3 分别是 I/O 端口 P0～P3 的锁存器。P0～P3 作为特殊功能寄存器还可用直接寻址方式参与其他操作指令。

7）串行数据缓冲器

串行数据缓冲器 SBUF 用于存放欲发送或已接收的数据，它实际上由两个独立的寄存器组成，一个是发送缓冲器，另一个是接收缓冲器。当要发送的数据传送到 SBUF 时，进的是发送缓冲器；当要从 SBUF 读数据时，则取自接收缓冲器，取走的是刚接收到的数据。

8）定时器/计数器寄存器

MCS-51 系列中有两个 16 位定时器/计数器 T0 和 T1。它们各由两个独立的 8 位寄存器组成，共有 4 个独立的寄存器：TH0、TL0、TH1 和 TL1。可以对这 4 个寄存器寻址，但不能把 T0、T1 当作一个 16 位寄存器来寻址。

9）其他控制寄存器

IP、IE、TMOD、TCON、SCON 和 PCON 寄存器分别包含有中断系统、定时器/计数器、串行口和供电方式的控制和状态位，这些寄存器将在以后有关章节中叙述。

5. 特殊功能寄存器的访问

对于单片机中的特殊功能寄存器，用户只能通过直接寻址方式对它们进行字节访问(存取)，而对于 52 系列中的高位(80H～FFH)片内数据存储器，只能通过寄存器间接寻址方式对它们进行访问。这是区分 52 系列单片机片内访问地址重叠的 SFR 和高位 RAM 的唯一方式。在直接寻址指令访问特殊功能寄存器时，可以通过特殊功能寄存器的片内地址或这些寄存器符号(名称)来表示。如访问程序状态字寄存器时，下列指令是等效的：

    MOV 0D0H，A
    MOV PSW，A

在实际编程时，一般使用寄存器符号来表示特殊功能寄存器，以便于记忆。

在 51 系列单片机的 SFR 中，除所有的 SFR 均可通过直接寻址方式对它们进行字节访问外，还有 12 个 SFR 可以通过位寻址方式进行位操作，如表 2-5 所示。表中给出了各个可位寻址的 SFR 的位地址和该位的符号表示。同样，在实际编程时，一般使用位符号来表示可以位寻址的 SFR 中的某一位，如使 P1.0 引脚置 1，下列指令是等效的：

    SETB 90H
    SETB P1.0

表 2-5　特殊功能寄存器地址表

SFR	字节地址	位 地 址							
		D0	D1	D2	D3	D4	D5	D6	D7
P0	80H	P0.0	P0.1	P0.2	P0.3	P0.4	P0.5	P0.6	P0.7
		80	81	82	83	84	85	86	87
SP	81H								
DPL	82H								
DPH	83H								
PCON	87H								
TCON	88H	IT0	IE0	IT1	IE1	TR0	TF0	TR1	TF1
		88	89	8A	8B	8C	8D	8E	8F
TMOD	89H								
TL0	8AH								
TL1	8BH								
TH0	8CH								
TH1	8DH								
P1	90H	P1.0	P1.1	P1.2	P1.3	P1.4	P1.5	P1.6	P1.7
		90	91	92	93	94	95	96	97
SCON	98H	RI	TI	RB8	TB8	REN	SM2	SM1	SM0
		98	99	9A	9B	9C	9D	9E	9F
SBUF	99H								
P2	A0H	P2.0	P2.1	P2.2	P2.3	P2.4	P2.5	P2.6	P2.7
		A0	A1	A2	A3	A4	A5	A6	A7
IE	A8H	EX0	ET0	EX1	ET1	ES	—	—	EA
		A8	A9	AA	AB	AC	—	—	AF
P3	B0H	P3.0	P3.1	P3.2	P3.3	P3.4	P3.5	P3.6	P3.7
		B0	B1	B2	B3	B4	B5	B6	B7
IP	B8H	PX0	PT0	PX1	PT1	PS	—	—	—
		B8	B9	BA	BB	BC			
PSW	D0H	P	—	OV	RS0	RS1	F0	AC	C_Y
		D0	D1	D2	D3	D4	D5	D6	D7
ACC	E0H	—	—	—	—	—	—	—	—
		E0	E1	E2	E3	E4	E5	E6	E7
B	F0H	—	—	—	—	—	—	—	—
		F0	F1	F2	F3	F4	F5	F6	F7

2.2　单片机的外部结构

MCS-51 单片机的外部结构主要是指各个引脚的功能，MCS-51 单片机采用 40 引脚的双列直插封装方式。图 2-9 为引脚排列图，40 条引脚说明如下：

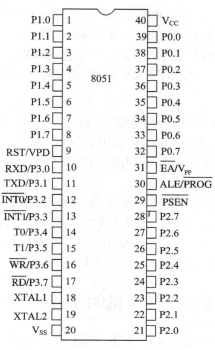

图 2-9 8051 引脚排列图

1. 主电源引脚

(1) V_SS：接地。

(2) V_CC：正常操作时为 +5 V 电源。

2. 外接晶振引脚

(1) XTAL1：内部振荡电路反相放大器的输入端，是外接晶体的一个引脚。当采用外部振荡器时，此引脚接地。

(2) XTAL2：内部振荡电路反相放大器的输出端，是外接晶体的另一端。当采用外部振荡器时，此引脚接外部振荡源。

3. 控制或与其他电源复用引脚

(1) RST/VPD：当振荡器运行时，在此引脚上出现两个机器周期的高电平(由低到高跳变)，将使单片机复位。

在 V_CC 掉电期间，此引脚可接备用电源，由 VPD 向内部提供备用电源，以保持内部 RAM 中的数据。

(2) ALE/$\overline{\text{PROG}}$：正常操作时为 ALE 功能(允许地址锁存)，提供把地址的低字节锁存到外部锁存器，ALE 引脚以不变的频率(振荡器频率的 1/6)周期性地发出正脉冲信号。因此，它可用作对外输出的时钟，或用于定时目的。但要注意，每当访问外部数据存储器时，将跳过一个 ALE 脉冲，ALE 端可以驱动(吸收或输出电流)8 个 LSTTL 电路。对于 EPROM 型单片机，在 EPROM 编程期间，此引脚接收编程脉冲($\overline{\text{PROG}}$ 功能)。

(3) $\overline{\text{PSEN}}$：外部程序存储器读选通信号输出端，在从外部程序存取指令(或数据)期间，

$\overline{PSEN}$ 在每个机器周期内两次有效。$\overline{PSEN}$ 同样可以驱动 8 个 LSTTL 电路。

(4) $\overline{EA}/V_{PP}$：内部程序存储器和外部程序存储器选择端。当 $\overline{EA}/V_{PP}$ 为高电平时，访问内部程序存储器；当 $\overline{EA}/V_{PP}$ 为低电平时，访问外部程序存储器。

对于 EPROM 型单片机，在 EPROM 编程期间，此引脚上加 21 V EPROM 编程电源(V_{PP})。

4．输入/输出引脚

(1) P0 口(P0.0～P0.7)：8 位漏极开路型双向 I/O 口。在访问外部存储器时，它是分时传送的低字节地址和数据总线，P0 口能以吸收电流的方式驱动 8 个 LSTTL 负载。

(2) P1 口(P1.0～P1.7)：带有内部提升电阻的 8 位准双向 I/O 口，能驱动(吸收或输出电流)4 个 LSTTL 负载。

(3) P2 口(P2.0～P2.7)：带有内部提升电阻的 8 位准双向 I/O 口。在访问外部存储器时，它输出高 8 位地址。P2 口可以驱动(吸收或输出电流)4 个 LSTTL 负载。

(4) P3 口(P3.0～P3.7)：带有内部提升电阻的 8 位准双向 I/O 口，能驱动(吸收或输出电流)4 个 LSTTL 负载。P3 口还用于第二功能，请参看表 2-1。

2.3 单片机的工作方式

MCS-51 系列单片机共有复位、程序执行、低功耗、编程和校验四种工作方式，下面主要介绍前三种工作方式。

2.3.1 单片机的运行方式

单片机的运行方式也就是程序执行过程，这是单片机的基本工作方式。系统复位后，PC=0000H，程序从程序存储单元 0000H 开始执行，考虑到单片机存储器结构的特殊性(0003H～002BH 共 40 个单元，预留用于中断程序)，在 0000H～0002H 中放一条无条件转移指令，使程序从指定的地址开始执行。

单片机中程序执行过程，就是 CPU 不断地一条一条地取指令，并执行指令，这个过程可以通过单片机的时序来说明。

1．时序的概念

所谓时序，是指各种信号的时间序列，它表明了指令执行中各种信号之间的相互关系。单片机本身就是一个复杂的时序电路，CPU 执行指令的一系列动作都是在时序电路控制下一拍一拍地进行的。为达到同步协调工作的目的，各操作信号在时间上有严格的先后次序，这些次序就是 CPU 的时序。

CPU 的时序信号有两大类：一类用于单片机内部，控制片内各功能部件；另一类信号通过控制总线送到片外，这类控制信号的时序在系统扩展中很重要。

2．时序的基本单位

8051 单片机以晶体振荡器的晶振周期(或外部引入的时钟信号的周期)为最小的时序单位，所以片内的各种微操作都是以晶振周期为时序基准的。图 2-10 为 8051 单片机的时钟信号图。

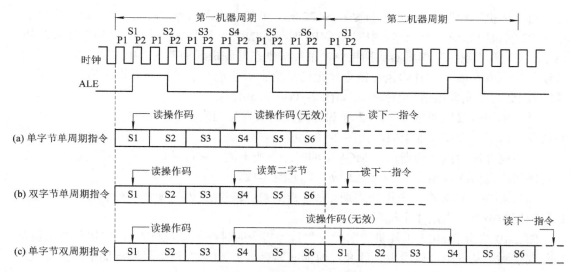

图 2-10   8051 运行时序图

由图中可以看出，8051 单片机的基本定时单位共有 4 个，它们从小到大分别是：

(1) 晶振周期：由振荡电路产生的振荡脉冲的周期，又称节拍(如 P1、P2)。

(2) 时钟周期：它是晶振周期的两倍，也即一个时钟周期包含两个相互错开的节拍，也称 S 状态时间。

(3) 机器周期：MCS-51 单片机有固定的机器周期，它是由晶振频率 12 分频后形成的，也就是说，一个机器周期是晶振周期的 12 倍宽。

单片机的基本操作周期为机器周期。一个机器周期有 6 个状态，每个状态由两个脉冲(晶振周期)组成。即

$$1 \text{ 个机器周期} = 6 \text{ 个状态周期} = 12 \text{ 个晶振周期}$$

若单片机采用 12 MHz 的晶体振荡器，则一个机器周期为 1 μs；若采用 6 MHz 的晶体振荡器，则一个机器周期为 2 μs。

(4) 指令周期：指令周期是执行一条指令所需要的时间。不同的指令，其执行时间各不相同，如果用占用机器周期多少来衡量，MCS-51 单片机的指令可分为单周期指令、双周期指令及四周期指令。

MCS-51 大部分的指令周期为一个机器周期，一个机器周期由 6 个状态(12 个晶振周期)组成。每个状态又被分成两拍，即 P1 和 P2。所以，一个机器周期可以依次表示为 S1P1，S1P2，…，S6P1，S6P2。通常算术逻辑操作在 P1 拍进行，而内部寄存器传送在 P2 拍进行。

3. 8051 单片机指令的取指/执行的典型时序

单片机的指令的执行过程分为取指令、译码、执行三个过程。取指的过程实质上是访问程序存储器的过程，其时间长短取决于指令的字节数；译码与执行的时间长短取决于指令的类型。对于 MCS-51 单片机的指令系统，其指令长度为 1～3 个字节。其中单字节指令的运行时间有单机器周期、双机器周期和四机器周期；双字节指令有双字节单机器周期指令和双字节双机器周期指令；三字节指令则都为双机器周期指令。下面简单介绍几个典型的时序(见图 2-10)。

对于单机器周期指令，单片机是在 S1P2 时刻把指令读入指令寄存器，并开始执行指令，在 S6P2 结束时完成指令操作。中间在 S4P2 时刻读的下一条指令要丢弃，且程序计数器 PC 也不加 1。对于双字节单机器周期指令，单片机则在同一机器周期的 S4P2 时刻将第二个字节读入指令寄存器，并开始执行指令。无论是单字节还是双字节指令，均在第一个机器周期的 S6P2 时刻完成该指令的操作。如图 2-10(a)、(b)所示。

对于单字节双周期指令，在 2 个机器周期内要发生四次读操作码的操作，由于是单字节指令，后三次读操作都无效，如图 2-10(c)所示。

但访问外部数据存储器指令 MOVX 的时序有所不同。它也是单字节双周期指令，在第一机器周期有两次读操作，后一次无效，参见图 2-12。

8051 指令大部分在一个机器周期完成。乘(MUL)和除(DIV)指令是仅有的需要两个以上机器周期的指令，占用 4 个机器周期。

图 2-10 给出了 8051 单片机的取指令和执行指令的时序关系，这些内部时钟信号不能从外部观察到。从图中可以看出，低 8 位地址的锁存信号 ALE 在每个机器周期中两次有效：一次在 S1P2 与 S2P1 期间，另一次在 S4P2 与 S5P1 期间。

4．8051 单片机访问片外 ROM 的指令时序

8051 单片机执行如下指令：

    MOVC A，@A+DPTR ；(A)←(A+DPTR)

该指令实现的功能是把累加器 A 中表示的偏移量与 DPTR 中表示的地址相加，其和作为片外 ROM 的地址，并从该地址单元中取出数据，回送到累加器 A 中。该指令执行的时序如图 2-11 所示。

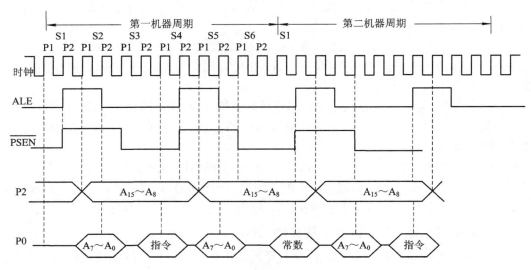

图 2-11　读片外 ROM 指令时序

具体执行过程如下：

(1) ALE 信号在 S1P2 状态有效，从单片机的 P2 口(地址高 8 位)和 P0 口(地址的低 8 位)输出 16 位地址，也就是 PC 值，但此时 $\overline{\text{PSEN}}$ 无效(连接在 ROM 存储芯片的输出控制端)，故此时外部程序存储器中的内容(代码)未能输出到单片机。值得注意的是，单片机的 P0 口为地址/

数据复用，在总线方式下，P0 口输出地址(低 8 位)时，外部通过锁存器(如 74LS373)下降沿锁存(S2P2 状态)，即一直保存在锁存器中，而 P2 口输出的地址此时到 S4P2 状态一直有效。

(2) $\overline{\text{PSEN}}$ 在 S3P1 到 S4P1 状态有效，此时 ROM 存储芯片输出该指令的代码经 P0 口输入到单片机内部的指令寄存器。经 CPU 对 MOVC 指令译码，便会产生一系列的控制信号。

(3) 在 S4P2 状态，CPU 把累加器 A 中表示的偏移量与 DPTR 中表示的地址相加，其和作为需要访问的片外 ROM 的地址，经 P2、P0 口输出，其中 P0 口在第二个 ALE 的下降沿锁存。

(4) $\overline{\text{PSEN}}$ 信号在第一个机器周期的 S6P1 到下一个机器周期的 S1P1 状态第二次有效，在 S6P2 状态，根据 P2 口和 P0 口经锁存器后的地址，从该存储器地址单元中输出数据(常数)经 P0 口到 CPU 中的累加器 A。

上述 MOVC 指令执行过程可以分为两个阶段：第一阶段是根据程序计数器 PC 值，在 ROM 中取出该指令的指令代码；第二阶段是将累加器 A 的偏移量与 DPTR 中的地址相加，根据该地址在 ROM 中取出所需常数送到累加器 A 中。

5. 8051 单片机访问片外 RAM 的指令时序

8051 单片机执行访问外部 RAM 或 I/O 端口时，执行如下指令：

MOVX　A，@ DPTR　；(A)←DPTR 表示的外部 RAM 地址的内容

该指令实现的功能是：DPTR 表示外部 RAM 的地址值，把该 RAM 地址单元的内容传送到累加器 A。该指令执行的时序如图 2-12 所示。

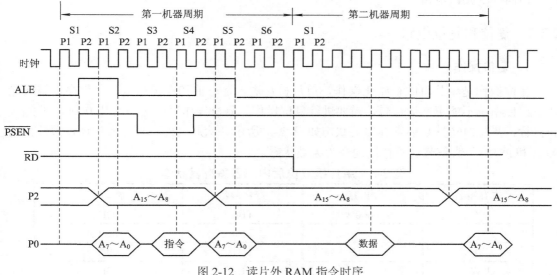

图 2-12　读片外 RAM 指令时序

具体执行过程如下：

(1) ALE 信号在 S1P2 状态有效，用于输出 MOVX 指令代码所在外部 ROM 单元的地址信息，其过程同 MOVC 指令。

(2) $\overline{\text{PSEN}}$ 在 S3P1 到 S4P1 状态有效，此时外部 ROM 存储芯片输出该指令(MOVX)的代码经 P0 口输入到单片机内部的指令寄存器，经 CPU 对 MOVX 指令译码，便会产生一系列的控制信号。

(3) CPU 在 S5P1 状态，把 DPTR 中的高 8 位 DPH 值送到 P2 口，低 8 位 DPL 值送到 P0 口，这也就是欲访问的外部 RAM 单元的地址，且在第一个机器周期的第二个 ALE 信号的下降沿(S5P2 状态)，把 P0 口表示的低 8 位地址锁存到锁存器中。

(4) CPU 在第二个机器周期的 S1～S3 状态，使 $\overline{RD}$(P3.7 的第二功能)信号有效，选中片外 RAM，读取 P2 口和 P0 口(经锁存后表示的低 8 位地址)所对应的外部 RAM 地址单元的内容(数据)，经 P0 口送到 CPU 内部的累加器 A 中。此时 CPU 不输出 ALE 信号。

此后，CPU 在第二个机器周期的 S4P2 状态继续取下一条指令。

上述 MOVX 指令执行过程可以分为两个阶段：第一阶段是根据程序计数器 PC 值，在 ROM 中取出该指令的指令代码；第二阶段是根据 DPTR 中的地址信息，读取片外 RAM 相应单元内容(数据)，并把读取的数据送到累加器 A 中。

至于 8051 单片机向外部 RAM 送(写)数据指令，执行访问外部 RAM 或 I/O 端口时，例如：

  MOVX @DPTR，A ;(A)→DPTR 表示的外部 RAM 地址的内容

其过程与读取过程类似，只是用 $\overline{WR}$ 信号代替 $\overline{RD}$ 信号。读者可自行分析。

另外，对于 CPU 访问外部 8 位地址 RAM 指令，例如：

  MOVX @Ri，A ;(A)→@Ri 表示的外部 RAM 地址的内容

其过程与 16 位地址过程类似，只是@Ri 的内容只通过 P0 口输出低 8 位地址，此时 P2 口不作为地址信息输出，可以作为一般的 I/O 口使用。

因为单片机访问外部 RAM 和外部端口采用的是统一编址方式，因此，以上过程同样适用于访问外部接口电路。

2.3.2　复位和复位电路

1. 复位操作

复位操作是单片机的初始化操作，单片机在进入运行前和在运行过程中程序出错或操作失误使系统不能正常运行时，需要进行复位操作。复位操作后，程序将从 0000H 开始重新执行，复位时特殊功能寄存器的状态如表 2-6 所示。除此之外，复位操作还使单片机的 ALE 和 $\overline{PSEN}$ 引脚信号在复位期间变为无效状态。

表 2-6　单片机复位后内部各寄存器状态

寄存器名	内 容	寄存器名	内 容
PC	0000H	TH0	00H
ACC	00H	TL0	00H
B	00H	TH1	00H
PSW	00H	TL1	00H
SP	07H	SBUF	不定
DPTR	0000H	TMOD	00H
P0～P3	FFH	SCON	00H
IP	×××00000B	PCON(HMOS)	0×××××××B
IE	0××00000B	PCON(CHMOS)	0×××0000B
TCON	00H		

2．复位工作方式

1) 复位信号

单片机对复位信号的要求：一是复位信号为高电平，二是复位信号有效持续时间不少于 24 个振荡脉冲(两个机器周期)以上。在一个应用系统中，如果有几个单片机同时工作，在程序上有连接关系，则系统复位时应确保每一个单片机同时复位。

2) 复位工作方式及复位电路

复位信号由单片机的 RST 引脚输入，复位操作有上电自动复位、按键复位和外部脉冲复位三种方式。随着单片机技术的发展，目前有些单片机内部都带有看门狗电路，当程序出错或进入了无休止循环时，看门狗电路将利用软件强行使系统复位。

MCS-51 单片机的复位电路如图 2-13 所示。在 RST 输入端出现高电平时实现复位和初始化。

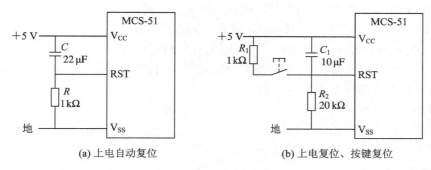

(a) 上电自动复位　　　　　　　　　(b) 上电复位、按键复位

图 2-13　复位电路

在振荡运行的情况下，要实现复位操作，必须使 RST 引脚至少保持两个机器周期(24 个振荡器周期)的高电平。CPU 在第二个机器周期内执行内部复位操作，以后每一个机器周期重复一次，直至 RST 端电平变低。复位期间不产生 ALE 及 $\overline{PSEN}$ 信号。内部复位操作使堆栈指示器 SP 为 07H，各端口都为 1(P0～P3 口的内容均为 0FFH)，特殊功能寄存器都复位为 0，但不影响 RAM 的状态。当 RST 引脚返回低电平以后，CPU 从 0000H 地址开始执行程序。复位后，内部各寄存器状态如表 2-6 所示。

图 2-13(a)为加电自动复位电路。加电瞬间，RST 端的电位与 V_{CC} 相同，随着 RC 电路充电电流的减小，RST 的电位下降，只要 RST 端保持 10ms(远大于两个机器周期)以上的高电平，就能使 MCS-51 单片机有效地复位，复位电路中的 R、C 参数通常由实验调整。当振荡频率选用 6 MHz 时，C 选 22 μF，R 选 1 kΩ，便能可靠地实现加电自动复位。若采用 RC 电路接斯密特电路的输入端，斯密特电路输出端接 MCS-51 和外围电路的复位端，能使系统可靠地同步复位。

图 2-13(b)为人工(手动按键)复位电路。复位电路在实际应用中很重要，不能可靠复位会导致系统不能正常工作，所以现在有专门的复位电路，如 810 系列。有些厂家还推出了更好的产品，如将复位电路、电源监控电路、看门狗电路、串行 E^2PROM 存储器全部集成在一起的电路，有的可分开单独使用，有的可只用部分功能，使用者可根据实际情况灵活选用。

2.3.3 掉电保护和低功耗方式

MCS-51单片机中有HMOS和CHMOS两种工艺芯片，它们的节电运行方式不同，HMOS单片机的节电工作方式只有掉电工作方式，CHMOS单片机(如80C31)的节电工作方式有掉电工作方式和待机工作方式两种。单片机的节电工作方式是由其内部的电源控制寄存器PCON中的相关位来控制的。PCON寄存器的控制格式如下：

位序	D_7	D_6	D_5	D_4	D_3	D_2	D_1	D_0
位符号	SMOD	—	—	—	GF1	GF0	PD	IDL

PCON的各位定义如下：

① SMOD：串行口波特率倍率控制位(详见第7章串行口波特率设置)。

② GF1、GF0：通用标志位。

③ PD：掉电方式控制位。PD=1，进入掉电工作方式。

④ IDL：待机方式控制位。IDL=1，进入空闲工作方式。

⑤ PCON.4～PCON.6为保留位，用户不能对它们进行写操作。

PCON是一个8位的寄存器，不具备位寻址功能，设置任意一位都要通过字节寻址命令。如进入掉电工作方式的指令为

    MOV   PCON，#02H

进入待机工作方式的指令为

    MOV   PCON，#01H

1．待机工作方式

1) 待机工作方式的特征

待机方式也称为空闲工作。系统进入待机工作方式时，振荡器继续工作，中断系统、串行口以及定时器模块由时钟驱动继续工作，但时钟不提供给CPU。也就是说，CPU处于待机状态，工作暂停。与CPU有关的SP、PC、PSW、ACC的状态以及全部工作寄存器的内容均保持不变，I/O引脚状态也保持不变。ALE和$\overline{PSEN}$保持逻辑高电平。

2) 待机工作方式的设置

当程序将PCON的IDL位置1后，系统就进入了待机工作方式。

待机工作方式是在程序运行过程中，用户在CPU无事可做或不希望它执行程序时进入的一种降低功耗的工作方式。在此工作方式下，单片机的工作电流可降到正常工作方式时的15%左右。

3) 待机工作方式的退出

退出待机方式的方法有两种：一种是中断退出，一种是按键复位退出。

在待机工作方式下，通过引入外中断信号的方法可使单片机退出待机工作方式。单片机在响应外部中断时，PCON.0位(IDL)被硬件自动清零，这样，在中断服务程序中只要用返回指令(RETI)即可使系统恢复正常工作。

由于在待机工作方式下振荡器仍然工作，因此复位仅需2个机器周期便可完成。而RST端的复位信号直接将PCON.0(IDL)清零，从而退出待机状态，CPU则从进入待机方式的下

一条指令开始重新执行程序。

2. 掉电工作方式

1) 掉电工作方式的特征

单片机进入掉电工作方式，只有内部 RAM 单元的内容被保存，其他一切工作都停止。

掉电的具体含义是指由于电源的故障使电源电压丢失或工作电压低于正常要求的范围值。掉电将使单片机系统不能运行，若不采取保护措施，便会丢失 RAM 和寄存器中的数据。进行掉电保护处理的措施是：检测电路一旦发现掉电，立即先把程序运行过程中的有用信息转存到 RAM，然后启用备用电源维持 RAM 供电。

2) 掉电工作方式的设置

要使系统进入掉电工作方式，只要寄存器 PCON 中的 PD=1 即可。

执行指令"MOV PCON，#02H"即可使系统实现掉电工作方式。

当 CPU 执行一条置 PCON.1 位(PD)为 1 的指令后，系统即进入掉电工作方式。

在掉电工作方式下，单片机内部振荡器停止工作。由于没有振荡时钟，因此，所有的功能部件都停止工作。但内部 RAM 区和特殊功能寄存器的内容被保留，端口的输出状态值都保存在对应的 SFR 中，ALE 和 $\overline{PSEN}$ 都为低电平。这种工作方式下的电流可降到 15 μA以下，最小可降到 0.6 μA。

3) 掉电工作方式的退出

当电源恢复正常后，只要硬件复位信号维持 10 ms 以上，便能使单片机退出掉电保护工作方式。

退出掉电方式的唯一方法是由硬件复位，复位时将所有的特殊功能寄存器的内容初始化，但不改变内部 RAM 区的数据。

在掉电工作方式下，V_{CC} 可以降到 2 V，但在进入掉电方式之前，V_{CC} 不能降低。而在准备退出掉电方式之前，V_{CC} 必须恢复正常的工作电压值，并维持一段时间(约 10 ms)，使振荡器重新启动并稳定后方可退出掉电方式。

对于片内程序存储器为 EPROM 型的单片机(如 8751 型单片机)，还有一种编程方式，即对 EPROM 可以操作的工作方式，用户可对片内的 EPROM 进行编程和校验。关于对片内EPROM 编程和校验的具体方式，读者可参看有关资料。

习题与思考题

2-1 MCS-51 系列单片机内部有哪些主要的逻辑部件？

2-2 MCS-51 设有 4 个 8 位端口(32 条 I/O 线)，实际应用中 8 位数据信息由哪一个端口传送？16 位地址线怎样形成？P3 口有何功能？

2-3 MCS-51 的存储器结构与一般的微型计算机有何不同？程序存储器和数据存储器各有何作用？

2-4 MCS-51 内部 RAM 区功能结构如何分配？4 组工作寄存器使用时如何选用？位寻址区域的字节地址范围是多少？

2-5 特殊功能寄存器中哪些寄存器可以位寻址？它们的字节地址是什么？

2-6　简述程序状态字 PSW 中各位的含义。

2-7　一个时钟频率为 6 MHz 的单片机应用系统，它的时钟周期、机器周期、指令周期分别是多少？

2-8　单片机有几种主要的工作方式？其特点各是什么？

2-9　堆栈有何功能？堆栈指针的作用是什么？二者的关系如何？为什么在程序设计时要对 SP 重新赋值？

第3章 MCS-51系列单片机的指令系统

计算机的整个运行过程是由 CPU 中的控制器按顺序自动、连续地执行存放在存储器中的指令来完成的，每一条指令执行某种操作。计算机能直接识别的只能是由 0 和 1 编码组成的指令，也称为机器语言指令，这种编码称为机器码。8051 单片机共有 111 条指令。

3.1　指令格式及分类

3.1.1　指令格式

由于用二进制编码表示的机器语言指令不便于阅读、理解和记忆，因此，在微机控制系统中采用汇编语言(用助记符和专门的语言规则表示指令的功能和特征)指令来编写程序。

一条汇编语言指令中最多包含四个区段：

[标号：] 操作码助记符 [目的操作数] [，源操作数] [；注释]

例如，把立即数 F0H 送累加器的指令为

START：　　MOV　　A，#0F0H　；　　立即数 F0H→(A)

标号区段是由用户定义的符号组成，必须由英文字母开始，标号区段可缺省。若一条指令中有标号区段，标号代表该指令第一个字节所存放的存储器单元的地址，故标号又称为符号地址，则在汇编时把该地址赋值给标号。

操作码区段是指令要操作的数据信息，根据指令的不同功能实现不同的操作。如数据传送、算术运算、逻辑运算、程序转移、调用子程序等。

操作数区段表示参加操作的操作数本身或操作数所在的地址。

不同类型的指令，操作数也不相同，可以有三个、两个、一个或没有操作数。上例指令中操作数区段包含两个操作数 A 和 #0F0H，它们之间由逗号分隔开。其中第二个操作数为立即数 F0H，它是用十六进制数表示的以字母开头的数据，为区别于操作数区段出现的字符，故在字母开始的十六进制数据前面都要加 0，把立即数 F0H 写成 0F0H(这里 H 表示此数为十六进制数，若后缀为 B 则表示二进制，十进制后缀为 D 或省略)。

注释区段可缺省，对程序功能无任何影响，只用来对指令或程序段作简要的说明，便于他人阅读，在调试程序时也会带来很多方便。

值得注意的是，汇编语言程序不能被计算机直接识别并执行，必须经过一个中间环节把它翻译成机器语言程序，这个中间过程叫做汇编。汇编有两种方式：机器汇编和手工汇编。机器汇编是用专门的汇编程序在计算机上进行翻译，手工汇编是编程员把汇编语言指

令通过查指令表逐条翻译成机器语言指令，现在主要用的是机器汇编，但有时也用到手工汇编。

在 MCS-51 指令系统中有 42 种助记符代表了 33 种操作功能，这是因为有的功能可以有几种助记符(例如数据传送的助记符有 MOV，MOVC，MOVX)。指令功能助记符与操作数各种可能的寻址方式相结合，共构成 111 种指令。在这 111 种指令中，按字节分类为单字节指令 49 条，双字节指令 45 条，三字节指令 17 条；若从指令执行的时间看，单机器周期(12 个振荡器周期)指令 64 条，双机器周期指令 45 条，四机器周期指令 2 条(乘、除)。在 12 MHz 晶振的条件下，执行时间分别为 1、2、4 μs。由此可见，MCS-51 指令系统具有存储空间效率高和执行速度快的特点。

3.1.2　指令分类

按照不同的分类方式，111 条指令可有不同的分类方法。比如，按照每条指令的字节数不同，可分为单字节指令、双字节指令及三字节指令等；按照指令执行时需要的机器周期不同，可分为单周期指令、双周期指令及四周期指令；按照指令的不同寻址方式来区分，可分为立即数寻址、寄存器寻址和寄存器间接寻址等。一般情况下，为了学习和讲解方便，本书采用按照指令的功能区分，将 MCS-51 指令系统可分为五类：数据传送类、算术运算类、逻辑操作类、位操作类和控制转移类。

本章 3.3～3.7 节将根据指令的功能特性分类介绍，在分类介绍之前，先对描述指令的一些符号作简单的说明。

Rn——表示当前工作寄存器区中的工作寄存器，n 取 0～7，表示 R0～R7。

direct——8 位内部数据存储单元地址。它可以是一个内部数据 RAM 单元(0～127)或特殊功能寄存器地址或地址符号。

@Ri——通过寄存器 R1 或 R0 间接寻址的 8 位内部数据 RAM 单元(0～255)，i=0，1。

#data——指令中的 8 位立即数。

#data16——指令中的 16 位立即数。

addr16——16 位目标地址，用于 LCALL 和 LJMP 指令，可指向 64 KB 程序存储器地址空间的任何地方。

addr11——11 位目标地址，用于 ACALL 和 AJMP 指令，转至当前 PC 所在的同一个 2 KB 程序存储器地址空间内。

rel——补码形式的 8 位偏移量，用于相对转移和所有条件转移指令。偏移量相对于当前 PC 计算，在 −128～+127 范围内取值。

DPTR——数据指针，用作 16 位的地址寄存器。

A——累加器。

B——特殊功能寄存器，专用于乘(MUL)和除(DIV)指令。

C——进位标志或进位位。

bit——内部数据 RAM 或部分特殊功能寄存器里的可寻址位的位地址。

$\overline{\text{bit}}$——表示对该位操作数取反。

(X)——X 中的内容。

((X))——表示以 X 单元的内容为地址的存储器单元内容，即(X)作地址，该地址单元的内容用((X))表示。

MCS-51 汇编语言指令系统及指令编码参见附录 B。

3.2 寻 址 方 式

单片机的每一条指令包含两个基本部分：操作码和操作数。操作码表明指令要执行的操作性质；操作数表明参与操作的数据或数据所存放的地址。

在带有操作数的指令中，数据可能就在指令中，也有可能在寄存器或存储器中，甚至在 I/O 口中。对这些单元内的数据要进行正确操作就要在指令中指出其地址，寻找操作数地址的方法称为寻址方式。寻址方式的多少及寻址功能的强弱是反映指令系统性能优劣的重要特性。

MCS-51 指令系统的寻址方式有立即寻址、直接寻址、寄存器寻址、寄存器间接寻址、基址寄存器加变址寄存器间接寻址、相对寻址和位寻址。下面逐一介绍各种寻址方式。

1．立即寻址

立即寻址方式是操作数包含在指令字节中，指令操作码后面字节的内容就是操作数本身。汇编指令中，在一个数的前面冠以"#"符号作前缀，就表示该数为立即寻址。例如：

机器码	助记符	注释
74 70	MOV A，#70H	；70H→(A)

该指令的功能是将立即数 70H 送入累加器 A，这条指令为双字节指令，操作数本身 70H 跟在操作码 74H 后面，以指令形式存放在程序存储器内。

在 MCS-51 指令系统中还有一条三字节的立即寻址指令：

机器码	助记符	注释
90 82 00	MOV DPTR，#8200H	；82H→(DPH)、00H→(DPL)

这条指令存放在程序存储器中，占三个存储单元。

请注意，在 MCS-51 汇编语言指令中，#data 表示 8 位立即数，#data16 表示 16 位立即数，立即数前面必须有符号"#"。上述两例写成一般格式为

    MOV A，#data

    MOV DPTR，#data16

2．直接寻址

直接寻址即在指令中含有操作数的直接地址，该地址指出了参与操作的数据所在的字节地址或位地址。

直接寻址方式中操作数存储的空间有三种：

(1) 8051 单片机内部数据存储器的低 128 个字节单元(00H～7FH)，例如：

    MOV A，70H   ；(70H)→(A)

该指令的功能是把内部 RAM 70H 单元中的内容送入累加器 A。

(2) 位地址空间，例如：

    MOV C，00H   ；直接位地址 00H 内容→进位位

(3) 特殊功能寄存器。特殊功能寄存器只能用直接寻址方式进行访问。例如：

  MOV IE，#85H   ;立即数 85H→中断允许寄存器 IE

IE 为特殊功能寄存器，其字节地址为 A8H。一般在访问 SFR 时，可在指令中直接使用
该寄存器的名字来代替地址。

3．寄存器寻址

  由指令指出某一个寄存器中的内容作为操作数，这种寻址方式称为寄存器寻址。寄存
器寻址按所选定的工作寄存器 R0～R7 进行操作，指令机器码的低 3 位的八种组合 000，
001，…，110，111 分别指明所用的工作寄存器 R0，R1，…，R6，R7。如：MOV A，Rn(n=0～
7)，这 8 条指令对应的机器码分别为 E8H～EFH。例如：

  INC R0   ;(R0)+1→(R0)

该指令的功能是对寄存器 R0 进行操作，使其内容加 1。

4．寄存器间接寻址

  由指令指出某一个寄存器的内容作为操作数的地址，这种寻址方式称为寄存器间接寻
址。这里要注意，在寄存器间接寻址方式中，存放在寄存器中的内容不是操作数，而是操
作数所在的存储器单元地址，寄存器起地址指针的作用，寄存器间接寻址用符号"@"表示。

  寄存器间接寻址只能使用寄存器 R0 或 R1 作为地址指针，来寻址内部 RAM(00H～FFH)
中的数据。

  寄存器间接寻址也适用于访问外部 RAM，此时可使用 R0、R1 或 DPTR 作为地址指针。
例如：

  MOV A，@R0   ;((R0))→(A)

该指令的功能是把 R0 所指向的内部 RAM 单元中的内容送累加器 A。若 R0 内容为 60H，
而内部 RAM 60H 单元中的内容是 3BH，则指令"MOV A，@R0"的功能是将 3BH 这个
数送到累加器 A，如图 3-1 所示。

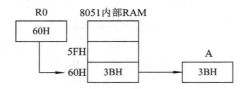

图 3-1 寄存器间接寻址过程示意图

5．基址寄存器加变址寄存器间接寻址

  这种寻址方式用于访问程序存储器中的数据表格，它把基址寄存器(DPTR 或 PC)和变
址寄存器 A 的内容作为无符号数相加形成 16 位的地址，访问程序存储器中的数据表格。
例如：

  MOVC A，@A+DPTR   ;((DPTR)+(A))→(A)
  MOVC A，@A+PC   ;((PC)+(A))→(A)

  A 中为无符号数，这两条指令的功能分别是 A 的内容与 DPTR 和当前 PC 的内容相加
得到程序存储器的有效地址，把该存储器单元中的内容送到 A。

6. 相对寻址

这类寻址方式是以当前 PC 的内容作为基地址，加上指令中给定的偏移量所得结果作为转移地址，它只适用于双字节转移指令。偏移量是带符号数，在 −128～+127 范围内，用补码表示。例如：

    JC   rel   ; CY=1 跳转

这是一条双字节指令，第一字节为操作码，第二字节就是相对于程序计数器 PC 当前地址的偏移量 rel。若转移指令操作码存放在 1000H 单元，偏移量存放在 1001H 单元，则该指令执行后 PC 已为 1002H。若偏移量 rel 为 05H，则转移到的目标地址为 1007H，即当 CY = 1 时，将去执行 1007H 单元中的指令。

7. 位寻址

位地址表示一个可作位寻址的单元，它或者在内部 RAM 中进行位寻址，字节地址为 20H～2FH，相应的位地址为 00H～7FH；或者在某些特殊功能寄存器(SFR)中进行位寻址(参见第 2 章有关位地址的内容)。

在位寻址指令中，一般用 bit(具体值取决于访问的位地址单元)表示位地址，以区别用 direct 表示的字节地址。

为了提高程序设计的可读性，汇编语言中有以下四种方式表示位地址：

(1) 直接使用位地址单元，如：

    MOV   C, 07H   ; CY←(07H)

07H 为位地址，它表示 20H 字节单元的 D7 位，即 20H.7。

(2) 采用某个字节单元第几位表示，如：

    MOV   C, 20H.7   ; CY←(07H)

(3) 对于可位寻址的特殊功能寄存器可以采用其寄存器名称加位数的方法或直接用位名称来表示，如对于程序状态字寄存器 PSW 的进位标志位置 1 时，可用如下指令：

    SETB PSW.7

或   SETB C

(4) 也可以通过伪指令定义的符号名称访问位单元，见第 4 章。

3.3　数据传送类指令

数据传送类指令一般的操作是把源操作数传送到指令所指定的目标操作数中，指令执行后，源操作数不变，目的操作数被源操作数所代替。数据传送是一种最基本的操作，数据传送类指令是编程时使用最频繁的指令，其性能对整个程序的执行效率起很大的作用。在 MCS-51 指令系统中，数据传送类指令非常灵活，它可以把数据方便地传送到数据存储器或 I/O 口中。

数据传送类指令用到的助记符有 MOV、MOVX、MOVC、XCHD、PUSH 和 POP。

数据传送类指令比较简单，共有 29 条(见表 3-1)，它可以分为内部数据传送指令、外部数据传送指令、堆栈操作指令和数据交换指令等四类。

表 3-1　数据传送类指令

指令助记符 (包括寻址方式)	说　　明	字节数	周期数
MOV　A，Rn	寄存器送累加器：(A)←(Rn)	1	1
MOV　A，direct	直接寻址字节送累加器：(A)←(direct)	2	1
MOV　A，@Ri	间接寻址 RAM 送累加器：(A)←((Ri))	1	1
MOV　A，#data	立即数送累加器：(A)←#data	2	1
MOV　Rn，A	累加器送寄存器：(Rn)←(A)	1	1
MOV　Rn，direct	直接寻址字节送寄存器：(Rn)←(direct)	2	2
MOV　Rn，#data	立即数送寄存器：(Rn)←#data	2	1
MOV　direct，A	累加器送直接寻址字节：(direct)←(A)	2	1
MOV　direct，Rn	寄存器送直接寻址字节：(direct)←(Rn)	2	2
MOV　direct1，direct2	直接寻址字节送直接寻址字节：(direct1)←(direct2)	3	2
MOV　direct，@Ri	间接寻址 RAM 送直接寻址字节：(direct)←((Ri))	2	2
MOV　direct，#data	立即数送直接寻址字节：(direct)←#data	3	2
MOV　@Ri，A	累加器送片内 RAM：((Ri))←(A)	1	1
MOV　@Ri，direct	直接寻址字节送片内 RAM：((Ri))←(direct)	2	2
MOV　@Ri，#data	立即数送片内 RAM：((Ri))←#data	2	1
MOV　DPTR，#data16	16 位立即数送数据指针：(DPRT)←#data16	3	2
MOVC　A，@A+DPTR	变址寻址字节送累加器(相对 DPTR)： (A)←((A)+(DPTR))	1	2
MOVC　A，@A+PC	变址寻址字节送累加器(相对 PC)：(A)←((A)+(PC))	1	2
MOVX　A，@Ri	片外 RAM 送累加器(8 位地址)：(A)←((Ri))	1	2
MOVX　A，@DPTR	片外 RAM(16 位地址)送累加器：(A)←((DPTR))	1	2
MOVX　@Ri，A	累加器送片外 RAM(8 位地址)：((Ri))←(A)	1	2
MOVX　@DPTR，A	累加器送片外 RAM(16 位地址)：((DPTR))←(A)	1	2
PUSH　direct	直接寻址字节压入栈顶：(SP)←(SP)+1，(SP)←(direct)	2	2
POP　direct	栈顶弹至直接寻址字节：(direct)←((SP))，(SP)←(SP)−1	2	2
XCH　A，Rn	寄存器与累加器交换：(A)↔(Rn)	1	1
XCH　A，direct	直接寻址字节与累加器交换：(A)↔(direct)	2	1
XCH　A，@Ri	片内 RAM 与累加器交换：(A)↔((Ri))	1	1
XCHD　A，@Ri	片内 RAM 与累加器低 4 位交换：$(A)_{3\sim0}$↔$((Ri))_{3\sim0}$	1	1
SWAP　A	累加器高 4 位与低 4 位交换：$(A)_{7\sim4}$↔$(A)_{3\sim0}$	1	1

1．CPU 内部数据传送指令 MOV(16 条)

CPU 内部数据传送指令是以 MOV 为操作码的指令，主要实现 CPU 内部数据存储器之间的数据传送，从源操作数传送到目的操作数中。它提供了丰富的传送操作，通过不同的寻址方式和操作数，可以访问内部所有的数据存储器和特殊功能寄存器。

一般格式：

    MOV　目的操作数，源操作数

按照寻址方式不同，内部数据传送指令又分为以下几类。

(1) 立即数寻址传送指令，有如下 5 条：

MOV	A，#data	; (A)←#data
MOV	Rn，#data	; (Rn)←#data
MOV	@Ri，#data	; ((Ri))←#data
MOV	direct，#data	; (direct)←#data
MOV	DPTR，#data16	; (DPTR)←#data16，唯一的一条 16 位传送指令

(2) 直接寻址方式的数据传送指令。源操作数或(和)目标操作数的地址都以直接地址形式表示，它们可以是内部 RAM 存储器或特殊功能寄存器或累加器。这种方式的数据传送指令的功能很强，能实现内部 RAM 之间、特殊功能寄存器之间或特殊功能寄存器与内部 RAM 之间的数据传送。

MOV	A，direct	; (A)←(direct)
MOV	Rn，direct	; (Rn)←(direct)
MOV	@Ri，direct	; ((Ri))←(direct)
MOV	direct1，direct2	; (direct1)←(direct2)
MOV	direct，A	; (direct)←(A)

(3) 寄存器寻址方式的数据传送指令：

MOV	A，Rn	; (A)←(Rn)
MOV	Rn，A	; (Rn)←(A)
MOV	direct，Rn	; (direct)←(Rn)

(4) 寄存器间接寻址方式的数据传送指令：

MOV	direct，@Ri	; (direct)←((Ri))
MOV	A，@Ri	; (A)←((Ri))
MOV	@Ri，A	; ((Ri))←(A)

2. 外部数据传送指令(6 条)

该类指令必须用到累加器 A 并分别为数据存储器和程序存储器传送数据两组。

(1) 数据存储器传送数据。

① DPTR 内容指示外部数据存储器地址，用于外部数据存储器或 I/O 端口与累加器 A 之间的数据传送。

助记符	功能
MOVX　A，@DPTR	; (A)←((DPTR))
MOVX　@DPTR，A	; ((DPTR))←(A)

执行第一条指令时，P3.7 引脚上输出 $\overline{RD}$ 有效信号，用作外部数据存储器的读选通信号。DPTR 所包含的 16 位地址信息由 P0 口(低 8 位)和 P2 口(高 8 位)输出，选中单元的数据由 P0 输入到累加器，P0 口作分时复用的总线。

执行第二条指令时，P3.6 引脚上输出 $\overline{WR}$ 有效信号，用作外部数据存储器的写选通信号。DPTR 所包含的 16 位地址信息由 P0 口(低 8 位)和 P2 口(高 8 位)输出，累加器的内容由 P0 口输出，P0 口作分时复用总线。

② 由 Ri 内容指示外部数据存储器地址。

助记符	功能
MOVX A，@Ri	；(A)←((Ri))，i=0，1
MOVX @Ri，A	；((Ri))←(A)，i=0，1

执行第一条指令时，在 P3.7 引脚上输出 $\overline{RD}$ 有效信号，用作外部数据存储器的读选通信号。Ri 所包含的低 8 位地址由 P0 口输出。选中单元的数据由 P0 口输入到累加器。

执行第二条指令时，在 P3.6 引脚上输出 $\overline{WR}$ 有效信号，用作外部数据存储器的写选通信号。P0 口上分时输出由 Ri 指定的低 8 位地址及输入外部数据存储器单元的内容。

【例 3-1】 设外部数据存储器 2097H 单元中内容为 80H，在执行下列指令后，则 A 中的内容为 80H。

  MOV DPTR，#2097H

  MOVX A，@DPTR

(2) 程序存储器内容送累加器。这类指令有下列两条，常用于查表。

助记符	功能
MOVC A，@A+PC	；(PC←(PC)+1，A←((A)+(PC))
MOVC A，@A+DPTR	；(A)←((A)+(DPTR))

第一条指令以 PC 作为基址寄存器，A 的内容作为无符号数和 PC 的内容(下一条指令第一字节地址)相加后得到一个 16 位的地址，把该地址指出的程序存储器单元的内容送到累加器 A。这条指令的优点是不改变特殊功能寄存器及 PC 的状态，根据 A 的内容就可以取出表格中的常数。缺点是表格只能存放在该条查表指令后面 256 个单元之内，因此表格的大小受到限制，而且表格只能被该段程序所使用。

第二条指令以 DPTR 作为基址寄存器，A 的内容作为无符号数和 DPTR 的内容相加得到一个 16 位的地址，把该地址指出的程序存储器单元的内容送到累加器 A。这条指令的执行结果只与指针 DPTR 及累加器 A 的内容有关，与该指令存放的地址无关。因此表格的大小和位置可在 64KB 程序存储器中任意安排，一个表格可被各个程序块共用。

【例 3-2】 (A)=60H，设当前 PC 值为 2000H，执行下列指令：

  2000H： MOVC A，@A+PC

结果为程序存储器中 2061H 单元的内容送入 A。

如果(DPTR)=8100H，(A)=40H，执行下列指令：

  MOVC A，@A+DPTR

结果为程序存储器中 8140H 单元的内容送入累加器 A。

3．栈操作指令(2 条)

在 MCS-51 内部 RAM 中可以设定一个后进先出的区域(LIFO)，称为堆栈。在特殊功能寄存器中有一个堆栈指针 SP，它指出栈顶的位置。在指令系统中有下列两条用于数据传送的栈操作指令：进栈指令和出栈指令。

助记符	功能
PUSH direct	; (SP)←(SP)+1, (SP)←(direct)
POP direct	; (direct)←((SP)), SP←(SP)−1

第一条指令的功能是进栈，首先将栈指针 SP 的内容加 1，然后把直接地址指出的单元内容传送到栈指针 SP 所指的内部 RAM 单元中。

第二条指令的功能是出栈，栈指针 SP 所指的内部 RAM 单元内容送入直接地址指出的字节单元中，栈指针 SP 的内容减 1。

【例 3-3】 (SP)=60H，(ACC)=30H，(B)=70H，执行下列指令：

PUSH ACC	; (SP)←(SP)+1, 即(SP)←61H, (61H)←30H
PUSH B	; (SP)←(SP)+1, 即(SP)←62H, (62H)←70H

结果：(61H)=30H，(62H)=70H，(SP)=62H。

【例 3-4】 (SP)=62H，(62H)=70H，(61H)=30H，执行下列指令：

POP DPH	; (DPH)←((SP)), (SP)←(SP)−1
POP DPL	; (DPL)←((SP)), (SP)←(SP)−1

结果：(DPTR)=7030H，(SP)=60H。

执行 POP   direct 指令不影响标志，但当直接地址为 PSW 时，可以使一些标志改变。这也是通过指令强行修改标志的一种方法。

4. 字节交换指令(5 条)

(1) 字节交换指令。这组指令的功能是将累加器 A 的内容和源操作数内容相互交换。源操作数有寄存器寻址、直接寻址和寄存器间接寻址等寻址方式。

助记符	功能
XCH A，Rn	; (A)↔(Rn), n=0~7
XCH A，@Ri	; (A)↔((Ri)), i=0, 1
XCH A，direct	; (A)↔(direct)

【例 3-5】 (A)=80H，(R7)=08H，执行下列指令：

XCH A，R7	; (A)↔(R7)

结果：(A)=08H，(R7)=80H。

(2) 半字节交换指令。

助记符	功能
XCHD A，@Ri	; $(A_{3\sim0})\leftrightarrow((Ri)_{3\sim0})$, i=0, 1
SWAP A	; $(A_{3\sim0})\leftrightarrow(A_{7\sim4})$

第一条指令将 A 的低 4 位和 R0 或 R1 指出的 RAM 单元低 4 位相互交换，各自的高 4 位不变。

第二条指令实现把累加器半字节交换，即将累加器 ACC 的高半字节($ACC_7\sim ACC_4$)和低半字节($ACC_3\sim ACC_0$)互换。

【例 3-6】 (A)=0C5H，执行指令：

    SWAP   A

结果：(A)=5CH。

3.4 算术运算类指令

算术运算类指令是 MCS-51 指令系统中具有单字节的加、减、乘、除法指令，见表 3-2，其运算功能比较强。算术运算类指令执行的结果将影响进位(CY)、辅助进位(AC)、溢出标志位(OV)。但是加 1 和减 1 指令不影响这些标志位。对标志位有影响的所有指令见附录 B。

表 3-2 算术运算类指令

指令助记符 (包括寻址方式)	说　明	字节数	周期数
ADD　A，Rn	寄存器加到累加器：(A)←(A)+(Rn)	1	1
ADD　A，direct	直接寻址加到累加器：(A)←(A)+(direct)	2	1
ADD　A，@Ri	间接寻址 RAM 加到累加器：(A)←(A)+((Ri))	1	1
ADD　A，#data	立即数加到累加器：(A)←(A)+#data	2	1
ADDC　A，Rn	寄存器加到累加器(带进位)：(A)←(A)+(Rn)+(CY)	1	1
ADDC　A，direct	直接寻址加到累加器(带进位)：(A)←(A)+(direct)+(CY)	2	1
ADDC　A，@Ri	间接寻址 RAM 加到累加器(带进位)：(A)←(A)+((Ri))+(CY)	1	1
ADDC　A，#data	立即数加到累加器(带进位)：(A)←(A)+#data+(CY)	2	1
SUBB　A，Rn	累加器减去寄存器(带借位)：(A)←(A)−(Rn)−(CY)	1	1
SUBB　A，direct	累加器减去直接寻址(带借位)：(A)←(A)−(direct)−(CY)	2	1
SUBB　A，@Ri	累加器减去间接寻址(带借位)：(A)←(A)−((Ri))−(CY)	1	1
SUBB　A，#data	累加器减去立即数(带借位)：(A)←(A)−#data−(CY)	2	1
INC　A	累加器加 1：(A)←(A)+1	1	1
INC　Rn	寄存器加 1：(Rn)←(Rn)+1	1	1
INC　direct	直接寻址加 1：(direct)←(direct)+1	2	1
INC　@Ri	间接寻址 RAM 加 1：((Ri))←((Ri))+1	1	1
INC　DPTR	地址寄存器加 1：(DPTR)←(DPTR)+1	1	2
DEC　A	累加器减 1：(A)←(A)−1	1	1
DEC　Rn	寄存器减 1：(Rn)←(Rn)−1	1	1
DEC　direct	直接寻址地址字节减 1：(direct)←(direct)−1	2	1
DEC　@Ri	间接寻址 RAM 减 1：((Ri))←((Ri))−1	1	1
MUL　AB	累加器 A 和寄存器 B 相乘：(A)(B)←(A)×(B)	1	4
DIV　AB	累加器 A 除以寄存器 B：(A)(B)←(A)/(B)	1	4
DA　A	对 A 进行十进制调整	1	1

由表 3-2 可知，算术运算类指令可分为 8 类。

1. 加法指令(4 条)

　　　ADD　A，Rn　　　　　　　; n=0～7
　　　ADD　A，direct
　　　ADD　A，@Ri　　　　　　; i=0，1

ADD　A，#data

这组加法指令的功能是把所给出的源操作数和累加器 A 相加，其结果存放在累加器中。相加过程中如果 D_7 有进位(C7=1)，则进位 CY 置 1，否则清零；如果 D_3 有进位，则辅助进位 AC 置 1，否则清零；如果 D_6 有进位而 D_7 无进位，或者 D_7 有进位 D_6 无进位，则溢出标志 OV 置 1，否则清零。源操作数有寄存器寻址、直接寻址、寄存器间接寻址和立即寻址等寻址方式。

【例 3-7】 (A)=85H，(R0)=20H，(20H)=0AFH，执行指令

　　ADD　A，@R0

运算过程如图 3-2 所示。

结果：(A)=34H，CY=1，AC=1，OV=1。

$$
\begin{array}{r}
1\,0\,0\,0\,0\,1\,0\,1 \\
+\,1\,0\,1\,0\,1\,1\,1\,1 \\
\hline
1\,0\,0\,1\,1\,0\,1\,0\,0 \\
\downarrow \\
CY=1
\end{array}
$$

图 3-2　ADD 指令执行示意图

对于加法，溢出只能发生在两个加数符号相同的情况。在进行带符号数的加法运算时，利用它可以判断两个带符号数相加，其和是否溢出(即和大于+127 或小于−128)，当溢出时结果无意义。本例中，由于 OV=1，故结果无意义。

2. 带进位加法指令(4 条)

　　ADDC　A，Rn　　　　　　；n=0～7
　　ADDC　A，direct
　　ADDC　A，@Ri　　　　　　；i=0，1
　　ADDC　A，#data

这组带进位加法指令的功能是把所指出的字节变量、进位标志与累加器 A 内容相加，其结果存在累加器中。该组指令对进位标志与溢出标志的影响与 ADD 指令相同。

【例 3-8】 (A)=85H，(20H)=0FFH，CY=1，执行指令：

　　ADDC　A，20H

运算过程如图 3-3 所示。

结果：(A)=85(H)，CY=1，AC=1，OV=0。

$$
\begin{array}{r}
1\,0\,0\,0\,0\,1\,0\,1 \\
+\,1\,1\,1\,1\,1\,1\,1\,1 \\
+\,\qquad\quad 1 \\
\hline
1\,1\,0\,0\,0\,0\,1\,0\,1 \\
\downarrow \\
CY=1
\end{array}
$$

图 3-3　ADDC 指令执行示意图

3．增量指令(5 条)

INC　　A

INC　　Rn　　　　　　　　　　；n=0～7

INC　　direct

INC　　@Ri　　　　　　　　　；i=0，1

INC　　DPTR

这组增量指令的功能是把所指出的变量加 1，若原来数据为 0FFH，则执行后为 00H，不影响任何标志位。操作数有寄存器寻址、直接寻址和寄存器间接寻址方式。注意：当用本指令修改输出口 Pi(即指令中的 direct 为端口 P0～P3，地址分别为 80H、90H、A0H、B0H)时，其功能是修改端口的内容。在该指令的执行过程中，首先读入端口的内容，然后在 CPU 中加 1，继而输出到端口。这里读入端口的内容来自端口的锁存器而不是端口的引脚。

【例 3-9】 (A)=0FFH，(R3)=0FH，(30H)=0F0H，(R0)=40H，(40H)=00H，执行下列指令：

INC　A　　　　　　　　　；(A)←(A)+1

INC　R3　　　　　　　　　；(R3)←(R3)+1

INC　30H　　　　　　　　；(30H)←(30H)+1

INC　@R0　　　　　　　　；(R0)←((R0))+1

结果：(A)=00H，(R3)=10H，(30H)=F1H，(40H)=01H，不改变 PSW 状态。

4．十进制调整指令(1 条)

DA　　A

这条指令对累加器参与的 BCD 码加法运算所获得的 8 位结果(在累加器中)进行十进制调整，使累加器中的内容调整为二位 BCD 码。计算机进行相应的调整规则是：BCD 码相加后，当低 4 位大于 9 或 D_3 位向前有进位时，在低 4 位上加 06H；当高 4 位大于 9 或 D_7 位向前有进位时，在高 4 位上加 6H。

【例 3-10】 (A)=58H，(R5)=26H，执行指令：

ADD　A，R5

DA　　A

运算过程如图 3-4 所示。

```
  01011000    [58]_BCD
+ 00100110    [26]_BCD
───────────
  01111110    低4位大于9，
+     0110    加06修正
───────────
  10000100    [84]_BCD
```

图 3-4　DA　A 指令执行示意图

结果：(A)=84H，CY=1。

5．带进位减法指令(4 条)

SUBB　A，Rn　　　　　　　　；n=0～7

SUBB　A，direct

SUBB　A，@Ri　　　　　　　；i=0，1

SUBB　A，#data

这组带进位减法指令的功能是从累加器中减去指定的变量和进位标志，结果放在累加器中。进行减法过程中如果位 7 需借位，则 CY 置位，否则 CY 清零；如果位 3 需借位，则 AC 置位，否则 AC 清零；如果位 6 需借位而位 7 不需借位或者位 7 需借位而位 6 不需借位，则溢出标志 OV 置位，否则溢出标志清零。在带符号数运算时，只有当符号不相同的两数相减时才会发生溢出。

6. 减 1 指令(4 条)

DEC　A

DEC　Rn　　　　　　　　　；n=0～7

DEC　direct

DEC　@Ri　　　　　　　　；i=0，1

这组指令的功能是将指定的变量减 1。若原来为 00H，减 1 后下溢为 0FFH，不影响标志位。

当指令中的直接地址 direct 为 P0～P3 端口(即 80H、90H、A0H、B0H)时，指令可用来修改一个输出口的内容，是一条具有读→修改→写功能的指令。指令执行时，首先读入端口的原始数据，在 CPU 中执行减 1 操作，然后再送到端口。注意：此时读入的数据来自端口的锁存器而不是从引脚读入。

【例 3-11】　(A)=0FH，(R7)=19H，(30H)=00H，(R1)=40H，(40H)=0FFH，执行指令：

DEC　A　　　　　　；(A)←(A)-1

DEC　R7　　　　　；(R7)←(R7)-1

DEC　30H　　　　　；(30H)←(30H)-1

DEC　@R1　　　　　；(R1)←((R1))-1

结果：(A)=0EH，(R7)=18H，(30H)=0FFH，(40H)=0FEH，不影响标志位。

7. 乘法指令(1 条)

MUL　AB

这条指令的功能是把累加器 A 和寄存器 B 中的无符号 8 位整数相乘，其 16 位积的低位字节在累加器 A 中，高位字节在 B 中。如果积大于 255(0FFH)，则溢出标志位 OV 置位，否则 OV 清零。进位标志位 CY 总是清零。

【例 3-12】　(A)=50H，(B)=0A0H，执行指令：

MUL　AB

结果：(B)=32H，(A)=00H(即积为 3200H)，CY=0，OV=1。

8. 除法指令(1 条)

DIV　AB

这条指令的功能是把累加器 A 中的 8 位无符号整数除以寄存器 B 中的 8 位无符号整数，所得商的整数部分存放在累加器 A 中，余数存放在寄存器 B 中。进位 CY 和溢出标志 OV 清零。如果原来 B 中的内容为 0(被零除)，则结果 A 和 B 中内容不定，且溢出标志 OV 置位，在任何情况下，CY 都清零。

【例 3-13】 (A)=0FBH，(B)=12H，执行指令：

DIV AB

结果：(A)=0DH，(B)=11H，CY=0，OV=0。

3.5 逻辑操作与移位操作类指令

3.5.1 逻辑操作指令

逻辑操作类指令见表 3-3。

表 3-3 逻辑运算类指令

指令助记符 (包括寻址方式)	说 明	字节数	周期数
ANL A，Rn	寄存器"与"到累加器：(A)←(A)∧(Rn)	1	1
ANL A，direct	直接寻址"与"到累加器：(A)←(A)∧(direct)	2	1
ANL A，@Ri	间接寻址 RAM "与"到累加器：(A)←(A)∧((Ri))	1	1
ANL A，#data	立即数"与"到累加器：(A)←(A)∧#data	2	1
ANL direct，A	累加器"与"到直接寻址：(direct)←(direct)∧(A)	2	1
ANL direct，#data	立即数"与"到直接寻址：(direct)←(direct)∧#data	3	2
ORL A，Rn	寄存器"或"到累加器：(A)←(A)∨(Rn)	1	1
ORL A，direct	直接寻址"或"到累加器：(A)←(A)∨(direct)	2	1
ORL A，@Ri	间接寻址 RAM "或"到累加器：(A)←(A)∨((Ri))	1	1
ORL A，#data	立即数"或"到累加器：(A)←(A)∨#data	2	1
ORL direct，A	累加器"或"到直接寻址：(direct)←(direct)∨(A)	2	1
ORL direct，#data	立即数"或"到直接寻址：(direct)←(direct)∨#data	3	2
XRL A，Rn	立即数"异或"到累加器：(A)←(A)⊕(Rn)	1	1
XRL A，direct	直接寻址"异或"到累加器：(A)←(A)⊕(direct)	2	1
XRL A，@Ri	间接寻址 RAM "异或"到累加器：(A)←(A)⊕((Ri))	1	1
XRL A，#data	立即数"异或"到累加器：(A)←(A)⊕#data	2	1
XRL direct，A	累加器"异或"到直接寻址：(direct)←(direct)⊕(A)	2	1
XRL direct，#data	立即数"异或"到直接寻址：(direct)←(direct)⊕#data	3	2
CLR A	累加器清零：(A)←0	1	1
CPL A	累加器求反：(A)←($\overline{A}$)	1	1
RL A	累加器左移：(A)循环左移 1 位	1	1
RLC A	经过进位位的累加器循环左移：(A)带进位循环左移 1 位	1	1
RR A	累加器右移：(A)循环右移 1 位	1	1
RRC A	经过进位位的累加器循环右移：(A)带进位循环右移 1 位	1	1

1. 逻辑与指令(6 条)

```
ANL   A，Rn              ; n=0～7
ANL   A，direct
ANL   A，@Ri             ; i=0，1
ANL   A，#data
ANL   direct，A
ANL   direct，#data
```

这组指令的功能是在指出的变量之间执行以位为基础的逻辑与操作，结果存放在目的变量中。操作数有寄存器寻址、直接寻址、寄存器间接寻址和立即寻址等寻址方式。当这类指令用于修改一个输出口时，作为原数据的值将从输出口数据锁存器(P0～P3)读入，而不是读引脚状态。例如：

```
ANL   A，R3              ; (A)←(A)∧(R3)
ANL   A，40H             ; (A)←(A)∧(40H)
ANL   A，@R0             ; (A)←(A)∧((R0))
ANL   A，#07H            ; (A)←(A)∧07H
ANL   70H，A             ; (70H)←(70H)∧(A)
ANL   P1，0F0H           ; (P1)←(P1)∧F0H
```

【例 3-14】 设(A)=07H，(R0)=0FDH，执行指令：

```
ANL   A，R0
```

运算过程如图 3-5 所示。

结果：(A)=05H。

$$
\begin{array}{r}
00000111 \\
\wedge\ 11111101 \\
\hline
00000101
\end{array}
$$

图 3-5 ANL 指令执行示意图

2. 逻辑或指令(6 条)

```
ORL   A，Rn              ; n=0～7
ORL   A，direct
ORL   A，@Ri             ; i=0，1
ORL   A，#data
ORL   direct，A
ORL   direct，#data
```

这组指令的功能是在所指出的变量之间执行以位为基础的逻辑或操作，结果存到目的变量中。操作数有寄存器寻址、直接寻址、寄存器间接寻址和立即寻址等方式。同 ANL 指令类似，用于修改输出端口数据时，原数据值为端口锁存器内容。

【例3-15】 (P1)=05H，(A)=33H，执行指令：

    ORL P1，A

运算过程如图3-6所示。

结果：(P1)=37H。

$$
\begin{array}{r}
00000101\\
\vee\ 00110011\\
\hline
00110111
\end{array}
$$

图 3-6　ORL 指令执行示意图

3．逻辑异或指令(6 条)

    XRL A，Rn   ；n=0～7
    XRL A，direct
    XRL A，@Ri   ；i=0，1
    XRL A，#data
    XRL direct，A
    XRL direct，#data

这组指令的功能是在所指出的变量之间执行以位为基础的逻辑异或操作，结果存放到目的变量中。操作数有寄存器寻址、直接寻址、寄存器间接寻址和立即寻址等寻址方式。对输出口 P i(i=0，1，2，3)与 ANL 指令一样是对口锁存器内容读出修改。

【例3-16】 设(A)=90H，(R3)=73H，执行指令：

    XRL A，R3

运算过程如图3-7所示。

$$
\begin{array}{r}
10010000\\
\oplus\ 01110011\\
\hline
11100011
\end{array}
$$

图 3-7　XRL 指令执行示意图

结果：(A)=0E3H。

4．累加器清零与取反指令(2 条)

1) 累加器清零

    CLR A

这条指令的功能是将累加器 A 清零，结果不影响 CY、AC、OV 等标志位。

2) 累加器内容按位取反

    CPL A

这条指令的功能是将累加器 A 的每一位逻辑取反，原来为 1 的位变为 0，原来为 0 的位变为 1，不影响标志位。

【例3-17】 (A)=10101010B，执行指令：

CPL　A

结果：(A)=01010101B。

3.5.2 循环移位操作指令

循环移位操作指令分为累加器内容不带进位位左移、右移和带进位位循环左移以及右移指令。

1. 不带进位位左移指令(1条)

RL　A

这条指令的功能是把累加器 ACC 的内容向左循环移 1 位,位 7 循环移入位 0(如图 3-8(a)所示),不影响标志。

2. 不带进位位右移指令(1条)

RR　A

这条指令的功能是将累加器 ACC 的内容向右循环移 1 位,ACC 的位 0 循环移入 ACC 的位 7(如图 3-8(b)所示),不影响标志。

3. 带进位左移位指令(1条)

RLC　A

这条指令的功能是将累加器 ACC 的内容和进位标志一起向左循环移 1 位,ACC 的位 7 移入进位位 CY,CY 移入 ACC 的位 0(如图 3-8(c)所示),影响 CY 标志位。

4. 带进位右移位指令(1条)

RRC　A

这条指令的功能是将累加器 ACC 的内容和进位标志 CY 一起向右循环移 1 位,ACC 的位 0 移入 CY,CY 移入 ACC 的位 7(如图 3-8(d)所示),影响 CY 标志位。

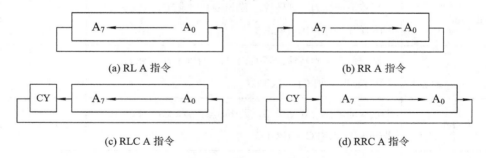

(a) RL A 指令　　　　　　　　　　(b) RR A 指令

(c) RLC A 指令　　　　　　　　　　(d) RRC A 指令

图 3-8　移位、循环指令执行示意图

3.6　位操作类指令

MCS-51 单片机内部有一个布尔处理机,对位地址空间具有丰富的位操作指令(见表 3-4)。

表 3-4　位操作及控制转移

指令助记符 (包括寻址方式)	说　明	字节数	周期数
CLR　C	清进位位：(CY)←0	1	1
CLR　bit	清直接地址位：(bit)←0	2	1
SETB　C	置进位位：(CY)←1	1	1
SETB　bit	置直接地址位：(bit)←1	2	1
CPL　C	进位位求反：(CY)←($\overline{CY}$)	1	1
CPL　bit	直接地址位求反：(bit)←($\overline{bit}$)	2	1
ANL　C，bit	进位位和直接地址位相"与"：(CY)←(CY)∧(bit)	2	2
ANL　C，$\overline{bit}$	进位位和直接地址位的反码相"与"：(CY)←(CY)∧($\overline{bit}$)	2	2
ORL　C，bit	进位位和直接地址位相"或"：(CY)←(CY)∨(bit)	2	2
ORL　C，$\overline{bit}$	进位位和直接地址位的反码相"或"：(CY)←(CY)∨($\overline{bit}$)	2	2
MOV　C，bit	直接地址位送入进位位：(CY)←(bit)	2	1
MOV　bit，C	进位位送入直接地址位：(bit)←CY	2	2
JNC　rel	进位位不为 1 则转移：若(CY)≠1，则(PC)←(PC)+rel； 若(CY)=1，则(PC)←(PC)+2	2	2
JB　bit，rel	直接地址位为 1 则转移：若(bit)=1，则(PC)←(PC)+rel； 若(bit)=0，则(PC)←(PC)+3	3	2
JC　rel	进位位为 1 则转移：若(CY)=1，则(PC)←(PC)+rel； 若(CY)≠1，则(PC)←(PC)+2	2	2
JNB　bit，rel	直接地址位为 0 则转移：若(bit)≠1，则(PC)←(PC)+rel； 若(bit)=1，则(PC)←(PC)+3	3	2
JBC　bit，rel	直接地址位为 1 则转移,该位清零：若(bit)=1,则(bit)←0, (PC)←(PC)+rel；若(bit)≠1，则(PC)←(PC)+3	3	2

1. 数据位传送指令(2 条)

　　　MOV　C，bit　　　　　　；(CY)←(bit)

　　　MOV　　bit，C　　　　　　；(bit)←(CY)

这组指令的功能是把由源操作数指出的布尔变量送到目的操作数指定的位中。其中一个操作数必须为进位标志，另一个可以是任何直接寻址位，指令不影响其他寄存器和标志。如：

     MOV C，06H   ; (CY)←(20H.6)

     MOV P1.0，C   ; (P1.0)←(CY)

2. 位变量修改指令(6 条)

CLR	C	; (CY)←0
CLR	bit	; (bit)←0
CPL	C	; (CY)←$(\overline{CY})$
CPL	bit	; (bit)←$(\overline{bit})$
SETB	C	; (CY)←1
SETB	bit	; (bit)←1

这组指令的功能是将操作数指出的位清零，取反，置 1，不影响其他标志。例如：

CLR	C	; (CY)←0
CLR	27H	; (24H.7)←0
CPL	08H	; (21H.0)←$\overline{21H.0}$
SETB	P1.7	; (P1.7)←1

3. 位变量逻辑与指令(2 条)

ANL	C，bit	; (CY)←(CY)∧(bit)
ANL	C，$\overline{bit}$	; (CY)←(CY)∧$(\overline{bit})$

这组指令的功能是，如果源操作数的布尔值是逻辑 0，则进位标志清零，否则进位标志保持不变。源操作数只有直接位寻址方式。

【例 3-18】 设 P1 为输入口，P3.0 作输出口，执行下列指令：

MOV	C，P1.0	; (CY)←(P1.0)
ANL	C，P1.1	; (CY)←(CY)∧(P1.1)
ANL	C，$\overline{P1.2}$	; (CY)←(CY)∧$(\overline{P1.2})$
MOV	P3.0，C	; (P3.0)←(CY)

结果：P3.0=(P1.0)∧(P1.1)∧$(\overline{P1.2})$。

4. 位变量逻辑或指令(2 条)

ORL	C，bit	; (CY)←(CY)∨(bit)
ORL	C，$\overline{bit}$	; (CY)←(CY)∨$(\overline{bit})$

这组指令的功能是，如果源操作数的布尔值为 1，则进位标志置位，否则进位标志 CY 保持原来状态。

【3-19】 P1 口为输出口，设(20H)=02H，执行下列指令：

MOV	C，00H	; (CY)←(20H.0)
ORL	C，01H	; (CY)←(CY)∨(20H.1)
MOV	P1.0，C	; (P1.0)←(CY)

结果：P1.0 输出为 1。

5. 位变量条件转移指令(5 条)

JC	rel	; (CY)=1，转移
JNC	rel	; (CY)=0，转移
JB	bit，rel	; (bit)=1，转移
JNB	bit，rel	; (bit)=0，转移
JBC	bit，rel	; (bit)=1，转移，且该位清零

这一组指令的功能如下：

JC：如果进位标志 CY 为 1，则执行转移，即跳到标号 rel 处执行；为 0 就执行下一条指令。

JNC：如果进位标志 CY 为 0，则执行转移，即跳到标号 rel 处执行；为 1 就执行下一条指令。

JB：如果直接寻址位的值为 1，则执行转移，即跳到标号 rel 处执行；为 0 就执行下一条指令。

JNB：如果直接寻址位的值为 0，则执行转移，即跳到标号 rel 处执行；为 1 就执行下一条指令。

JBC：如果直接寻址位的值为 1，则执行转移，即跳到标号 rel 处执行，然后将直接寻址的位清零；为 0 就执行下一条指令。

3.7 控制转移类指令

1. 无条件转移指令(4 条)

1) 绝对转移(跳转)指令

助记符　　　　　　　AJMP　addr11

这是 2 KB 范围内的无条件转移(跳转)指令，把程序的执行转移到指定的地址。该指令在运行时先将 PC 加 2，然后通过把指令中的 $a_{10} \sim a_0 \rightarrow (PC_{10\sim0})$ 得到跳转目标地址(即 $PC_{15}PC_{14}PC_{13}PC_{12}PC_{11}a_{10}a_9a_8a_7a_6a_5a_4a_3a_2a_1a_0$)送入 PC。目标地址必须与 AJMP 后面一条指令的第一个字节在同一个 2 KB 区域的存储区内。如果把单片机 64 KB 寻址区分成 32 页(每页 2 KB)，则 $PC_{15} \sim PC_{11}$(00000B～11111B)称为页面地址(即 0 页～31 页)，$a_{10} \sim a_0$ 称为页内地址。但应注意，AJMP 指令的目标转移地址和 AJMP 指令地址不在同一个 2 KB 区域，而是应和 AJMP 指令取出后的 PC 地址(即 PC+2)在同一个 2 KB 区域。例如，若 AJMP 指令地址为 2FFEH，则 PC+2=3000H，故目标转移地址必在 3000H～37FFH 这个 2 KB 区域内。

2) 相对转移(短跳转)指令

SJMP　rel

这是无条件转移指令，执行时在 PC 加 2 后把指令中补码形式的偏移量值加到 PC 上，并计算出转向目标地址。因此，转向的目标地址可以在这条指令前 128 B 到后 127 B 之间。

该指令使用时很简单，程序执行到该指令时就跳转到标号 rel 处执行。如：

KRD:　　SJMP　rel

如果 KRD 标号值为 0100H(即 SJMP 这条指令的机器码存放于 0100H 和 0101H 两个单元中); 如需要跳转到的目标地址为 0123H, 则指令的第二个字节(相对偏移量)应为

      rel = 0123H − 0102H = 21H。

3) 长转移(长跳转)指令

      LJMP   addr16

执行这条指令时把指令的第二和第三字节分别装入 PC 的高位和低位字节中, 无条件地转向指定地址。转移的目标地址可以在 64 KB 程序存储器地址空间的任何地方, 不影响任何标志。如执行指令:

      LJMP   8100H

不管这条跳转指令存放在什么地方, 执行时将程序转移到 8100H。这和 AJMP、SJMP 指令是有差别的。

4) 散转指令

      JMP   @A+DPTR

这条指令的功能是把累加器中 8 位无符号数与数据指针 DPTR 中的 16 位数相加, 将结果作为下条指令地址送入 PC, 不改变累加器和数据指针内容, 也不影响标志。利用这条指令能实现程序的散转。

【例 3-20】 如果累加器 A 中存放待处理命令编号(0~7), 程序存储器中存放着标号为 PMTB 的转移表首址, 则执行下面的程序, 将根据 A 中命令编号转向相应的命令处理程序。

```
PM:    MOV  R1 , A
       RL   A
       ADD  A, R1          ; (A)×3→(A)
       MOV  DPTR, #PMTB    转移表首址→DPTR
       JMP  @A+DPTR        ; 据 A 值跳转到不同入口
PMTB:  LJMP  PM0           ; 转向命令 0 处理入口
       LJMP  PM1           ; 转向命令 1 处理入口
         ⋮
       LJMP  PM7           ; 转向命令 7 处理入口
```

2. 条件转移指令(2 条)

条件转移指令是依某种特定条件转移的指令。条件满足时转移(相当于一条相对转移指令), 条件不满足时则顺序执行下面的指令。目标地址在下一条指令的起始地址为中心的 256 个字节范围中(−128~+127)。当条件满足时, 先把 PC 加到指向下一条指令的第一个字节地址, 再把有符号的相对偏移量加到 PC 上, 计算出转移地址值。

      助记符   转移条件

      JZ   rel   (A)=0

      JNZ   rel   (A)≠0

上述两条指令的功能分别是:

JZ   rel: 如果累加器 ACC 的内容为零, 则执行转移, 跳到标号 rel 处执行; 不为零就

执行下一条指令。

JNZ rel：如果累加器 ACC 的内容不为零，则执行转移，跳到标号 rel 处执行；为零就执行下一条指令。

3. 比较不相等转移指令(4 条)

CJNE A，direct，rel

CJNE A，#data，rel

CJNE Rn，#data，rel ；n=0～7

CJNE @Ri，#data，rel ；i=0,1

这组指令的功能是比较前面两个操作数的大小，如果它们的值不相等则转移。在 PC 加到下一条指令的起始地址后，通过把指令最后一个字节的有符号的相对偏移量加到 PC 上，并计算出转向地址。如果第一个操作数(无符号整数)小于第二个操作数则进位标志 CY 置 1，否则 CY 清零。不影响任何一个操作数的内容。

操作数有寄存器寻址、直接寻址，寄存器间接寻址和立即寻址等方式。

这组指令使用起来很简单，就是将两个操作数进行比较，不相等就跳到标号 rel 处执行；相等就执行下一条指令。

4. 减 1 不为 0 转移指令(2 条)

DJNZ Rn，rel

DJNZ direct，rel

这组指令把源操作数减 1，结果送回到源操作数中，如果结果不为 0 则转移，跳到标号 rel 处执行；等于 0 就执行下一条指令。

源操作数有寄存器寻址和直接寻址两种方式。该指令通常用于实现循环计数。

【例 3-21】 延时程序：

```
START：SETB   P1.1          ；(P1.1)←1
DL：   MOV    30H，#03H      ；(30H)←03H(置初值)
DL0：  MOV    31H，#0F0H     ；(31H)←F0H(置初值)
DL1：  DJNZ   31H，DL1       ；(31H)←(31H)−1，如(31H)不为零，则转到 DL1
                            ；处执行，如(31H)为零，则执行后面的指令
       DJNZ   30H，DL0       ；(30H)←(30H)−1，如(30H)不为零，则转到 DL0
       CPL    P1.1          ；P1.1 求反
       SJMP   DL
```

这段程序的功能是通过延时在 P1.1 输出一个方波，可以通过改变 30H 和 31H 的初值来改变延时时间，以实现改变方波的频率。

5. 调用子程序指令(2 条)

在程序设计中，常常把具有一定功能的公用程序段编制成子程序。当主程序转至子程序时用调用指令，而在子程序的最后安排一条返回指令，使执行完子程序后再返回到主程序。为保证正确返回，每次调用子程序时自动将下条指令地址保存到堆栈，返回时按先进后出原则再把地址弹出到 PC 中。调用及返回指令见表 3-5。

表 3-5　控制转移类指令及其说明

指令助记符 (包括寻址方式)	说　　　明	字节数	周期数
LJMP　addr16	长转移：(PC)←addr16	3	2
AJMP　addr11	绝对转移：$(PC)_{10\sim0}$←addr11	2	2
SJMP　rel	短转移(相对偏移)：(PC)←(PC)+rel	2	2
JMP　@A+DPTR	相对 DPTR 的间接转移：(PC)←(A)+(DPTR)	1	2
JZ　rel	累加器为零则转移：若(A)≠0，则(PC)←(PC)+2；若(A)=0，则(PC)←(PC)+rel	2	2
JNZ　rel	累加器为非零则转移：若(A)≠0，则(PC)←(PC)+rel；若(A)=0，则(PC)←(PC)+2	2	2
CJNE　A，direct，rel	比较直接寻址字节和 A 不相等则转移：若(A)≠(direct)，则(PC)←(PC)+rel*；若(A)=(direct)则(PC)←(PC)+3	3	2
CJNE　A，#data，rel	比较立即数和 A，不相等则转移：若(A)≠#data，则(PC)←(PC)+rel*；若(A)=#data，则(PC)←(PC)+3	3	2
CJNE　Rn，#data，rel	比较立即数和寄存器，不相等则转移：若(Rn)≠#data，则(PC)←(PC)+rel*；若(Rn)=#data，则(PC)←(PC)+3	3	2
CJNE　@Ri，#data，rel	比较立即数和间接寻址 RAM，不相等则转移：若((Ri))≠#data，则(PC)←(PC)+rel*；若((Ri))=#data，则(PC)←(PC)+3	3	2
DJNZ　Rn，rel	寄存器减 1 不为零则转移，即 Rn←(Rn)−1：若(Rn)≠0，则转移，(PC)←(PC)+rel；若(Rn)=0，则按顺序执行(PC)←(PC)+2	2	2
DJNZ　direct，rel	直接寻址字节减 1 不为零则转移，即(direct)←(direct)−1：若(direct)≠0，则转移，(PC)←(PC)+rel；若(direct)=0，则按顺序执行，(PC)←(PC)+3	3	2
ACALL　addr11	绝对调用子程序： (PC)←(PC)+2，(SP)←(SP)+1； (SP)←(PCL)，(SP)←(SP)+1； (SP)←(PCH)，$(PC)_{10\sim0}$←addr11	2	2
LCALL　addr16	长调用子程序： (PC)←(PC)+3，(SP)←(SP)+1 (SP)←(PCL)，(SP)←(SP)+1 (SP)←(PCH)，(PC)←addr16	3	2
RET	从子程序返回： (PCH)←((SP))，(SP)←(SP)−1 (PCL)←((SP))，(SP)←(SP)−1	1	2
RETI	从中断返回： (PCH)←((SP))，(SP)←(SP)−1 (PCL)←((SP))，(SP)←(SP)−1	1	2
NOP	空操作	1	1

注：*表示如果第一操作数小于第二操作数则 CY 置位，否则 CY 清零。

1) 绝对调用指令

ACALL addr11

这条指令无条件地调用入口地址指定的子程序。指令执行时 PC 加 2，获得下条指令的地址，并把这 16 位地址压入堆栈，栈指针加 2。然后把指令中的 $a_{10} \sim a_0$ 值送入 PC 中的 $PC_{10} \sim PC_0$ 位，PC 的 $PC_{15} \sim PC_{11}$ 不变，得到的子程序的起始地址必须与 ACALL 后面一条指令的第一个字节在同一个 2 KB 区域的存储区内。指令的操作码与被调用的子程序的起始地址的页号有关。在实际使用时，addr11 可用标号代替，上述过程多由汇编程序自动完成。

应该注意的是，该指令只能调用当前指令 2 KB 范围内的子程序。

【例 3-22】 设(SP)=60H，标号地址 HERE 为 0123H，子程序 SUB 的入口地址为 0345H，执行指令：

HERE: ACALL SUB

结果：(SP)=62H，堆栈区内(61H)=25H，(62H)=01H，(PC)=0345H。

指令的机器码为 71H，45H。

2) 长调用指令

LCALL addr16

这条指令执行时把 PC 内容加 3 获得下一条指令首地址，并把它压入堆栈(先低字节后高字节)，然后把指令的第二、第三字节($a_{15} \sim a_8$，$a_7 \sim a_0$)装入 PC 中，转去执行该地址开始的子程序。这条调用指令可以调用存放在存储器中 64 KB 范围内任何地方的子程序。指令执行后不影响任何标志。

在使用该指令时，addr16 一般采用标号形式，上述过程多由汇编程序自动完成。

【例 3-23】 设(SP)=60H，标号地址 START 为 0100H，标号 MIR 为 8100H，执行指令：

START: LCALL MIR

结果：(SP)=62H，(61H)=03H，(62H)=01H，(PC)=8100H。

6. 返回子程序指令(2 条)

1) 子程序返回指令

RET

子程序返回指令是把栈顶相邻两个单元的内容弹出送到 PC，SP 的内容减 2，程序返回到 PC 值所指的指令处执行。RET 指令通常安排在子程序的末尾，使程序能从子程序返回到主程序。

【例 3-24】 设(SP)=62H，(62H)=07H，(61H)=30H，执行指令：

RET

结果：(SP)=60H，(PC)=0730H，CPU 从 0730H 开始执行程序。

2) 中断返回指令

RETI

这条指令的功能与 RET 指令类似，通常安排在中断服务程序的最后，其应用将在第 5 章中讨论。

7. 空操作指令(1 条)

NOP

空操作也是 CPU 控制指令,它没有使程序转移的功能,一般用于软件延时。因仅此一条,故不单独分类。

控制转移类指令及其说明见表 3-5。

习题与思考题

3-1 设内部 RAM 中 59H 单元的内容为 50H,写出当执行下列程序段后寄存器 A、R0 和内部 RAM 中 50H、51H 单元的内容为何值?

```
MOV   A，59H
MOV   R0，A
MOV   A，#00H
MOV   @R0，A
MOV   A，#25H
MOV   51H，A
MOV   52H，#70H
```

3-2 访问外部数据存储器和程序存储器可以用哪些指令来实现?举例说明。

3-3 设堆栈指针 SP 中的内容为 60H,内部 RAM 中 30H 和 31H 单元的内容分别为 24H 和 10H,执行下列程序段后,61H、62H、30H、31H、DPTR 及 SP 中的内容将有何变化?

```
PUSH   30H
PUSH   31H
POP    DPL
POP    DPH
MOV    30H，#00H
MOV    31H，#0FFH
```

3-4 设(A)=40H,(R1)=23H,(40H)=05H。执行下列两条指令后,累加器 A 和 R1 以及内部 RAM 中 40H 单元的内容各为何值?

```
XCH    A，R1
XCHD   A，@R1
```

3-5 两个 4 位 BCD 码数相加,被加数和加数分别存于 50H、51H 和 52H、53H 单元中(千位、百位在低地址中,十位、个位在高地址中),和存放在 54H、55H 和 56H 中(56H 用来存放最高位的进位),试编写加法程序。

3-6 设(A)=01010101B,(R5)=10101010B,分别写出执行下列指令后的结果。

```
ANL   A，R5   ；
ORL   A，R5   ；
XRL   A，R5   ；
```

3-7 指令 SJMP rel 中,设 rel=60H,并假设该指令存放在 2114H 和 2115H 单元中。当该条指令执行后,程序将跳转到何地址?

3-8 简述转移指令 AJMP addr11、SJMP rel、LJMP addr16 及 JMP @A+DPTR 的应用场合。

3-9 试分析下列程序段，当程序执行后，位地址 00H、01H 中的内容将为何值？P1 口的 8 条 I/O 线为何状态？

```
        CLR    C
        MOV    A, #66H
        JC     LOOP1
        CPL    C
        SETB   01H
LOOP1： ORL    C，ACC.0
        JB     ACC.2，LOOP2
        CLR    00H
LOOP2： MOV    P1，A
        SJMP   $
```

3-10 查指令表，写出下列两条指令的机器码，并比较一下机器码中操作数排列次序的特点。

```
MOV    58H，80H
MOV    58H，#80H
```

第 4 章 MCS-51 系列单片机的汇编语言程序设计

单片机开发可分为硬件开发和软件开发。软件开发是指程序设计与调试，是重要的也是占用时间比较多的。单片机程序设计就是用单片机直接或间接可以识别的语言编制用于控制单片机完成既定工作的程序。MCS-51 系列单片机的程序设计可以利用 MCS-51 单片机的汇编指令或 C51 指令完成。本章讲述 MCS-51 系列单片机汇编语言程序设计与调试的方法与步骤。MCS-51 系列单片机 C 语言程序设计将在第 10 章介绍。

4.1 程序设计概述

4.1.1 程序设计语言简介

程序设计语言之所以称为"语言"，是因为它与我们通常所说的"语言"有相似之处。我们知道汉语、英语等是人与人之间交流的语言；程序设计语言是人与 CPU、MCU 交流的语言。但是也有区别：人际交流语言是双向的；程序设计语言是单向的。程序员对 CPU、MCU "讲话"要用程序设计语言；CPU、MCU 对人"讲话"是通过声、光、显示、打印机等外设反映应用系统的状态。我们在学习单片机之前，可能学习或听说过 C、VB、VC++，这三种语言都是程序员与 CPU 交流的高级语言。如果在学习单片机之前学习过 x86 系列汇编语言，即程序员与 Intel 公司 x86 系列 CPU 交流的语言，就更容易理解单片机汇编语言了。那么单片机开发人员与 MCS-51 系列单片机交流可以使用哪几种程序设计语言呢？MCS-51 系列单片机的程序设计语言按照语言的结构及其功能可分为三种：机器语言、汇编语言、高级语言。

1. 机器语言

机器语言是用二进制代码 0 和 1 表示指令和数据的最原始的程序设计语言。机器语言也是唯一能被计算机的 CPU、单片机的 MCU 直接识别和执行的语言。我们把这种能够被 CPU、MCU 直接识别的二进制表示的指令称为机器码。

在前面章节讲过，如果想把立即数 60H 送累加器 ACC，就使用汇编指令"MOV A，#60H"，翻译成机器语言来表示就是 01110100B 和 0110000B 两个字节，单片机通过取指令、译码、执行后能够"读懂"这两个字节的机器语言；单片机无法直接"读懂""MOV A，#60H"指令。但用机器语言 01110100B 和 0110000B 来编写单片机的程序也不便于书写、阅读和记忆，于是引入了用英文字母构成的助记符来表示机器码的方法。汇编语言就是用助记符来表示指令的一种语言，所谓助记符就是帮助记忆的字符。还举刚才的例子，如果我们想"把立即数 60H 送累加器 ACC"，英语是"Move #60H to ACC"这样一句话，提炼出帮助记忆的字符就是"MOV　A，#60H"。汇编语言与机器语言相比具有易于书写、阅读、记忆等优点。

2．汇编语言

在汇编语言中，指令用助记符表示，地址、操作数可用标号、符号地址及字符等形式来描述。汇编语言也叫符号化语言，它使用助记符来代替二进制的 0 和 1。比如"MOV A，#60H"就是汇编语言指令，显然用汇编语言写成的程序比机器语言好学也好记。所以，单片机的程序普遍采用汇编指令来编写，用汇编语言写成的程序称为源程序或源代码。可是单片机不能直接识别和执行用汇编语言写成的程序，要通过翻译把汇编程序译成机器语言，这个过程就叫做汇编。汇编工作最初是靠手工来完成的，不仅效率低还非常容易出错，而现在都是由计算机借助汇编软件自动完成。

汇编语言仍然是面向 CPU、MCU 的，它仍然是一种低级语言。每一类 CPU、MCU 都有它自己的汇编语言。例如，MCS-51 系列单片机有它自己的汇编语言，PIC 系列单片机和 AVR 系列单片机也有它们自己的汇编语言。它们的指令系统各不相同，也就是说不同的单片机有不同的指令系统，而且相互之间是不通用的。这就意味着每使用一款新的单片机，开发人员就要重新学习一门汇编语言。为了使众多厂家的单片机都使用同一种语言编程，人们探索了很多方法，设计了许多种高级语言。目前，最适合单片机编程的是 C 语言。

3．高级语言

高级语言是接近于人的自然语言，是面向过程而独立于机器的通用语言。

C 语言是一种通用的计算机程序设计语言。它既可以用来编写通用计算机的系统程序，也可以用来编写一般的应用程序。由于它具有直接操作计算机硬件的功能，所以非常适合用来编写单片机程序。与其他的计算机高级程序设计语言相比，C 语言具有以下特点：

(1) 语言规模小，使用简单。

(2) 可以直接操作计算机硬件。

(3) 表达能力强，方式灵活。

(4) 可进行结构化设计。

(5) 可移植性强。

然而，作为一个单片机初学者，要想学会 C 语言也并不是一件容易的事。对于大多数人来说，汇编语言仍是编写单片机程序的主要语言。下面我们来探讨单片机汇编语言程序设计的规则、基本过程和步骤。

4.1.2　汇编语言指令类型

MCS-51 单片机汇编语言包含两类不同性质的指令：基本指令和伪指令。

基本指令即前面章节所讲的指令系统中的指令，它们都是单片机能够执行的指令，每一条指令都有对应的机器码。

伪指令是计算机将汇编语言翻译成机器码时用于控制翻译过程的指令，它们都是单片机不能执行的指令，无对应的机器码。

基本指令是开发人员"讲给"单片机听的指令，是单片机能够执行的指令，是真指令；

伪指令是开发人员"讲给"计算机听的指令,这里的计算机是指仅仅起将汇编语言翻译成机器码作用的开发工具,不是用来完成应用系统控制的单片机。所以,对于完成应用系统的控制的单片机来说,伪指令不是可执行指令,是假指令。

4.1.3　汇编语言格式

汇编语言程序是由汇编语句(即指令)组成的,汇编语句在书写时一般由四部分组成。典型的汇编语句格式(结构)如下:

[标号:]　操作码　[操作数]　　[;注释]

例如:

START:　　MOV　　　　SP,#60H　　;A←#60H

说明:

(1) 汇编语言语句由标号、操作码、操作数、注释四部分组成。其中的标号、操作数和注释部分可以有,也可以没有。如 NOP、RET 语句只有操作码,没有其他三个部分。

(2) 标号位于语句的开始,由以字母开头的字母和数字组成,它代表该语句的地址。标号与指令之间要用冒号(:)分开,标号与冒号之间不能有空格,冒号与操作码之间可以有空格。

(3) 操作码是指令的助记符,是汇编语句的核心。

(4) 操作数在操作码之后,二者用空格分开。操作数可以是数据,也可以是地址。当有两个操作数时,操作数之间用逗号(,)分开。逗号前称为第一操作数,逗号后称为第二操作数。指令中的操作数可以是十进制、十六进制、二进制、字符串。具体格式如下:

十进制数以 D 结尾(可以省略),如 35D 或 35。

十六进制数以 H 结尾,如 56H。如果数据以 A~F 开头,其前必须加数字 0,如 #0A1H。

二进制数以 B 结尾,如 10010110B。

字符串要加单引号或双引号,即 ' ' 或 " ",如 'A' 表示字符 A 的 ASCII 码。

(5) 注释在语句的最后,以分号(;)开始,是说明性的文字,与语句的具体功能无关。分号右边的字符不参与汇编。

例如:

ABC: MOV　A,#68H　　　;A←#68H

在这条指令中,ABC 为标号,表示该指令的地址;MOV 为操作码,表示指令的功能为数据传送;A 为第一操作数,#68H 为第二操作数;A←#68H 为注释,用于说明这条语句的功能,注释内容不参与程序的汇编。

4.2　汇编语言源程序常用的伪指令

伪指令不产生相对应的机器码,运行于计算机中的汇编软件将汇编语言源程序汇编成机器码时,伪指令起着协助汇编的作用。伪指令用于规定程序地址,建立数据表格等操作。常用的伪指令有 ORG、END、EQU、DATA、DB、DW、BIT 和 $。

1．ORG

ORG 为汇编起始伪指令，又称定位伪指令，其格式如下：

ORG　n

其中，ORG 是伪指令助记符；n 为操作数。n 可以是十进制常数，也可以是十六进制常数，其范围是 0000H～0FFFFH。

该伪指令用于定位其后面的指令在程序存储器中存放的地址，地址范围是 0000H～0FFFFH。例如：

ORG　0200H

MOV　A，#60H

其作用是将指令"MOV　A，#60H"存放在 0200H 开始的程序地址单元。

从前面的叙述可知，指令"MOV　A，#60H"翻译成机器码是 01110100B 和 01100000B 两个字节，即 74H 和 60H 两个字节，它们在程序存储器中的存放情况如表 4-1 所示。

表 4-1　ORG 伪指令示例

程序存储器地址	程序存储器内容	
十六进制表示	二进制表示	十六进制表示
0200H	01110100B	74H
0201H	01100000B	60H

2．END

END 为汇编结束伪指令，格式如下：

END

该伪指令用于指示运行于计算机中的汇编软件汇编到 END 时结束，其后的指令不参与汇编，即 END 指令后的汇编指令不再翻译成机器码。END 伪指令常用于大型汇编程序的分段调试，避免一次出现过多的语法错误提示。

3．EQU

EQU 为等值替代伪指令，又称常量定义伪指令，其格式如下：

xx　EQU　yy

EQU 伪指令又称赋值伪指令，作用是给常量、变量 xx 赋予一个确定的数值 yy。

EQU 伪指令常用于定义常量。例如，如果程序的开始使用伪指令"MAX EQU 137"，则在程序中，#MAX 将代表立即数 #137；指令"MOV　A，#137"就可以写成"MOV　A，#MAX"；计算机中的汇编软件遇到 MAX 就会替换成 137，然后将"MOV　A，#137"翻译成机器码。

采用 EQU 伪指令的好处：汇编程序中可能有多处用到#137，可能会出现个别 #137 误写成 #139 的情况，采用 EQU 伪指令可以有效避免这类低级错误；还有，当我们想把最大值 137 改为 138 时，只要修改伪指令 EQU 一处即可，不必将程序中的多处 137 都一一改为 138，可以大大节省编程时间。

EQU 伪指令也可用于定义变量。例如，如果程序的开始使用伪指令"OUTLED EQU P1"，则在程序中，OUTLED 将代表 P1 口；指令"MOV　A，P1"就可以写成"MOV　A，OUTLED"；计算机中的汇编软件遇到 OUTLED 就会替换成 P1，然后将"MOV　A，P1"翻译成机器码。

总之，EQU 伪指令的作用是等值替代，即将 EQU 之前的字符 xx 等值替换为 EQU 之后的字符 yy。

4．DATA

DATA 为片内 RAM 字节起名伪指令，又称片内 RAM 地址赋值伪指令，其格式如下：

    xx   DATA yy

其中，xx 表示变量名；yy 表示片内 RAM 字节地址。

DATA 伪指令的作用是给变量 xx 赋一个确定的片内 RAM 字节地址 yy。该伪指令用于在片内 RAM 空间定义变量。例如，如果程序的开始使用伪指令"OUTLED　DATA　50H"，即给片内 RAM 地址 50H 字节起了一个名字 OUTLED，则在程序中，OUTLED 将代表地址为 50H 的片内 RAM；指令"MOV　P1，50H"就可以写成"MOV　P1，OUTLED"；计算机中的汇编软件遇到 OUTLED 就会替换成片内 RAM 地址 50H，然后将"MOV　P1，50H"翻译成机器码。

总之，DATA 伪指令的作用是给片内 RAM 空间的地址为 yy 的字节起一个名字 xx，xx 就是变量名。汇编软件汇编时，将 DATA 之前的变量名 xx 替换为 DATA 之后的片内 RAM 字节地址 yy，然后翻译成机器码。

采用 DATA 伪指令的好处：汇编程序中可能有多处用到"MOV　P1，50H"，可能会出现个别 50H 误写成 30H 的情况，采用 DATA 伪指令可以有效避免这类低级错误；还有，当我们想把发光二极管显示缓冲区 50H 字节改为 51H 字节时，只要修改伪指令"OUTLED DATA　50H"为"OUTLED　DATA　51H"一处即可，不必将程序中的多处"MOV　P1，50H"都一一改为"MOV　P1，51H"，这样可以大大节省编程时间。

5．DB

DB 为字节定义伪指令，其格式如下：

    [标号：]   DB X_1，X_2，…，X_n

其中，X_1，X_2，…，X_n 为 8 bit 数据或 ASCII 码，也可以是一个表达式。

DB 伪指令的作用是在程序存储器空间定义数据字节伪指令。该伪指令通常用于定义常数表，在程序存储器空间，从标号(即本条指令)开始的地址单元依次存入单字节数据 X_1，X_2，…，X_n。例如：

    ORG 0100H

  TABLE：DB 03FH，04DH

其作用是把数据 03FH 以字节的形式存放在程序存储器单元 0100H 中；把数据 04DH 以字节的形式存放在程序存储器单元 0101H 中，如表 4-2 所示。

表 4-2　DB 伪指令示例

程序存储器地址	程序存储器内容	
十六进制表示	二进制表示	十六进制表示
0100H	00111111B	3FH
0101H	01001101B	4DH

6. DW

DW 为字定义伪指令，格式如下：

> [标号：] DW Y$_1$，Y$_2$，…，Y$_n$

其中，Y$_1$，Y$_2$，…，Y$_n$ 为 16 bit 数据，也可以是一个表达式。

DW 伪指令的作用是按字的形式定义数据，把数据存放在程序存储器空间中。该伪指令通常用于定义 16 bit 地址表或 16 bit 常数表，在程序存储器空间，从标号(即本条指令)开始的地址单元中，依次存入双字节数据 Y$_1$，Y$_2$，…，Y$_n$。

需要注意的是，MCS-51 汇编语言中 DW 伪指令定义双字节数据时，其高 8 bit 存放在程序存储器中地址较低的单元，低 8 bit 存放在程序存储器中地址较高的单元。例如：

> ORG 0100H
>
> TABLE: DW 3F4DH， 1234H

其作用是把数据 03F4DH 以字的形式存放在存储器单元 0100H 和 0101H 中；把数据 01234H 以字的形式存放在存储器单元 0102H 和 0103H 中，如表 4-3 所示。

表 4-3 DW 伪指令示例

程序存储器地址	程序存储器内容	
十六进制表示	二进制表示	十六进制表示
0100H	00111111B	3FH
0101H	01001101B	4DH
0102H	00010010B	12H
0103H	00110100B	34H

7. BIT

BIT 为位地址起名伪指令，又称为位定义伪指令，其格式如下：

> xx BIT yy

其中，yy 是片内 RAM 空间可位寻址的位地址，范围是 00H～7FH；xx 是给该位地址起的名字，是标识符，应符合变量命名规则。

BIT 伪指令的作用是给位变量 xx 赋一个确定的片内 RAM 空间中的位地址 yy。该伪指令用于在片内 RAM 空间的位寻址区定义位变量。例如，如果程序的开始使用伪指令"OUTSHAN BIT 50H"，即给片内 RAM 区的位地址 50H 位起了一个名字 OUTSHAN。位地址 50H 位即是片内 RAM 的 2AH 字节的 D$_0$ 位，经常写为 2AH.0。在程序中，OUTSHAN 将代表位地址为 50H 的片内可位寻址位；指令"MOV C，50H"就可以写成"MOV C，OUTSHAN"；计算机中的汇编软件遇到 OUTSHAN 就会替换成片内位地址 50H，然后将"MOV C，50H"翻译成机器码。

总之，BIT 伪指令的作用是给片内 RAM 空间的位地址为 yy 的位起一个名字 xx，xx 就是位变量名。汇编软件汇编时，将 BIT 之前的位变量名 xx 替换为 BIT 之后的片内位地址 yy，然后翻译成机器码。

采用 BIT 伪指令的优点：汇编程序中可能有多处用到"MOV C，50H"，可能会出现个别 50H 误写成 30H 的情况，采用 BIT 伪指令可以有效避免这类低级错误；还有，当我们想把发光二极管闪烁缓冲位 50H 位地址改为 51H 位地址时，只要修改伪指令"OUTSHAN

BIT　50H"为"OUTSHAN　BIT　51H"一处即可，不必将程序中的多处"MOV　C，50H"都一一改为"MOV　C，51H"，可以大大节省编程时间。

8．$

$为跳转到本句伪指令，其格式如下：

  操作码　[操作数，]　　$

$的作用是跳转到本指令的首地址。该伪指令多用于程序的控制转移中，可以避免在指令前再写标号，减少录入字符数。例如：

  SJMP　　$

其作用为原地踏步。相当于：

  ABC：SJMP　　ABC

再例如：

  JC　　$

其作用为等待 CY 变为 0。如果 CY=1，则继续等待；如果 CY=0，则执行下一条指令。

4.3　汇编语言源程序的编辑与汇编

4.3.1　源程序的编辑

MCS-51 系列单片机汇编语言源程序的编辑可以使用任何文本编辑器，如微软 Windows 操作系统提供的"记事本"、"写字板"，微软 Office 软件中的"Word"软件等。也可使用其他公司的文本编辑软件，如 UltraEdit 就是一款专业的程序编辑软件，不仅可以编辑文本文件，而且可以编辑二进制文件，为广大程序员所喜爱。仿真调试软件一般也会附带有编辑功能，例如南京伟福公司的仿真调试软件就具有编辑录入源程序的功能。

对于汇编语言源程序的录入，不论采用何种编辑录入软件，都要将文件保存为文本格式；而且文本文件的后缀名必须是 asm 或 ASM(大小写均可)。

文件名"*.asm"的"*"对于不同公司的汇编软件可能有限制，如有的不允许超过 8 个字符，有的不允许用汉字命名。

4.3.2　源程序的人工汇编

所谓人工汇编就是将汇编语言源程序逐条查表，人工翻译成机器码、人工计算出偏移量、人工确定出目标地址的过程，也称为手工汇编。这里所说的"查表"是指查阅附录 B 的 MCS-51 指令表。

【例 4-1】　将以下汇编语言源程序手工翻译成机器码。

```
        ORG   0000H
        LJMP  START
        ORG   0100H
START:  MOV   SP，#60H
LOOP:   MOV   A，#10H
```

```
        MOV   B，#0A0H
        LJMP  LOOP
        END
```

手工汇编对应的机器码如表4-4所示。

表4-4 例4-1手工汇编过程与结果

手工汇编结果		汇编语言源程序
程序存储器地址(十六进制)	机器码(十六进制)	*.asm 文件
	伪指令无对应的机器码	ORG 0000H
0000H	02 01 00	LJMP START
0003H	FF	未使用的程序存储器
从 0004H 到 00FEH	FF	未使用的程序存储器
00FFH	FF	未使用的程序存储器
	伪指令无对应的机器码	ORG 0100H
0100H	75 81 60	START: MOV SP, #60H
0103H	74 10	LOOP: MOV A, #10H
0105H	75 F0 A0	MOV B, #0A0H
0108H	02 01 03	LJMP LOOP
	伪指令无对应的机器码	END
010BH	FF	未使用的程序存储器

人工汇编的过程如下：

(1) 在源程序的左边留有足够的空白，一列填写机器码，另一列填写程序存储器地址。

(2) 逐条查阅指令表，获得操作码。

(3) 将操作码和操作数写在"机器码"列，部分操作数当时不能确定的先空着。

(4) 填写程序存储器地址。

(5) 人工计算出偏移量；人工确定出目标地址。

(6) 填写第(3)条当时空着的操作数。

目前单片机开发过程中很少使用人工汇编，一般由计算机完成汇编。

4.3.3 源程序的自动汇编

所谓自动汇编就是将汇编语言源程序由计算机翻译成机器码的过程。自动汇编过程分为两个步骤：首先是汇编预处理过程，该过程是识别伪指令，将其转化为不含伪指令的纯指令汇编程序；然后将纯指令汇编程序，逐条查表将其翻译成机器码。这些分步骤都是计算机完成的，不需要人工干预，所以称为自动汇编，也称为计算机汇编。

在仿真器厂家提供的仿真软件中就具有汇编功能，我们只需点击菜单或工具栏的图标即可自动完成汇编(翻译成机器码)工作。

4.4 汇编语言程序基本结构

由于所处理的问题不同，不同程序的结构也就不尽相同。不论系统应用程序如何复杂，汇编语言程序都可以用三种结构来构成，即顺序结构、分支结构和循环结构。

这三种基本结构的流程图如图 4-1、图 4-2、图 4-3 所示。

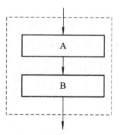

图 4-1　顺序结构流程图

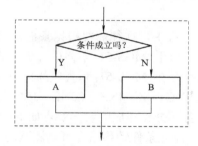

图 4-2　分支结构流程图

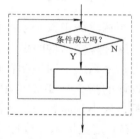

图 4-3　循环结构流程图

4.4.1　顺序结构

顺序结构程序是一种最简单、最基本的程序。

顺序结构程序的特点是：程序中的语句按编写的顺序由前向后依次执行每一条指令，直到最后一条。最后一条指令执行完毕，整个程序结构也就结束了。

顺序结构的程序多用来处理比较简单的问题，不需要条件判断。如简单的算术运算类问题、逻辑运算类问题。

【例 4-2】 两个小于 10 的二进制数分别存于片内 RAM 地址 40H、41H 单元，试求两数的平方和，将结果存于 42H 单元。

设这两个小于 10 的二进制数为 X、Y。由于两数均小于 10，故每个数的平方小于 100，可利用乘法指令求平方，两数的平方和小于 200，因此也小于 255，故可以存放于一个字节的 42H 单元。

程序流程图如图 4-4 所示。参考程序如下：

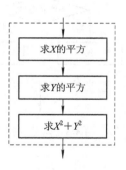

图 4-4　例 4-2 流程图

```
            ORG    0000H
            LJMP   SHUNXU
            ORG    0100H
SHUNXU:     MOV    A, 40H      ;取 40H 单元的二进制数 X 放入 A, A←X
            MOV    B, A        ;将 X 放入寄存器 B, B = X
            MUL    AB          ;求 A×B = X², 结果存于累加器 A 中, A = X²
            MOV    R1, A       ;将 X² 暂存于 R1 寄存器中, R1 = X²
            MOV    A, 41H      ;取 41H 单元的二进制数 Y 放入 A, A = Y
            MOV    B, A        ;将 Y 放入寄存器 B, B = Y
            MUL    AB          ;求 A×B = Y², 结果存于累加器 A 中, A = Y²
            ADD    A, R1       ;求 A+R1 = Y²+X², 平方和存于累加器 A 中, A = X²+Y²
            MOV    42H, A      ;保存平方和到 42H 单元
            SJMP   $           ;踏步
            END
```

4.4.2 分支结构

在解决应用系统实际问题的过程中，往往需要根据条件是否满足而转向不同的处理程序，这种程序结构叫做分支结构。对于 MCS-51 系列单片机，要实现分支结构程序，往往使用指令系统中的控制转移类指令。在 MCS-51 系列单片机中，可以直接用于分支结构程序设计的指令有 JB、JNB、JC、JNC、JZ、JNZ、CJNE、JBC 等。这些指令可以完成正负判断、大小判断、溢出判断等任务。分支程序的设计要点如下：

(1) 定义标志位或标志字节，建立条件转移指令可以测试的条件。

(2) 在指令系统中选用合适的条件转移指令。

(3) 在转移的目标地址处设定标号。

分支程序有两分支结构、三分支结构和多分支结构三种基本形式，分别如图 4-5、图 4-6 和图 4-7 所示。

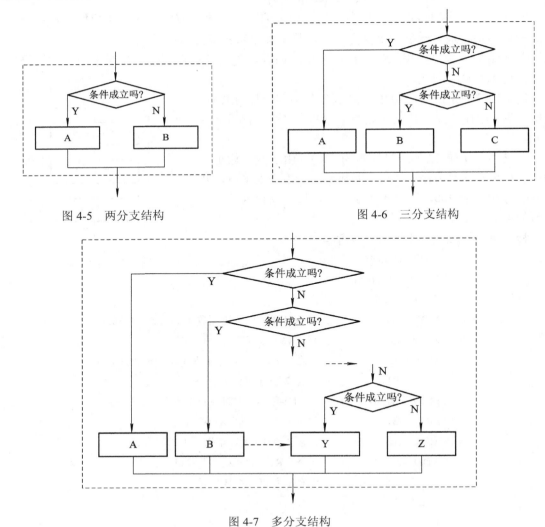

图 4-5　两分支结构　　　　　　　　　　　图 4-6　三分支结构

图 4-7　多分支结构

在分支结构的程序设计中需要注意的是，执行一条判断指令只可以形成两路分支。如果要形成多路分支，就必须进行多次条件判断。也就是需要多条控制转移类指令组合判断，才能够实现多路分支结构。

1. 两分支结构

【例4-3】 设 $X < 245$，X 存放在片内 RAM 地址为 40H 的字节单元中，根据下式求 Y 值，将 Y 值存放在片内 RAM 41H 地址单元中：

$$Y = \begin{cases} 10 + X & ；当 X \neq 0 \text{ 时} \\ 10 & ；当 X = 0 \text{ 时} \end{cases}$$

判断数据 X 是否为 0，X 就是标志字节。若标志字节 X 为 0，转向一个分支；若标志字节 X 不为 0，转向另一个分支。判别标志字节 X 是否为 0 用 JZ 指令。在 xxx 处设定标号 xxx。程序流程图如图 4-8 所示。

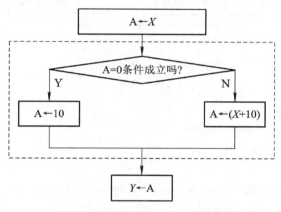

图 4-8 例 4-3 流程图

程序如下：

```
        ORG   0000H
        LJMP  ERFE
        ORG   0100H
ERFE：MOV   A，40H      ；取数 X 放入 A，A←X
      JZ    ZERO        ；如果 A=0（即 X=0），转 ZERO
      ADD   A，#0AH     ；如果 A≠0（即 X≠0），A←X+10
      AJMP  SAVE        ；转到 SAVE，保存数据
ZERO：MOV   A，#0AH     ；数据 X 为零，A←10
      AJMP  SAVE        ；转到 SAVE，保存数据
SAVE：MOV   41H，A      ；保存数据 Y←A
      SJMP  $           ；踏步
      END
```

上面的程序通过 JZ 指令实现两分支结构。

2. 三分支结构

【例4-4】 假设累加器 A 中存放一有符号数 X，求解函数，并将结果存入寄存器 R1 中。

$$Y= \begin{cases} 1 & ;\ \text{当}\ X > 0 \\ 0 & ;\ \text{当}\ X = 0 \\ -1 & ;\ \text{当}\ X < 0 \end{cases}$$

此程序应为三分支结构，程序流程图如图 4-9 所示。

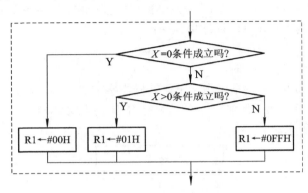

图 4-9　例 4-4 三分支结构流程图

程序清单如下：

```
            ORG   0000H
            LJMP  SANFENZH
            ORG   0100H
SANFENZH:
            CJNE  A，#00H，NZERO    ; 累加器 A 中内容与 0 比较，X≠0 转到 NZERO
            MOV   R1，#00H          ; (A) = 0，即 X = 0 时，则 R1←#00
            SJMP  QUIT
NZERO:      JB    ACC.7，LZERO      ; 如果 ACC.7 = 1，表示 X < 0，转到 LZERO
            MOV   R1，#01H          ; ACC.7 = 0 表示(A) > 0，即 X > 0，则 R1←#01
            SJMP  QUIT
LZERO:      MOV   R1，   #0FFH      ; X < 0 时，则将 R1← -1
            SJMP  QUIT             ; 该句可省略
QUIT:       SJMP  $
            END
```

本程序中使用"CJNE A，#xxH，标号"指令和 JB 指令实现三路分支，同时还 3 次使用了 SJMP QUIT 指令。

3．多分支结构

可以连续使用"CJNE A，#xxH，标号"指令实现多分支结构程序设计；也可以利用基址寄存器加变址寄存器间接转移指令"JMP　@A+DPTR"，根据累加器 A 的内容实现多路分支。这类程序又称为散转程序。

"JMP　@A+DPTR"指令可以与 AJMP 指令配合实现多分支结构(参见例 4-5)；"JMP @A+DPTR"指令也可以与 LJMP 指令配合实现多分支结构(参见例 4-6)。

【例4-5】 根据 R0 的值转向 7 个分支程序。

  R0=00，转向 FEN0；

  R0=01，转向 FEN1；

  ⋮

  R0=05，转向 FEN5；

  R0=06，转向 FEN6；

  利用"JMP @A+DPTR"指令直接给 PC 赋值，使程序实现转移。程序流程如图 4-10 所示。

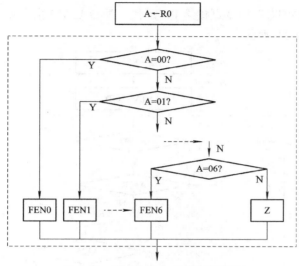

图 4-10 例 4-5 多分支结构流程图

  程序如下：

```
            ORG    0100H
            MOV    DPTR, #TABLE      ; 转移指令表首地址 TABLE
            MOV    A, R0             ; 取 R0 的值给 A
            CLR    C                 ; 清除进位位，为左移 A 做准备
            RLC    A                 ; 左移 A，即 A←A×2
            JMP    @A+DPTR           ; PC←A+DPTR
    TABLE：AJMP  FEN0                ; 转移指令表
            AJMP   FEN1
            ⋮
            AJMP   FEN6
            ⋮
    FEN0：  ⋮
    FEN1：  ⋮
        ⋮
    FEN6：  ⋮
            END
```

AJMP 指令的跳转范围在 2 KB 以内，如果超出了 2 KB 范围就不能使用 AJMP 指令，只能使用 LJMP 指令。

【例 4-6】 根据键值寄存器 RKEY 中内容 #10H～#15H，编程实现转向不同的功能键处理程序。

        RKEY=#10H，转向 KFUN0；

        RKEY=#11H，转向 KFUN1；

        ⋮

        RKEY=#15H，转向 KFUN5；

利用"JMP @A+DPTR"指令直接给 PC 赋值，配合 LJMP 指令使程序实现转移。

程序流程图如图 4-11 所示。

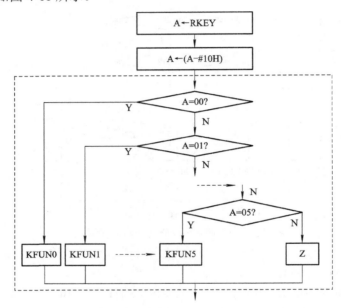

图 4-11　例 4-6 程序流程图

程序如下：

```
RKEY   EQU   30H      ;伪指令，给片内 RAM 地址为 30H 的字节起一个名字，叫 RKEY，
                      ;存有键盘扫描得到的键值。不同的键值代表不同的键被按下
ORG    0100H
MOV    DPTR，#TABLE   ;转移指令表首地址 TABLE
MOV    A，RKEY        ;取键值寄存器 RKEY 中的键值给 A
CLR    C             ;清除进位位，为减法做准备
SUBB   A，#10H        ;A←(A -#10H)
MOV    R1，A          ;R1←A
CLR    C
RLC    A             ;左移 A，即 A←A×2
ADD    A，R1          ;A←(A×2＋A)＝A×3
JMP    @A+DPTR        ;散转 PC←A + DPTR
```

```
        TABLE:  LJMP    KFUN0         ；转向键值 =#10H 的功能键处理入口
                LJMP    KFUN1         ；转向键值 =#11H 的功能键处理入口
                  ⋮
                LJMP    KFUN5         ；转向键值 =#15H 的功能键处理入口
        KFUN0:  ⋮
        KFUN1:  ⋮
                  ⋮
        KFUN5:  ⋮
                END
```

注意：由于每条长转移指令 LJMP 占用 3 个程序存储器单元，所以在此程序中，首先将累加器 A 中的内容增加为原来的 3 倍，然后通过 "JMP   @A+DPTR" 指令实现散转，程序中的 KFUN 0～KFUN 5 为与键值寄存器 RKEY 对应的各功能键处理程序的入口地址。使用散转指令，根据 RKEY 的内容(X=#10H，#11H，…)进行程序散转的地址表达式为

$$地址 = 表首地址 + 表中每条指令(LJMP)字节数 × (X - \#10H)$$

其中，LJMP 指令字节数为 3。

本例程序目的在于重点讲述多分支结构，将 RKEY 中键值范围限定在十进制数 16～101 以内，即十六进制数 10H～65H 以内，没有考虑程序的健壮性。如果超出此范围，需要适当增加几条指令。

4.4.3　循环结构

在许多实际问题中，一段程序需要被重复执行多次，只是每次参加运算的操作数不同，这时，就要用到循环结构程序来完成。

循环结构的程序可以缩短源代码，减小程序所占的存储空间。通常情况下，循环结构程序包括以下四部分：

(1) 循环初始化。初始化即循环准备部分。初始化部分主要用来设置循环的初始值，包括预值数计数器和数据指针的初值，是为循环做好必要的准备工作。这部分程序虽然只执行一次，但对于程序的运行十分重要，是完成循环结构程序设计的第一步。

(2) 循环体。这部分是循环结构程序的主体部分，是需要多次执行的程序。

(3) 循环控制。这部分的功能有两个：一是通过修改计数器和指针的值，为下一轮工作做好必要的准备；二是通过检查、判断该循环是否执行了足够的次数。如果不到足够的次数，循环继续进行；如果到了足够的次数，就采用条件转移指令或判断指令来控制循环的结束。总之，循环控制的作用是控制循环的继续或终止。

(4) 循环的结果处理。结束循环后，对所得的结果进行处理。

以上四个部分中，(1)和(4)部分只执行一次，而(2)和(3)部分可以执行多次。

构成循环结构程序的形式和方法是多种多样的。根据循环结构层次的不同，可以把循环结构程序分为单重循环结构和多重循环结构。一个循环结构中不再包含其他的循环结构程序，则称该循环结构程序为单循环结构程序。如果一个循环程序中包含有其他的循环程序，则称该循环程序为多重循环程序。在实际问题中，经常会遇到多重循环结构程序。

典型的循环结构程序的流程图可画成图 4-12 所示，也可以将处理部分和控制部分位置对调，如图 4-13 所示。在循环结构程序设计中，循环控制部分是程序设计的关键环节。

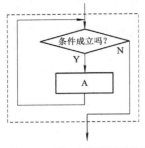
图 4-12 典型的循环结构 A

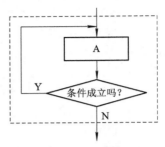
图 4-13 典型的循环结构 B

常用的循环控制方式有条件控制法和计数器控制法两种。

条件控制法是在预先不知道要循环的次数只知道循环的条件时采用，此时可以根据给定的条件"标志位"或"标志字节"来判断程序是否继续。一般参照分支结构方法中的条件来判别指令并执行。

计数器控制法就是把要循环的次数即预置数放入计数器中，程序每循环一次，计数器的值就减1，直到计数器的内容为零时循环结束，一般用 DJNZ 指令。

1．单重循环结构程序

【例 4-7】 从单片机的片内 RAM 地址 40H 起存放有一个字符串，该字符串以字符内容 #00 为结尾标志，编程将该字符串传送到片外 RAM 地址 2000H 开始的连续单元中。

因为字符串的长度不能够确定，所以，不能用计数器控制法来判断循环何时结束，应该以片内 RAM 中的内容是否为#00 来判断循环是否结束。

程序流程图如图 4-14 所示。

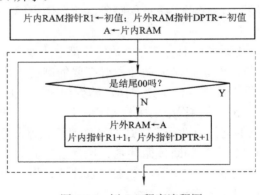
图 4-14 例 4-7 程序流程图

程序清单如下：

```
            ORG    0000H
            LJMP   START
            ORG    0100H
    START:  MOV    R1，#40H        ；片内 RAM 单元首地址，源地址
            MOV    DPTR，#2000H    ；片外 RAM 单元首地址，目标地址
```

MOV3：	MOV	A，@R1	；取片内 RAM 数据→A
	CJNE	A，#00H，MOV1	；判断是否是字符串结尾标志 0？不为 0 转向 MOV1
	SJMP	MOV2	；为 0，传送结束，转向 MOV2
MOV1：	MOVX	@DPTR，A	；传送数据到片外 RAM
	INC	R1	；片内指针指向下一个数据
	INC	DPTR	；片外指针指向下一个数据
	SJMP	MOV3	；继续循环传送
MOV2：	SJMP	$	；结束传送，原地踏步
	END		

对于 MCS-51 系列单片机，内部 RAM 只有 128 个字节，地址为 00H～7FH。如果从 40H 单元到 7FH 单元一直没有数据 #00，就不再继续传送。如果考虑程序的容错性，必须在循环的结束部分再增加判断片内 RAM 指针是否越界的指令。

【例 4-8】 在例 4-7 的基础上，增加要求：考虑片内 RAM 的越界问题；统计字符串的字符个数。

程序清单如下：

	ORG	0000H	
	LJMP	START	
	ORG	0100H	
START：	MOV	R1，#40H	；片内 RAM 单元首地址，源地址
	MOV	R2，#00H	；计数器初值为 00，以统计字符串的字符个数
	MOV	DPTR，#2000H	；片外 RAM 单元首地址，目标地址
MOV3：	MOV	A，@R1	；取片内 RAM 数据→A
	CJNE	A，#00H，MOV1	；判断是否是字符串结尾标志 0？不为 0 转向 MOV1
	SJMP	MOV2	；为 0，传送结束，转向 MOV2
MOV1：	MOVX	@DPTR，A	；传送数据到片外 RAM
	INC	R1	；片内 RAM 指针指向下一个数据
	INC	DPTR	；片外 RAM 指针指向下一个数据
	INC	R2	；计数器加 1，统计字符串的字符个数
	CJNE	R1，#80H，MOV3	；如果地址指针 R1<80H，继续循环传送，转 MOV3
			；如果地址指针 R1=80H，结束传送
MOV2：	SJMP	$	；结束传送，原地踏步
	END		

此程序中，指令"CJNE　A，#00H，MOV1"的功能是判断数据是否为 0，如果为 0 则传送结束。判断片内 RAM 指针是否越界用"CJNE　R1，#80H，MOV3"指令。

例 4-7 和例 4-8 循环程序是根据某些条件来判断循环是否结束，称为条件控制法循环结构程序。

2．多重循环程序

在多重循环中，只允许外重循环嵌套内重循环。不允许循环相互交叉，也不允许从循环程序的外部跳入循环程序的内部。

最简单的多重循环为由 DJNZ 指令构成的软件延时程序。

【例 4-9】 50 ms 软件延时程序(采用计数器控制法)。

延时程序与 MCS-51 系列单片机指令执行时间密切相关。如果使用 12 MHz 晶振,一个机器周期为 1 μs,执行一条 DJNZ 指令的时间为 2 μs。这时,用双重循环结构写出的延时 50 ms 的程序如下所示:

```
DELY:    MOV R6, #200
DELY1:   MOV R7, #125
DELY2:   DJNZ R7, DELY2          ; 2 μs×125 次循环=250 μs=0.25 ms
         DJNZ  R6, DELY1         ; 约 0.25 ms×200 次循环=50 ms
```

需要注意的是,用软件实现延时,在执行循环体的过程中不允许响应中断,否则将影响延时的精度,如果需要延时更长时间,可采用多重循环,如三重、四重循环。

4.5 主 程 序

1. 主程序设计

单片机的程序设计不同于 VB、VC 等面向对象的、事件驱动的程序设计。单片机的主程序通常是一个"有始无终"的"无限循环"结构,如图 4-15 所示。

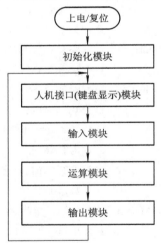

图 4-15 主程序流程图

系统上电或复位后,进入初始化模块;然后是人机接口(键盘显示)模块、输入模块、运算(含控制算法等)模块、输出模块。当然,这些模块的先后顺序可以根据应用系统的实际情况进行调整。

2. 功能模块程序段设计

单片机应用系统开发主要包括以下四大模块:

(1) 人机接口模块。该模块包含键盘、发光二极管显示、数码管显示、LCD 显示、声光报警等子模块。

(2) 输入模块。该模块包含 A/D 转换、开关量输入、频率输入、计数脉冲输入等子模块。

(3) 运算模块。该模块包含门限判断、运算、PID 算法、模糊控制算法等子模块。

(4) 输出模块。该模块包含 D/A 转换、开关量输出、频率输出等子模块。

由于这些模块仅出现一次，所以不要采用子程序方式设计，模块之间用 SJMP、AJMP、LJMP 指令连接。

3. 系统上电与复位初始化

系统复位后，首先判断是上电引起的复位还是看门狗引起的复位，然后分别进入"上电初始化模块"或"看门狗复位初始化模块"。

初始化模块的任务是对单片机的片内 RAM 设置必要的参数，对片外接口芯片初始化参数。片外接口芯片可能有 8155、8255、RAM、EEPROM 等。

4.6 子 程 序

4.6.1 使用子程序的优点

在一个应用程序设计中，在程序的不同地方往往需要执行同样的一段程序。这时可以把这段程序单独编制成一个子程序，在原来程序(主程序或子程序)中需要执行这段程序的地方执行一条调用指令，转到子程序完成规定的操作以后，又返回到原来的程序(主程序或子程序)继续执行下去。这样处理的好处是：

(1) 避免在几个不同的地方对同样一段程序进行重复编程；

(2) 简化了程序的逻辑结构；

(3) 缩短了程序长度，从而节省了程序存储单元；

(4) 便于调试。

通常把具有一定功能的公用程序段作为子程序，在子程序的末尾安排一条返回主程序的指令 RET。主程序调用子程序以及从子程序返回主程序的过程如图 4-16 所示。

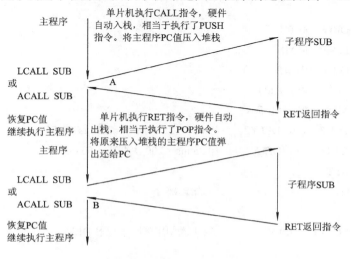

图 4-16 主程序调用子程序示意图

当主程序执行到 A 处，执行调用子程序 SUB 时，把下一条指令地址(PC 值)保存到堆栈中，栈指针 SP 加 2，子程序 SUB 的起始地址送 PC；MCU 转向执行子程序 SUB，碰到 SUB 中的返回指令 RET，把 A 处下一条指令地址从堆栈中取出并送回到 PC；于是 MCU 又回到主程序继续执行下去。当主程序执行到 B 处又碰到调用子程序 SUB 的指令时，再一次重复上述过程。子程序 SUB 能被主程序调用多次。

在一个程序中，往往在子程序中还会调用别的子程序，这称为子程序嵌套。二级子程序嵌套过程如图 4-17 所示。

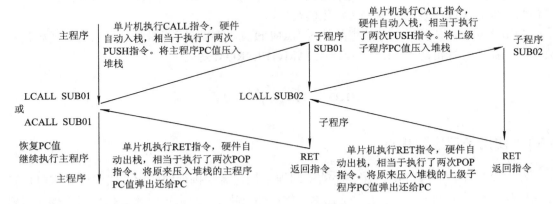

图 4-17　主程序与二级子程序嵌套示意图

为了保证正确地从子程序 SUB02 返回子程序 SUB01，再从 SUB01 返回主程序，每次调用子程序时必须将下一条指令地址保存起来，返回时按后进先出原则依次取出旧 PC 值。如第 3 章所述，堆栈是按照"先进后出"、"后进先出"的原则存取数据的，调用指令(ACALL、LCALL)和返回指令(RET)具有自动保存 PC 内容到堆栈和自动从堆栈恢复 PC 内容的功能，我们不必使用 PUSH 和 POP 指令对 PC 进行操作。只要正确使用调用指令(ACALL、LCALL)和返回指令(RET)即可。

【例 4-10】　将例 4-9 改为子程序结构。

程序如下：

```
            ORG    0000H
            LJMP   MAIN
            ORG    0100H
DELY：  MOV    R6，#200
DELY1： MOV    R7，#125
DELY2： DJNZ   R7，DELY2     ；2 μs×125 次循环＝250 μs＝0.25 ms
            DJNZ   R6，DELY1     ；0.25 ms×200 次循环＝50 ms
            RET
MAIN：  ⋮                        ；初始化部分
LOOP：  ⋮
            LCALL    DELY        ；第 1 次调用延时子程序 DELY
            ⋮
            LCALL    DELY        ；第 n 次调用延时子程序 DELY
```

$\vdots$

        LJMP   LOOP

4.6.2　子程序的调用与返回

MCS-51 单片机指令系统提供了两条子程序调用指令：

        ACALL   Addr11

和   LCALL   Addr16

其中的 Addr11 和 Addr16 为子程序的入口地址。在程序中通常用标号来代表直接地址。

1．子程序的调用

当主程序需要执行某子程序的功能时，只需执行一条调用指令。单片机先将当前的 PC 值(断点地址)压入堆栈，然后将 PC 修改为调用指令中标号所代表的地址，从而实现了从主程序跳转到子程序，即实现了子程序的调用。

2．子程序的返回

子程序的最后一条指令应该是返回指令 RET 或 RETI，以确保子程序能够正确返回主程序。执行 RET 指令时单片机将原来存在堆栈中的断点地址弹出给 PC，保证子程序返回主程序中调用子程序的地方继续执行主程序。

子程序的运行从子程序的标号处开始，到 RET 或 RETI 指令结束。RET 指令是一般子程序的返回指令。RETI 指令是中断服务子程序的返回指令。RETI 与 RET 的区别详见第 5 章。

4.6.3　子程序的入口参数与出口参数

1．子程序入口参数

在调用子程序时，主程序应先把该子程序要用到的数据(入口参数)放到约定的片内 RAM 或片外 RAM。子程序在运行时，可以从这些约定的 RAM 单元读取要用到的数据。

调用子程序时，主程序应把子程序将要使用的有关参数送入约定的位置，子程序运行时，可以从约定的位置得到有关的参数，这类由主程序提供给子程序的参数叫做子程序的入口参数。

2．子程序的出口参数

子程序经过运算处理后，应该把结果(出口参数)放到约定的片内 RAM 或片外 RAM。在返回主程序后，主程序可以从这些放出口参数的地方得到需要的结果。这就是参数传递。

同样，在子程序结束前也应把运算结果送到指定的位置，返回主程序后，主程序可以从指定的位置得到需要的结果，这类由子程序提供给主程序的参数叫做子程序的出口参数。

【例 4-11】　将例 4-8 写成子程序的形式。

程序清单如下：

        ORG   0000H

        LJMP   START

        ORG   0100H

   ; 子程序 MOVE 入口参数：R1(片内 RAM 地址)，DPTR(片外 RAM 地址)

; 子程序 MOVE 出口参数：R2(十六进制字符数)，@DPTR(片外 RAM 单元)

```
MOVE:  MOV   R2, #00H          ; 计数器初值为 00, 以统计字符串的字符个数
MOV3:  MOV   A, @R1            ; 取片内 RAM 数据→A
       CJNE  A, #00H, MOV1     ; 判断是否字符串结尾标志 0? 不为 0 转向 MOV1
       SJMP  MOV2              ; 为 0, 传送结束, 转向 MOV2
MOV1:  MOVX  @DPTR, A          ; 传送数据到片外 RAM
       INC   R1                ; 片内 RAM 指针指向下一个数据
       INC   DPTR              ; 片外 RAM 指针指向下一个数据
       INC   R2                ; 计数器加 1, 统计字符串的字符个数
       CJNE  R1, #80H, MOV3    ; 如果地址指针 R1<80H, 继续循环传送, 转 MOV3
                               ; 如果地址指针 R1=80H, 结束传送
MOV2:  RET                     ; 结束传送, 返回主程序。子程序 MOVE 结束
START: :
LOOP:  :
       MOV   R1, #40H          ; 置入口参数: 片内 RAM 单元首地址, 源地址
       MOV   DPTR, #2000H      ; 置入口参数: 片外 RAM 单元首地址, 目标地址
       LCALL MOVE             ; 调用子程序 MOVE
       MOV   A, R2            ; 读取出口参数, 可获得该字符串的字符个数
       :
       LJMP  LOOP
       END
```

4.6.4 主程序与子程序之间的参数传递

实现参数传递可以用工作寄存器 R0～R7、累加器 A、数据指针 R0、R1、DPTR 或堆栈, 也可以使用片内 RAM 和片外 RAM。

实现参数传递时, 可以采用多种方法, 常用的方法有以下三种:

(1) 用工作寄存器 R0～R7 或累加器 A 传递参数。这种方法是把入口参数或出口参数放入工作寄存器或累加器中。其优点是程序简单、运算速度快。缺点是寄存器数量有限, 传递参数的数量较少。例如例 4-11 中(字符串的字符个数)就用 R2 传递出口参数。

(2) 用指针寄存器 R0、R1、DPTR 传递参数。因为数据通常存放在片内 RAM、片外 RAM 中, 所以可以通过使用指针寄存器指示数据的位置(地址)来实现参数传递, 这样做的优点是可以传送较多的数据。如果参数在片内 RAM 存储器中, 可以使用 R0 或 R1 作为指针寄存器; 如果参数在片外 RAM 中, 可以使用 DPTR 作为指针寄存器。例如例 4-11 中, R1 和 DPTR 就用来作为传递入口参数, R1 作为片内 RAM 指针, DPTR 作为片外 RAM 指针。

(3) 用堆栈传递参数。主程序调用子程序时, 主程序用 PUSH 指令把入口参数依次压入堆栈。进入子程序后, 可根据栈指针 SP 来间接访问堆栈中的入口参数, 子程序运算处理结束前, 把结果(出口参数)放入堆栈中。返回主程序后, 可用 POP 指令得到这些结果(出口参

数)。这种方法的优点是简单，能传递一定数量的参数，不必为特定的参数分配 RAM 单元；缺点是占用堆栈字节，要分配足够的堆栈区。

4.6.5　子程序的规范化设计

在编制子程序时，为了便于阅读、交流和使用，对子程序的各个要素要有清楚的说明，这就是子程序的规范化设计。规范的子程序设计内容包括：

(1) 子程序名称。给子程序起名字的原则是子程序名能够反映子程序功能，该名字就是子程序的入口地址标识符。

(2) 子程序功能。程序中要对子程序的功能给予简要的描述。

(3) 入口参数。该参数是子程序所要运算或处理的数据(加工前的原料)。在调用子程序之前，主程序要先准备好入口参数。

(4) 出口参数。该参数是子程序运算或处理的结果(加工完成的数据)。子程序结束之前，把最终结果(出口参数)存放在约定的 RAM 单元，供主程序取用。

(5) 资源占用情况。程序中要指出该子程序运行时所使用的片内工作寄存器(R0～R7)、SFR(特殊功能寄存器)、片内 RAM 单元及片外 RAM 单元，以便在主程序调用该子程序之前，考虑将这些资源中的哪些字节保护入栈。

子程序流程图如图 4-18 所示。

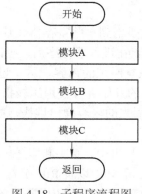

图 4-18　子程序流程图

程序流程图中的模块 A、B、C 可能是顺序结构、选择结构、循环结构中的任何一种或多种的嵌套。

【例 4-12】 将例 4-11 的子程序进行规范化设计。

子程序 MOVE 规范化设计如下：

```
      ；子程序名：MOVE
      ；子程序功能：将片内 RAM 中的一字符串传送到片外 RAM，并统计该字符串的字符数
      ；入口参数：R1(片内 RAM 地址)，DPTR(片外 RAM 地址)
      ；出口参数：R2(十六进制字符数)，@DPTR(片外 RAM 单元)
      ；占用资源：R2、A、R1、DPTR
MOVE：MOV   R2，#00H        ；计数器初值为 00，以统计字符串的字符个数
MOV3：MOV   A，@R1          ；取片内 RAM 数据→A
```

	CJNE	A, #00H, MOV1	; 判断是否是字符串结尾标志 0? 不为 0 转向 MOV1
	SJMP	MOV2	; 为 0, 传送结束, 转向 MOV2
MOV1:	MOVX	@DPTR, A	; 传送数据到片外 RAM
	INC	R1	; 片内 RAM 指针指向下一个数据
	INC	DPTR	; 片外 RAM 指针指向下一个数据
	INC	R2	; 计数器加 1, 统计字符串的字符个数
	CJNE	R1, #80H, MOV3	; 如果地址指针 R1<80H, 继续循环传送, 转 MOV3
			; 如果地址指针 R1=80H, 结束传送
MOV2:	RET		; 完成传送, 返回主程序。子程序 MOVE 结束

子程序 MOVE 从第 5 行注释后开始, 这 5 行注释分别描述了规范化设计子程序的 5 个部分。接下来是子程序, 以 RET 指令结束子程序。

4.6.6　中断服务子程序

中断服务子程序是一种特殊的子程序, 不能由主程序调用进入中断服务子程序, 只能在发生中断时根据 IE、IP 的设置经判断后进入中断入口地址 0003H、000BH、0013H、001BH、0023H 等。中断服务子程序不能以 RET 结束, 只能以 RETI 结束。参见第 5 章。

4.6.7　子程序的现场保护与恢复

在子程序运行时, 不可避免地要用到一些寄存器、片内 RAM 或片外 RAM。有时, 这些内容也是主程序所用到的, 因此, 在进入子程序后, 应该先将这些寄存器或片内 RAM 的内容保护起来, 子程序返回前再恢复原来的内容, 这一过程称为现场的保护与恢复。现场保护通常由堆栈来完成, 在子程序的开始部分使用压栈指令, 将需要保护的内容压入堆栈; 在子程序返回前使用出栈指令, 将原来的内容弹出堆栈, 送到原来的寄存器或片内 RAM 中。由此实现"现场的保护与恢复"。

【例 4-13】 在 MCS-51 系列单片机中, 某中断服务子程序和被打断的背景程序(主程序或子程序)均使用了 A、B 和 DPTR 等 SFR 以及 R0~R7 工作寄存器(背景程序用 BANK0), 写出中断服务子程序有关现场保护和恢复的语句(中断服务子程序用 BANK1)。

程序如下:

SERVER:	PUSH PSW	; 保护 PSW 状态寄存器
	PUSH ACC	; 保护累加器 ACC
	PUSH B	; 保护 B 寄存器
	PUSH DPL	; 保护数据指针 DPTR 的 DPL
	PUSH DPH	; 保护数据指针 DPTR 的 DPH
	SETB RS0	; 选用寄存器 BANK1
	CLR RS1	; 选用寄存器 BANK1
	⋮	
	POP DPH	; 恢复数据指针 DPTR 的 DPH
	POP DPL	; 恢复数据指针 DPTR 的 DPL

POP	B	；恢复 B 寄存器
POP	ACC	；恢复累加器 ACC
POP	PSW	；恢复 PSW 及原工作寄存器 BANK0
RETI		；中断服务子程序返回

注意 PUSH 指令与 POP 指令的对称性。

4.7 汇编语言程序设计与调试

利用单片机设计开发一个应用系统，经过总体方案论证、软硬件功能划分(概要设计)，即可同时进行硬件详细设计和软件详细设计。下面我们来探讨软件设计步骤和调试步骤。习惯上我们把软件的设计与调试称为软件开发；把硬件的设计与调试称为硬件开发。

4.7.1 汇编语言程序设计步骤

使用程序设计语言(汇编、C、PL/M)编写程序的过程称为程序设计，也称为软件设计。在程序设计过程中，我们追求的目标是：在完成功能、性能的前提下，尽可能使程序占用的空间小，执行的时间短。在程序设计时遵守以下步骤能够更快、更好地完成程序设计任务。

程序设计步骤如下：

(1) 分析问题。仔细分析任务书中要实现的功能和性能指标。

(2) 确定算法。找到解决问题的思路和方法。

(3) 分配内存单元。确定数据结构，这一步往往与算法同时考虑。

(4) 根据算法和数据结构，画出程序流程图。

(5) 根据流程图编写汇编语言源程序。编辑录入，保存为 *.ASM 文件。

(6) 汇编。排除语法错误。

(7) 调试(DEBUG)。找出错误并更正，再调试，直至通过。

(8) 编写相关说明文档。

4.7.2 汇编语言程序调试步骤和调试方法

汇编语言源程序的调试往往是自底向上进行的，即先调试底层子程序，调试与硬件相关的子程序；然后调试中层子程序、模块程序；最后调试主程序。

在具体调试过程中，要充分了解所选择的仿真器及其配套仿真软件的功能，利用以下手段进行调试：

(1) 单步执行，也称为跟踪执行。

(2) 宏单步执行。

(3) 断点设置。

(4) HERE，运行到光标所在行。

(5) 设置观察变量。

(6) 观察各种窗口，如 SFR 区、片内 RAM 区、片外 RAM 区、程序(机器码)存储区等。

(7) 全速执行。

(8) 高级手段。高档仿真器可能具有逻辑分析、影子存储、时效分析、波形发生等功能。

习题与思考题

4-1 什么是单片机的程序设计语言？

4-2 单片机的程序设计包括哪几个步骤？

4-3 画出单片机的三种基本程序结构。

4-4 单片机的分支结构程序指令有哪几条？

4-5 什么是单片机的程序嵌套？生活中有哪些现象与单片机的嵌套类似？

4-6 能否从一个子程序内部使用转移指令直接跳转到另一个子程序执行？

4-7 能否使用转移指令从主程序跳到子程序？

4-8 能否使用转移指令从子程序跳到主程序？

4-9 画出主程序的一般流程图。

4-10 画出子程序的一般流程图。

4-11 子程序的规范化设计包括哪几部分？

4-12 在片内 RAM 地址 40H 到 4FH 的存储单元中存有 16 个无符号数，找出其中的最大值，放入 50H 单元，请用"循环结构"和"分支结构"编程。

4-13 将片内若干个 RAM 单元的内容复制到片外 RAM 单元，请用"主程序"调用"子程序"编程，要求子程序入口参数为：R0 存放片内 RAM 起始地址，DPTR 存放片外 RAM 起始地址，R1 存放字节数。请分别编写主程序和子程序。

第5章 MCS-51系列单片机的中断系统

MCS-51 系列单片机允许有五个中断源，提供两个中断优先级。每一个中断源的优先级的高低都可以通过编程来设定。中断源的中断请求能否得到响应，受中断允许寄存器 IE 的控制；各个中断源的优先级可以由中断优先级寄存器 IP 中的各位来确定；同一优先级中的各中断源同时请求中断时，由内部的查询逻辑来确定响应的次序。这些内容都将在本章中讨论。

5.1 概　　述

1. 中断的概念

在 CPU 与外设交换信息时，存在一个快速的 CPU 与慢速的外设之间的矛盾。为解决这个问题，采用了中断技术。良好的中断系统能提高计算机实时处理的能力，实现 CPU 与外设分时操作和自动处理故障，从而扩大了计算机的应用范围。

当 CPU 正在处理某项事件时，如果外界或内部发生了紧急情况，要求 CPU 暂停正在处理的工作转而去处理这个紧急情况，待处理完以后再回到原来被中断的地方，继续执行原来被中断了的程序，这样的过程称为中断。向 CPU 提出中断请求的源称为中断源，微型计算机一般允许有多个中断源。当几个中断源同时向 CPU 发出中断请求时，CPU 应优先响应最需紧急处理的中断请求。为此，需要规定各个中断源的优先级，使 CPU 在多个中断源同时发出中断请求时能找到优先级最高的中断源，响应它的中断请求。在优先级高的中断请求处理完以后，再响应优先级低的中断请求。中断处理过程如图 5-1 所示。

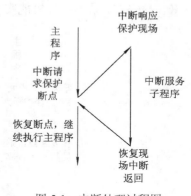

图 5-1　中断处理过程图

2. 中断源

发出中断请求的外部设备或引起中断的内部原因称为中断源。中断源可分为外设中断和指令中断。外设中断是系统外部设备要求与 CPU 交换信息而产生的中断，也称为硬中断。指令中断是为了方便用户使用系统资源或调试软件而设置的中断指令，也称为软中断。

中断源按照是否可以被软件(指令)屏蔽，又分为可屏蔽中断和不可屏蔽中断。

MCS-51 系列单片机不具备软中断功能，它具有的五个中断源分别为外部中断 0、定时器/计数器 0 溢出、外部中断 1、定时器/计数器 1 溢出、串行口中断等，它们均属于不可屏蔽的硬中断。

3．中断识别与中断服务程序入口地址

CPU 响应中断后，只知道有中断源请求中断服务，但并不知道是哪一个中断源。因此，CPU 要设法寻找是哪一个中断源发出的中断请求，这就是所谓的中断识别。中断识别的目的是要形成该中断源的中断服务程序的入口地址，以便 CPU 将此地址置入程序地址指针寄存器，从而实现程序的转移。CPU 识别中断或获取中断服务程序入口地址的方法有两种：向量方式和固定方式。

向量方式是由中断向量来指明中断服务程序的入口地址。如 8086/8088 CPU，通过中断类型号，在中断向量表中得到中断服务程序的入口地址，这种方式的中断源一般比较多。

固定方式识别中断或获取中断服务入口地址时，中断源对应的地址是固定的，这种方式的中断源一般比较少。如 MCS-51 单片机的五个中断源(外部中断 0、定时器/计数器 0 溢出、外部中断 1、定时器/计数器 1 溢出、串行口中断)对应的中断服务程序入口地址(ROM 中)分别为 0003H、000BH、0013H、001BH、0023H。

4．中断嵌套

在实际应用系统中，当 CPU 正在处理某个中断源，即正在执行中断服务程序时，会出现优先级更高的中断源申请中断。为了使级别高的中断源及时得到服务，需要暂时中断(挂起)当前正在执行的级别较低的中断服务程序，待处理完以后再返回到被中断了的中断服务程序继续执行，但级别相同或级别低的中断源不能中断级别高的中断服务，这就是所谓的中断嵌套。MCS-51 系列单片机能实现二级中断嵌套。中断嵌套过程如图 5-2 所示。

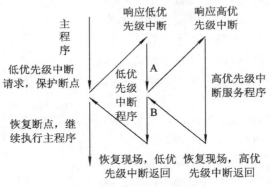

图 5-2　中断嵌套过程示意图

5．中断优先级及排队

当系统有多个中断源时，就可能出现同时有几个中断源申请中断，而 CPU 在一个时刻只能响应并处理一个中断请求，为此，要进行排队。排队的方式有：

(1) 按优先级排队。根据任务的轻重缓急，给每个中断源指定 CPU 响应的优先级，任务紧急的先响应，可以暂缓的后响应。排了优先级后，当有多个中断源申请中断时，CPU 先响应并处理优先级别最高的中断申请。

(2) 循环轮流排队。不分级别高低，所有中断源优先级都一律平等，CPU 轮流响应各个

中断源的中断请求。

MCS-51 单片机优先级比较简单，只有两级，可以通过优先级控制寄存器设置不同的优先级。

5.2 MCS-51 单片机的中断系统

5.2.1 MCS-51 单片机中断系统的内部结构

1. MCS-51 单片机中断系统的中断源

MCS-51 中断系统有五个中断源，分别是：

外部中断 0：来自 P3.2 引脚上的外部中断请求($\overline{INT0}$)。

外部中断 1：来自 P3.3 引脚上的外部中断请求($\overline{INT1}$)。

定时器/计数器 0：片内定时器 0 或 P3.4 引脚上计数器 0 溢出中断请求(T0)。

定时器/计数器 1：片内定时器 1 或 P3.5 引脚上计数器 1 溢出中断请求(T1)。

串行口中断：片内串行口完成一帧发送或接收中断请求 TI 或 RI。

MCS-51 单片机的这五个中断源可以归纳为三种类型，即外部中断($\overline{INT0}$、$\overline{INT1}$)、定时器/计数器中断(T0、T1)以及串行中断。

2. MCS-51 单片机中断系统的内部结构

中断系统内部含外部触发方式、中断标志位、中断控制位和优先级控制位等控制电路，如图 5-3 所示。每一个中断源都对应有一个中断请求标志位，它们设置在特殊功能寄存器 TCON 和 SCON 中。当这些中断源请求中断时，分别由 TCON 和 SCON 中的相应位来锁存。中断是否允许，由中断允许控制寄存器 IE 来设定，各中断源的优先级由 IP 寄存器来控制。

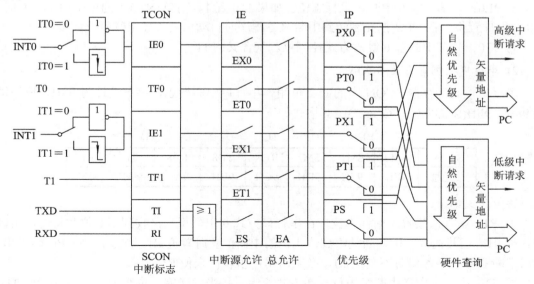

图 5-3　MCS-51 单片机中断系统内部结构

5.2.2 MCS-51 单片机与中断有关的特殊功能寄存器

1. 中断标志寄存器

1) 定时器控制寄存器 TCON

TCON 是定时器/计数器 0 和 1(T0、T1)的控制寄存器，它同时也用来锁存 T0、T1 的溢出中断请求源和外部中断请求源。字节地址为 88H，位地址是 88H～8FH(TCON.0～TCON.7)。TCON 寄存器中与中断有关的位如下所示。

	D_7	D_6	D_5	D_4	D_3	D_2	D_1	D_0
TCON	TF1	TR1	TF0	TR0	IE1	IT1	IE0	IT0
位地址	8FH	8EH	8DH	8CH	8BH	8AH	89H	88H

其中：

① TF1：定时器/计数器 1(T1)的溢出中断标志位。当 T1 从初值开始加 1 计数到计数满产生溢出时，由硬件使 TF1 置 1，直到 CPU 响应中断时由硬件复位。

② TF0：定时器/计数器 0(T0)的溢出中断标志位。其作用同 TF1。

③ IE1：外部中断 1 中断请求标志位。如果 IT1=1，则当外部中断 1 引脚 $\overline{INT1}$ 上的电平由 1 变 0 时，IE1 由硬件置位，外部中断 1 请求中断。在 CPU 响应该中断时自动由硬件复位清零。

④ IT1：外部中断 1($\overline{INT1}$)触发方式控制位。如果 IT1=1，则外部中断 1 为负边沿触发方式(CPU 在每个机器周期的 S5P2 采样 $\overline{INT1}$ 脚的输入电平，如果在一个周期中采样到高电平，在下个周期中采样到低电平，则硬件使 IE1 置 1，向 CPU 请求中断)；如果 IT1 为 0，则外部中断 1 为电平触发方式。此时外部中断是通过检测 $\overline{INT1}$ 端的输入电平(低电平)来触发的。采用电平触发时，输入到 $\overline{INT1}$ 的外部中断源必须保持低电平有效，直到该中断被响应。同时在中断返回前必须使电平变高，否则将会再次产生中断。

⑤ IE0：外部中断 0 中断请求标志位。如果 IT0 置 1，则当 $\overline{INT0}$ 上的电平由 1 变 0 时，IE0 由硬件置位。在 CPU 把控制转到中断服务程序时自动由硬件使 IE0 复位清零。

⑥ IT0：外部中断源 0 触发方式控制位。其含义同 IT1。

2) 串行口控制寄存器 SCON

串行口控制寄存器 SCON 中的低 2 位用作串行口中断标志，字节地址为 98H，位地址为 98H～9FH(SCON.0～SCON.7)，其格式如下：

	D_7	D_6	D_5	D_4	D_3	D_2	D_1	D_0
SCON	SM0	SM1	SM2	REN	TB8	RB8	TI	RI
位地址	9FH	9EH	9DH	9CH	9BH	9AH	99H	98H

各位含义如下：

① RI：串行口接收中断标志位。在串行口方式 0 中，每当接收到第 8 位数据时，由硬件置位 RI；在其他方式中，当接收到停止位的中间位置时置位 RI。注意，当 CPU 转入串行口中断服务程序入口时不复位 RI，必须由用户用软件来使 RI 清零。

② TI：串行口发送中断标志位。在方式 0 中，每当发送完 8 位数据时由硬件置位 TI；在其他方式中于停止位开始时置位。TI 也必须由软件来复位。

RI、TI 的中断入口都是 0023H，所以 CPU 响应后转入 0023H 开始执行服务程序，首先必须判断是 RI 中断还是 TI 中断，然后进行相应服务。在返回主程序之前必须用软件将 RI 或 TI 清除，否则会出现一次请求多次响应的错误。

与串行中断有关的是 RI 和 TI(SCON.0、SCON.1)，其他位的功能与使用请参阅第 7 章。

2．中断允许控制寄存器 IE

在 MCS-51 中断系统中，中断允许或禁止是由片内的中断允许寄存器 IE(IE 为特殊功能寄存器)控制的，字节地址为 0A8H，位地址是 0A8H～0AFH(IE.0～IE.7)，其格式如下：

	D_7	D_6	D_5	D_4	D_3	D_2	D_1	D_0
IE	EA	—	—	ES	ET1	EX1	ET0	EX0
位地址	AFH	—	—	ACH	ABH	AAH	A9H	A8H

IE 中的各位功能如下：

① EA：CPU 中断允许位。EA=0，CPU 禁止所有中断，即 CPU 屏蔽所有的中断请求；EA=1，CPU 开放中断。但每个中断源的中断请求是允许还是被禁止，还需由各自的允许位确定(见 D_4～D_0 位说明)。

② ES：串行口中断允许位。ES=1，允许串行口中断；ES=0，禁止串行口中断。

③ ET1：定时器/计数器 1(T1)的溢出中断允许位。ET1=1，允许 T1 中断；ET1=0，禁止 T1 中断。

④ EX1：外部中断 1 中断允许位。EX1=1，允许外部中断 1 中断；EX1=0，禁止外部中断 1 中断。

⑤ ET0：定时器/计数器 0(T0)的溢出中断允许位。ET0=1，允许 T0 中断；ET0=0，禁止 T0 中断。

⑥ EX0：外部中断 0 中断允许位。EX0=1，允许外部中断 0 中断；EX0=0，禁止外部中断 0 中断。

中断允许寄存器中各相应位的状态，可根据要求用指令置位或清零，从而实现该中断源允许中断或禁止中断，复位时 IE 寄存器被清零。

3．中断优先级控制

1) 中断优先级控制寄存器 IP

MCS-51 中断系统提供两个中断优先级，每一个中断请求源都可以设置为高优先级中断源或低优先级中断源，以便实现二级中断嵌套。中断优先级是由片内的中断优先级寄存器 IP(特殊功能寄存器)控制的，字节地址为 B8H，位地址为 B8H～BCH(IP.0～IP.4)，其格式如下：

	D_7	D_6	D_5	D_4	D_3	D_2	D_1	D_0
IP	—	—	—	PS	PT1	PX1	PT0	PX0
位地址	—	—	—	BCH	BBH	BAH	B9H	B8H

IP 中的各位功能如下：

① PS：串行口中断优先级控制位。PS=1，串行口定义为高优先级中断源；PS=0，串行口定义为低优先级中断源。

② PT1：T1中断优先级控制位。PT1=1,定时器/计数器1定义为高优先级中断源；PT1=0,定时器/计数器1定义为低优先级中断源。

③ PX1：外部中断1中断优先级控制位。PX1=1,外中断1定义为高优先级中断源；PX1=0,外中断1定义为低优先级中断源。

④ PT0：定时器/计数器0(T0)中断优先级控制位，功能同PT1。

⑤ PX0：外部中断0中断优先级控制位，功能同PX1。

中断优先级控制寄存器IP中的各个控制位都可由编程来置位或复位(用位操作指令或字节操作指令)，单片机复位后IP中各位均为0,各个中断源均为低优先级中断源。

2) 中断优先级结构

MCS-51中断系统具有两级优先级(由IP寄存器把各个中断源的优先级分为高优先级和低优先级)，它们遵循下列两条基本规则：

(1) 低优先级中断源可被高优先级中断源所中断，而高优先级中断源不能被任何中断源所中断；

(2) 一种中断源(不管是高优先级或低优先级)一旦得到响应，与它同级的中断源不能再中断它。

为了实现上述两条规则，中断系统内部包含两个不可寻址的优先级状态触发器。其中一个用来指示某个高优先级的中断源正在得到服务，并阻止所有其他中断的响应；另一个触发器则指出某低优先级的中断源正得到服务，所有同级的中断都被阻止，但不阻止高优先级中断源。

当同时收到几个同一优先级的中断时，响应哪一个中断源取决于内部查询顺序。对于8051单片机约定5个中断源优先级顺序由高到低分别为：外部中断0、定时器/计数器0溢出、外部中断1、定时器/计数器1溢出、串行口中断。

5.3 MCS-51单片机的中断响应与撤销

5.3.1 MCS-51单片机的中断响应

1. 中断响应过程

CPU在每个机器周期的S5P2时刻采样中断标志，而在下一个机器周期对采样到的中断进行查询。如果在前一个机器周期的S5P2有中断标志，则在查询周期内便会查询到并按优先级高低进行中断处理，中断系统将控制程序转入相应的中断服务程序。下列三个条件中任何一个都能封锁CPU对中断的响应：

(1) CPU正在处理同级的或高一级的中断；

(2) 现行的机器周期不是当前所执行指令的最后一个机器周期；

(3) 当前正在执行的指令是返回(RETI)指令或是对IE或IP寄存器进行读/写的指令。

上述三个条件中，第二条是保证把当前指令执行完，第三条是保证如果在当前执行的是RETI指令或是对IE、IP进行访问的指令时，必须至少再执行完一条指令之后才会响应中断。

中断查询在每个机器周期中重复执行，所查询到的状态为前一个机器周期的 S5P2 时采样到的中断标志。这里要注意的是，如果中断标志被置位，但因上述条件之一的原因而未被响应，或上述封锁条件已撤销，但中断标志位已不存在(已不是置位状态)时，被拖延的中断就不再被响应，CPU 将丢弃中断查询的结果。也就是说，CPU 对中断标志置位后，如未及时响应而转入中断服务程序的中断标志不做记忆。

CPU 响应中断时，先置相应的优先级激活触发器，封锁同级和低级的中断。然后根据中断源的类别，在硬件的控制下，程序转向相应的向量入口单元，执行中断服务程序。

硬件调用中断服务程序时，把程序计数器 PC 的内容压入堆栈(但不能自动保存程序状态字 PSW 的内容)，同时把被响应的中断服务程序的入口地址装入 PC 中。五个中断源服务程序的入口地址是：

中断源	入口地址
外部中断 0 ($\overline{INT0}$)	0003H
定时器 0 溢出	000BH
外部中断 1 ($\overline{INT1}$)	0013H
定时器 1 溢出	001BH
串行口中断	0023H

通常，在中断入口地址处安排一条跳转指令，以跳转到用户的服务程序入口。

中断服务程序的最后一条指令必须是中断返回指令 RETI，CPU 执行完这条指令后把响应中断时所置位的优先级激活触发器清零，然后从堆栈中弹出两个字节内容(断点地址)装入程序计数器 PC 中，CPU 就从原来被中断处重新执行被中断的程序。

2．中断响应时间

从中断请求到中断响应需要一定的时间，以外部中断过程来说，外部中断 $\overline{INT0}$ 和 $\overline{INT1}$ 的电平在每个机器周期的 S5P2 时被采样并锁存到 IE0 和 IE1 中，这个置入到 IE0 和 IE1 的状态在下一个机器周期才被其内部的查询电路查询，如果产生了一个中断请求，而且满足响应的条件，CPU 响应中断，由硬件生成一条长调用指令转到相应的服务程序入口。这条指令是双机器周期指令。因此，从中断请求有效到执行中断服务程序的第一条指令的时间间隔至少需要 3 个完整的机器周期。

如果中断请求被前面所述的三个条件之一所封锁，将需要更长的响应时间。若一个同级的或高优先级的中断已经在进行，则延长的等待时间显然取决于正在处理的中断服务程序的长度，如果正在执行的一条指令还没有进行到最后一个周期，则所延长的等待时间不会超过 3 个机器周期。这是因为 MCS-51 指令系统中最长的指令(MUL 和 DIV)也只有 4 个机器周期，假若正在执行的是 RETI 指令或者是访问 IE 或 IP 指令，则延长的等待时间不会超过 5 个机器周期(为完成正在执行的指令还需要 1 个周期，加上为完成下一条指令所需要的最长时间——4 个周期，如 MUL 和 DIV 指令)。

因此，在系统中只有一个中断源的情况下，响应时间总是在 3～8 个机器周期之间。

5.3.2　MCS-51 单片机对中断请求的撤销

在中断请求被响应前，中断源发出的中断请求是由 CPU 锁存在特殊功能寄存器 TCON

和 SCON 的相应中断标志位中的。一旦某个中断请求得到响应，CPU 必须把它的相应中断标志位复位成 "0" 状态。否则，MCS-51 就会因为中断标志位未能得到及时撤销而重复响应同一中断请求，这是绝对不允许的。

8051 单片机有 5 个中断源，可归纳为三种中断类型，分别是定时器溢出中断、串行口中断和外部中断。对于这三种中断类型的中断请求，其撤销方法是不相同的，现对它们分述如下。

1) 定时器溢出中断请求的撤销

TF0 和 TF1 是定时器溢出中断标志位(见 TCON)，它们因定时器溢出中断源的中断请求的输入而置位，因定时器溢出中断得到响应而自动复位成 "0" 状态。因此，定时器溢出中断源的中断请求是自动撤销的，用户根本不必专门进行撤销。

2) 串行口中断请求的撤销

TI 和 RI 是串行口中断的标志位(见 SCON)，中断系统不能自动将它们撤销，这是因为 MCS-51 进入串行口中断服务程序后还需要对它们进行检测，以测定串行口发生了接收中断还是发送中断。为防止 CPU 再次响应这类中断，用户应在中断服务程序的适当位置处通过如下指令将它们撤销：

```
CLR    TI              ；撤销发送中断
CLR    RI              ；撤销接收中断
```

若采用字节型指令，则也可采用如下指令：

```
ANL    SCON，#0FCH     ；撤销发送和接收中断
```

3) 外部中断请求的撤销

外部中断请求有两种触发方式：电平触发和负边沿触发。对于这两种不同的中断触发方式，MCS-51 撤销它们的中断请求的方法是不相同的。

在负边沿触发方式下，外部中断标志 IE0 或 IE1 是依靠 CPU 两次检测 $\overline{INT0}$ 或 $\overline{INT1}$ 上触发电平状态而置位的。因此，单片机内部的 CPU 在响应中断时自动复位 IE0 或 IE1 就可撤销 $\overline{INT0}$ 或 $\overline{INT1}$ 上的中断请求，即响应中断时，IE0 或 IE1 自动清零，无需用户干预。

在电平触发方式下，外部中断标志 IE0 或 IE1 是依靠 CPU 检测 $\overline{INT0}$ 或 $\overline{INT1}$ 上低电平而置位的。尽管 CPU 响应中断时相应中断标志 IE0 或 IE1 能自动复位成 "0" 状态，但若外部中断源不能及时撤销它在 $\overline{INT0}$ 或 $\overline{INT1}$ 上的低电平，就会再次使已经变成 "0" 的中断标志 IE0 或 IE1 置位，这是绝对不能允许的。因此，电平触发型外部请求的撤销必须使 $\overline{INT0}$ 或 $\overline{INT1}$ 上低电平随着其中断被 CPU 响应而变成高电平。一种可供采用的电平型外部中断的撤销电路如图 5-4 所示。

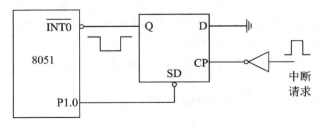

图 5-4　电平外部中断的撤销电路

由图可见，当外部中断源产生中断请求时，Q 触发器复位成 "0" 状态，Q 端的低电平被送到 $\overline{INT0}$ 端，该低电平被 8051 检测到后就使中断标志 IE0 置 1。8051 响应 $\overline{INT0}$ 上中断请求便可转入 $\overline{INT0}$ 中断服务程序执行，故我们可以在中断服务程序开头安排如下程序来撤销 $\overline{INT0}$ 上的低电平：

```
INSVR: ANL   P1, #0FEH
       ORL   P1, #01H
       CLR   IE0
       ⋮
```

8051 单片机执行上述程序就可在 P1.0 上产生一个宽度为 2 个机器周期的负脉冲。在该负脉冲作用下，Q 触发器被置位成 "1" 状态，$\overline{INT0}$ 上电平也因此而变高，从而撤销了其上的中断请求。

5.4 MCS-51 单片机外部中断源的扩展

MCS-51 有两个外部中断源 $\overline{INT0}$ 和 $\overline{INT1}$，但在实际的应用系统中，外部中断请求源往往比较多，下面讨论两种多中断源系统的设计方法。

1. 利用定时器作为外部中断使用

把 MCS-51 的两个定时器/计数器(T0 和 T1)选择为计数器方式，每当 P3.4(T0)或 P3.5(T1)引脚上发生负跳变时，T0 和 T1 的计数器加 1。利用这个特性，可以把 P3.4 和 P3.5 引脚作为外部中断请求输入线，而定时器的溢出中断作为外部中断请求标志。

【例 5-1】 设 T0 为方式 2(自动装入常数)外部计数方式，时间常数为 0FFH，允许中断，并且 CPU 开放中断。其初始化程序为：

```
MOV   TMOD, #06H    ; 00000110B 送方式寄存器 TMOD。设 T0 为方式 2，计数器方式工作
MOV   TL0, #0FFH    ; 时间常数 0FFH 送 T0 的低 8 位 TL0 和高 8 位 TH0 寄存器
MOV   TH0, #0FFH
SETB  TR0           ; 置 TR0 为 1，启动 T0
MOV   IE, #82H      ; 置中断允许，即置中断允许寄存器 IE 中的 EA 位、ET0 位为 1
⋮
```

当接在 P3.4 引脚上的外部中断请求输入线发生负跳变时，TL0 加 1 溢出，TF0 被置 1，向 CPU 发出中断请求。同时 TH0 的内容自动送入 TL0，使 TL0 恢复初始值 0FFH。这样，每当 P3.4 引脚上有一次负跳变时都置 1 于 TF0，向 CPU 发中断请求，P3.4 引脚就相当于边沿触发的外部中断请求源输入线。同理，也可以把 P3.5 引脚作类似的处理。

有关单片机定时器/计数器的内容，参见本书第 6 章。

2. 采用中断和查询相结合的方法扩充外部中断源

这种方法是把系统中多个外部中断源经过与门连接到一个外部中断输入端(例如 $\overline{INT1}$)，并同时接到一个 I/O 口，如图 5-5 中接到 P1 口。中断请求由硬件电路产生，而中断源的识别由程序查询来处理，查询顺序决定了中断源的优先级。图 5-5 为四个外部中断源的连接电路。

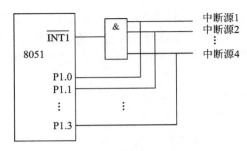

图 5-5　多个外部中断源系统设计

四个外部中断源连接到 P1.0～P1.3，均采用脉冲触发方式。单片机外部中断 1 的中断服务程序如下：

INTR:	PUSH	PSW	；程序状态字 PSW 内容压入堆栈保存
	PUSH	ACC	；累加器 A 内容压入堆栈保存
	JNB	P1.0，DVT1	；P1.0 引脚为 0，转至设备 1 中断服务程序
	JNB	P1.1，DVT2	；P1.1 引脚为 0，转至设备 2 中断服务程序
	JNB	P1.2，DVT3	；P1.2 引脚为 0，转至设备 3 中断服务程序
	JNB	P1.3，DVT4	；P1.3 引脚为 0，转至设备 4 中断服务程序
INTR1:	POP	ACC	；压入堆栈的内容送回到 ACC
	POP	PSW	；恢复程序状态字 PSW 的内容
	RETI		；中断返回
DVT1:	⋮		；设备 1 中断服务程序入口
	AJMP	INTR1	；跳转到 INTR1 所指示的指令
DVT2:	⋮		；设备 2 中断服务程序入口
	AJMP	INTR1	；跳转到 INTR1
DVT3:	⋮		；设备 3 中断服务程序入口
	AJMP	INTR1	；跳转到 INTR1
DVT4:	⋮		；设备 4 中断服务程序入口
	AJMP	INTR1	；跳转到 INTR1

另外，还可以使用中断管理器 8259 扩展中断源，请参考相关书籍，此处略。

5.5　MCS-51 单片机中断系统的应用举例

MCS-51 单片机应用系统中，含有所有中断系统时，其程序结构应包含主程序、子程序、中断服务程序等。因为单片机复位后 PC=0000H，因此，主程序应从存储器 0000H 单元开始，各个中断服务程序从单片机规定的存储器地址开始，而这些地址空间有限，一般不能完成中断服务程序的功能，故在该固定地址处，一般安排一条跳转指令，转移到真正的服务程序处。总的程序结构如下：

ORG	0000H	；复位后单片机起始地址
LJMP	START	；跳到标号为 START 的主程序
ORG	0003H	；$\overline{INT0}$ 中断子程序起始地址

```
        LJMP    EXT0            ; 转移到地址标号为 EX0 的外部中断 0 的中断服务程序
        ORG    000BH            ; T0 中断子程序起始地址
        LJMP    CT0             ; 转移到地址标号为 CT0 的定时器/计数器 0 的中断服务程序
        ORG    0013H            ; INT1 中断子程序起始地址
        LJMP    EXT1            ; 转移到地址标号为 EX0 的外部中断 0 的中断服务程序
        ORG    001BH            ; T1 中断子程序起始地址
        LJMP    CT1             ; 转移到地址标号为 CT1 的定时器/计数器 1 的中断服务程序
        ORG    0023H            ; 串行通信中断子程序起始地址
        LJMP    SE              ; 转移到地址标号为 SE 的串行通信的中断服务程序
        ORG    0100H            ; 主程序部分
START:  :                       ; 初始化中断控制寄存器、相关的特殊功能寄存器等
                                ; 初始化程序所需参数
        LJMP                    ; 功能程序(略)，最后转移到主程序某处
        :                       ; 子程序(略)
; 以下为各中断服务子程序
EXT0:                           ; INT0 中断子程序，如需要，入口处要保护现场(下同)
        :
        RETI                    ; 中断返回，如需要，返回前要恢复现场(下同)
EXT1:                           ; INT1 中断子程序
        :
        RETI                    ; 中断返回
CT0:                            ; T0 中断子程序
        :
        RETI                    ; 中断返回
CT1:                            ; T1 中断子程序
        :
        RETI                    ; 中断返回

SE:     :                       ; 串行中断服务程序
        RETI                    ; 中断返回
        END                     ; 汇编结束
```

当然，根据系统功能需要，可不用或使用部分中断源。

【例5-2】 单个外部中断源($\overline{INT0}$/$\overline{INT1}$)的应用。

功能要求：在主程序中将与 P1 口驱动的 8 个 LED 发光二极管作左移循环闪烁(7 灭 1 亮)，当有中断请求时(连接在 $\overline{INT0}$ 引脚上的按键来模拟)使 8 个 LED 发光二极管闪烁 6 次。

循环闪烁时间采用软件延时移位的方法实现，$\overline{INT0}$ 引脚接一个按键，模拟外部中断源 $\overline{INT0}$，采用边沿触发方式。硬件电路如图 5-6 所示，主程序流程图及中断服务程序流程图分别如图 5-7、图 5-8 所示。

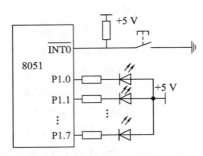

图 5-6 例 5-1 外部中断源应用

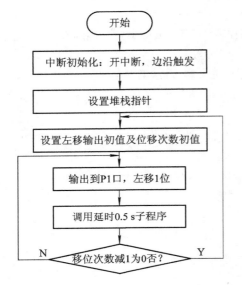

图 5-7 例 5-2 主程序流程图

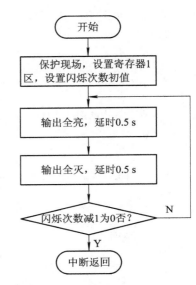

图 5-8 例 5-2 中断服务程序流程图

汇编语言程序设计如下：

	ORG 0000H	；起始地址
	LJMP START	；跳到主程序 START
	ORG 0003H	；$\overline{INT0}$ 中断子程序起始地址
	LJMP EXTZD	；中断子程序
	ORG 0100H	
START：	SETB EA	；中断开放
	SETB EX0	；$\overline{INT0}$ 中断使能
	SETB IT0	；$\overline{INT0}$ 为边沿触发方式
	MOV SP，#70H	；设定堆栈指针
LOOP：	MOV A，#0FEH	；左移初值
	MOV R2，#08	；设定左移 8 次
LOOP1：	RL A	；左移 1 位
	MOV P1，A	；输出至 P1
	ACALL DELAY	；延时 0.5 s

```
                DJNZ  R2，LOOP1      ; 判断左移 8 次否
                JMP   LOOP          ; 重复
        ; INT0 中断服务子程序
        EXTZD：PUSH  ACC           ; 将累加器的值压入堆栈保存
                PUSH  PSW           ; 将 PSW 的值压入堆栈保存
                SETB  RS0           ; 设定工作寄存器组 1
                CLR   RS1
                MOV   A，#00        ; 为使 P1 全亮
                MOV   R2，#12       ; 全亮、全灭 6 次，共计 12 次
        LOOP3：MOV   P1，A         ; 将 A 输出至 P1
                ACALL  DELAY        ; 延时 0.5 s
                CPL   A             ; 将 A 的值反相
                DJNZ  R2，LOOP3     ; 闪烁 6 次(亮灭共 12 次)
                POP   PSW           ; 从堆栈取回 PSW 的值
                POP   ACC           ; 从堆栈取回 A 的值
                RETI                ; 中断返回到主程序
        DELAY：MOV   R5，#50       ; 0.5 s 延时子程序
        D1：    MOV   R6，#20       ; 20 ms
        D2：    MOV   R7，#248      ; 0.5 ms，$f_{osc}$=12 MHz
                DJNZ  R7，$
                DJNZ  R6，D2
                DJNZ  R5，D1
                RET
                END
```

习题与思考题

5-1　简述中断、中断源、中断源的优先级及中断嵌套的含义。

5-2　MCS-51 单片机能提供几个中断源？几个中断优先级？各个中断源的优先级怎样确定？在同一优先级中各个中断源的优先级怎样确定？

5-3　简述 MCS-51 单片机的中断响应过程。

5-4　MCS-51 单片机外部中断有哪两种触发方式？如何选择？对外部中断源的触发脉冲或电平有何要求？

5-5　在 MCS-51 单片机的应用系统中，如果有多个外部中断源，怎样进行处理？

5-6　MCS-51 有哪几种扩展外部中断源的方法？各有什么特点？

5-7　MCS-51 单片机响应外部中断的典型时间是多少？在哪些情况下 CPU 将推迟对外部中断请求的响应？

第6章 MCS-51 系列单片机的定时器/计数器

定时和计数在工业控制和日常生活中都十分重要，因此，具有独立可编程设置的定时器/计数器的单片机无疑会方便用户的使用。MCS-51 单片机内部有两个 16 位可编程的定时器/计数器，即定时器 T0 和定时器 T1，它们既可用作定时器方式，又可用作计数器方式。本章详细介绍 8051 单片机定时器/计数器的结构、原理及应用。

6.1 定时器/计数器结构

MCS-51 单片机内部有两个 16 位可编程的定时器/计数器，即定时器 T0 和定时器 T1(8032/8052/8752 提供 3 个，除 T0 和 T1 外，还有一个为定时器 T2)。每个定时器/计数器的基本部件是两个 8 位的计数器(其中 TH1、TL1 是 T1 的计数器，TH0、TL0 是 T0 的计数器)拼装而成。它们是采用加"1"方式工作的。

两个特殊功能寄存器(TMOD 和 TCON)用来对定时器/计数器的工作方式进行选择和控制。8051 单片机的定时器/计数器结构如图 6-1 所示。

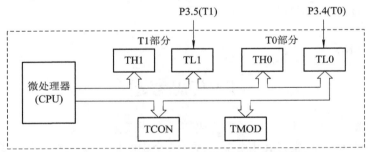

图 6-1　8051 单片机定时器/计数器结构示意图

6.1.1 定时器/计数器的工作原理与控制寄存器

1. 定时器/计数器的工作原理

MCS-51 单片机内部有两个 16 位可编程的定时器/计数器，既可用作定时器方式，又可用作计数器方式。定时器/计数器有四种工作模式，其工作方式的选择及控制都由两个特殊功能寄存器(TMOD 和 TCON)的内容来决定。

当特殊功能寄存器 TMOD 决定定时器/计数器工作于定时状态时，此时输入的时钟脉冲是由晶体振荡器的输出经 12 分频后得到的，所以定时器也可看做是对计算机机器周期的计数器(因为每个机器周期包含 12 个振荡周期，故每一个机器周期定时器加 1，可以把输入的时钟脉冲看成机器周期信号),故其定时计数频率为晶振频率的 1/12。如果晶振频率为 12 MHz,则定时器每接收一个输入脉冲的时间为 1 μs,即在此脉冲频率下,定时器计数初值加 1。

当它用作对外部事件计数时,接相应的外部输入引脚 T0(P3.4)或 T1(P3.5)。在这种情况下,当检测到输入引脚上的电平由高跳变到低时,计数器就加 1(它在每个机器周期的 S5P2 时采样外部输入,当采样值在这个机器周期为高,在下一个机器周期为低时,则计数器加 1)。加 1 操作发生在检测到这种跳变后的一个机器周期中的 S3P1,因此需要两个机器周期来识别一个从"1"到"0"的跳变,故最高计数频率为晶振频率的 1/24。这就要求输入信号的电平要在跳变后至少应在一个机器周期内保持不变,以保证在给定的电平再次变化前至少被采样一次。

8051 单片机的定时或计数,以及开始启动功能是由内部的特殊功能寄存器某些位控制的,当计数溢出时,产生溢出标志,进行中断请求。其工作原理如图 6-2 所示。

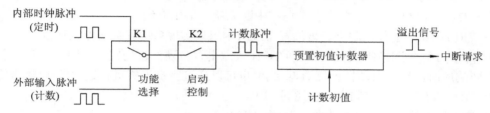

图 6-2　定时器/计数器功能原理图

2. 定时器/计数器的控制寄存器

1) 定时器/计数器的方式寄存器 TMOD

特殊功能寄存器 TMOD 为定时器的方式控制寄存器,字节地址为 89H,其格式如下:

D$_7$	D$_6$	D$_5$	D$_4$	D$_3$	D$_2$	D$_1$	D$_0$
GATE	C/$\overline{\text{T}}$	M1	M0	GATE	C/$\overline{\text{T}}$	M1	M0

T1方式控制字 ←————————→ T0方式控制字

寄存器中每位的定义如下(高 4 位用于定时器 1,低 4 位用于定时器 0):

① M1,M0:定时器/计数器四种工作模式选择如表 6-1 所示。

表 6-1　工作方式选择表

M1　M0	方　式	说　　　　明
0　　0	0	13 位定时器/计数器
0　　1	1	16 位定时器/计数器
1　　0	2	自动装入时间常数的 8 位定时器/计数器
1　　1	3	对 T0 分为两个 8 位独立计数器;对 T1 置方式 3 时停止工作

② C/$\overline{\text{T}}$:定时器方式或计数器方式选择位。C/$\overline{\text{T}}$=1 时,为计数器方式;C/$\overline{\text{T}}$=0 时,为定时器方式。

③ GATE:定时器/计数器运行控制位,用来确定对应的外部中断请求引脚($\overline{\text{INT0}}$、$\overline{\text{INT1}}$)

是否参与 T0 或 T1 的操作控制。当 GATE = 0 时，只要定时器控制寄存器 TCON 中的 TR0(或 TR1)被置 1 时，T0(或 T1)被允许开始计数(TCON 各位含义见后面叙述)；当 GATE = 1 时，不仅要 TCON 中的 TR0 或 TR1 置位，还需要 P3 口的 $\overline{INT0}$ 或 $\overline{INT1}$ 引脚为高电平，才允许计数。

2) 定时器控制寄存器 TCON

特殊功能寄存器 TCON 用于控制定时器的操作及对定时器中断的控制，字节地址为 88H，位地址是 88H～8FH(TCON.0～TCON.7)。TCON 寄存器中与定时、计数有关的位如下所示：

	D_7	D_6	D_5	D_4	D_3	D_2	D_1	D_0
TCON	IF1	TR1	IF0	TR0	IE1	IT1	IE0	IT0
位地址	8FH	8EH	8DH	8CH	8BH	8AH	89H	88H

其中 D_0～D_3 位与外部中断有关，已在中断系统一节中介绍。

① TR0：T0 的运行控制位。该位置 1 或清零用来实现启动计数或停止计数。

② TF0：T0 的溢出中断标志位。当 T0 计数溢出时由硬件自动置 1；当中断开放时，在 CPU 中断响应时由硬件自动把该位清零。此位也可以通过查询方式进行定时/计数器处理。

③ TR1：T1 的运行控制位，功能同 TR0。

④ TF1：T1 的溢出中断标志位，功能同 TF0。

TMOD 和 TCON 寄存器在复位时其每一位均清零。

6.1.2 定时器/计数器的工作模式

如前所述，MCS-51 片内的定时器/计数器的工作模式可以通过对特殊功能寄存器 TMOD 中的控制位 C/$\overline{T}$ 的设置来选择，通过对 M1、M0 两位的设置来选择四种工作模式，下面以 T0 为例加以说明。

1. 模式 0

当 M1M0 设置为 00 时，定时器选定为模式 0 工作。在这种模式下，16 位寄存器只用了 13 位，TL0 的高 3 位未用。由 TH0 的 8 位和 TL0 的低 5 位组成一个 13 位计数器。图 6-3 给出了定时器/计数器 T0 在模式 0 时的工作结构图(T1 与此相同，略)。

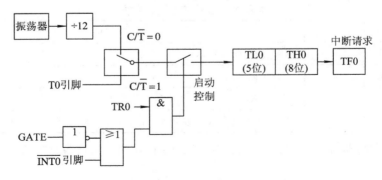

图 6-3　定时器/计数器 0 工作模式 0（13 位计数器）

当 GATE=0 时，只要 TCON 中的 TR0 为 1，TL0 及 TH0 组成的 13 位计数器就开始计数；当 GATE=1 时，此时仅 TR0=1 仍不能使计数器计数，还需要 $\overline{INT0}$ 引脚为 1 才能使计数器工作。由此可知，当 GATE=1 和 TR0=1 时，T0 是否计数取决于 $\overline{INT0}$ 引脚的信号，当 $\overline{INT0}$ 由 0 变 1 时，开始计数；当 $\overline{INT0}$ 由 1 变 0 时，停止计数。这样就可以用来测量在 $\overline{INT0}$ 端出现的脉冲宽度。

当 13 位计数器从 0 或设定的初值，加 1 到全"1"以后，再加 1 就产生溢出。这时，置 TCON 的 TF0 位为 1，同时把计数器变为全"0"。

2．模式 1

模式 1 和模式 0 的工作相同，唯一的差别是 TH0 和 TL0 组成一个 16 位计数器。工作结构图可以参考图 6-3。

3．模式 2

模式 2 把 TL0 配置成一个可以自动恢复初值(初始常数自动重新装入)的 8 位计数器，TH0 作为常数缓冲器，TH0 由软件预置值。当 TL0 产生溢出时，一方面使溢出标志 TF0 置 1，同时又把 TH0 中的 8 位数据重新装入 TL0 中。

模式 2 常用于定时控制，作为串行口波特率发生器。图 6-4 给出了定时器/计数器 T0 在模式 2 时的工作结构图(T1 与此相同，略)。

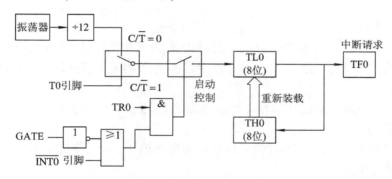

图 6-4　定时器/计数器 0 工作模式 2(8 位自动装载模式)

4．模式 3

模式 3 对定时器 T0 和定时器 T1 是不相同的。若 T1 设置为模式 3，则停止工作(其效果与 TR1=0 相同)。所以模式 3 只适用于 T0。

模式 3 使 MCS-51 具有三个定时器/计数器(增加了一个附加的 8 位定时器/计数器)。当 T0 设置为模式 3 时，将使 TL0 和 TH0 成为两个相互独立的 8 位计数器，TL0 利用了 T0 本身的一些控制(C/$\overline{T}$，GATE，TR0，$\overline{INT0}$ 和 TF0)方式，它的操作与模式 0 和模式 1 类似。而 TH0 被规定为用作定时器功能，对机器周期计数，并借用了 T1 的控制位 TR1 和 TF1。在这种情况下，TH0 控制了 T1 的中断。这时 T1 还可以设置为模式 0～2，用于任何不需要中断控制的场合，或用作串行口的波特率发生器。

图 6-5 给出了定时器/计数器 T0 在模式 3 时的工作结构图。

通常，当 T1 用作串行口波特率发生器时，T0 才定义为模式 3，以增加一个 8 位计数器。

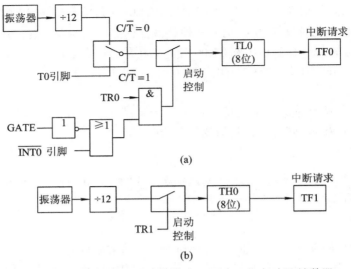

图 6-5　定时器/计数器 0 工作模式 3 (两个 8 位定时器/计数器)

6.2　定时器/计数器的初始化

1. 初始化步骤

MCS-51 内部定时器/计数器是可编程的,其工作方式和工作过程均可由 MCS-51 通过程序对它进行设定和控制。因此,MCS-51 在定时器/计数器工作前必须先对它进行初始化。初始化步骤为:

(1) 根据题目要求先给定时器方式寄存器 TMOD 送一个方式控制字,以设定定时器/计数器的相应工作方式。

(2) 根据实际需要给定时器/计数器选送定时器初值或计数器初值,以确定需要定时的时间和需要计数的初值。

(3) 根据需要给中断允许寄存器 IE 选送中断控制字和给中断优先级寄存器 IP 选送中断优先级字,以开放相应中断和设定中断优先级。

(4) 给定时器控制寄存器 TCON 送命令字,以启动或禁止定时器/计数器的运行。

2. 计数器初值的计算

定时器/计数器可用软件随时随地启动和关闭,启动时它就自动加 1 计数,一直计到满,即全为 1,若不停止,计数值从全 1 变为全 0,同时将计数溢出位置 1 并向 CPU 发出定时器溢出中断申请。对于各种不同的工作模式,最大的定时时间和计数数值不同。这里在使用中就会出现两个问题:

一是要产生比定时器最长的定时时间还要短的时间和计数器最多的计数次数还要少的计数次数;

二是要产生比定时器最长的定时时间还要长的时间和计数器最多的计数次数还要多的计数次数。

解决第一个问题只要给定时器/计数器一个非零初值,开定时器/计数器时,定时器/计数器不从 0 开始，而是从初值开始，这样在定时方式时就可得到比定时器/计数器最长的定时时间还要短的时间和比定时器/计数器最多的计数次数还要少的计数次数。解决第二个问题就要用到循环程序了，循环几次就相当于乘几。例如，要产生 1 s 的定时，可先用定时器产生 50 ms 的定时，再循环 20 次(因为 1 s = 1000 ms)，也可用其他的组合。有时也可采用中断来实现。由上可见，解决问题的基本出路在于初值的计算，下面就来具体讨论计数器的初值计算和最大值的计算。

如果计数初值设定为 C，则计数器从初值 C 开始作加 1 计数到计满为全 1 所需要的计数值设定为 D，由此便可得到如下的计算通式：

$$D = M - C \qquad\qquad ①$$

式中，M 为计数器模值，该值和计数器工作模式有关。在模式 0 时，M 为 2^{13}；在模式 1 时，M 为 2^{16}；在模式 2 和模式 3 时，M 为 2^8。

3. 定时器初值的计算

在定时器方式下，计数器由单片机脉冲经 12 分频后计数。因此，定时器定时时间 T 的计算公式为

$$T = \frac{(M - T_c) \times 12}{f_{osc}} \ (\mu s) \qquad\qquad ②$$

式中，T_c 为定时器的初始常数值；T 为计数器从初值 T_c 开始作加 1 计数到计满为全 1 所需要的时间；M 为模值，和定时器的工作模式有关，同①式；f_{osc} 是单片机晶体振荡器的频率。

在式②中，若设 $T_c = 0$，则定时器定时时间为最大(初值为 0，计数从全 0 到全 1，溢出后又为全 0)。由于 M 的值和定时器工作模式有关，因此不同工作模式下定时器的最大定时时间也不一样。例如，若设单片机主脉冲晶体振荡器频率 f_{osc} 为 12 MHz，则最大定时时间为

模式 0 时：$\qquad\qquad T_{max} = 2^{13} \times 1 \ \mu s = 8.192 \ ms$

模式 1 时：$\qquad\qquad T_{max} = 2^{16} \times 1 \ \mu s = 65.536 \ ms$

模式 2 和 3 时：$\qquad\quad T_{max} = 2^8 \times 1 \ \mu s = 0.256 \ ms$

【例 6-1】设定时器 T0 工作在模式 0 时，时钟振荡频率为 6 MHz，要求定时时间为 1 ms。

解 将数据代入公式②得定时器 T0 初值为

$$\frac{(2^{13} - T_c) \times 12}{6} \ \mu s = 1 \ ms = 1000 \ \mu s$$

$$T_c = 2^{13} - 500 = 7692 = 1E0CH$$

化成二进制数为

$$T_c = 1\ 1110\ 0000\ 1100B$$

根据 13 位定时器/计数器特性，先把低 5 位 0CH 送 TL0，TL0 的高三位置零，高 8 位 F0H 送至 TH0。可用下列指令实现定时器 T0 初始化。

```
MOV  TMOD, #00H    ; T0 工作于模式 0, 定时方式
MOV  TL0, #0CH     ; 低 5 位送 TL0 寄存器
MOV  TH0, #0F0H    ; 高 8 位送 TH0 寄存器
```

【例6-2】 若单片机时钟频率 f_{osc} 为 12 MHz，请计算定时 2 ms 所需的定时器初值。

解 由于定时器工作在模式 2 和模式 3 下时的最大定时时间只有 0.256 ms，因此要想获得 2 ms 的定时时间，定时器必须工作在模式 0 或模式 1。

若采用方式 0，则根据式②可得定时器初值为

$$T_c = \frac{2^{13} - 2 \times 10^3}{1} \ \mu s = 6192 = 1830H = 0001\ 1000\ 0011\ 0000B$$

同样，先把低 5 位 10000B 送 TL0，TL0 的高 3 位置零，余下的 8 位 11000 001B 送至 TH0。这样就得到定时器工作在模式 0 时的初值 C110H，TH0 应装 C1H，TL0 应装 10H。

若采取模式 1，则有

$$T_c = \frac{2^{16} - 2 \times 10^3}{1} \ \mu s = 63\ 536 = F830H$$

TH0 应装 F8H；TL0 应装 30H。

【例6-3】 设 T1 作定时器，以模式 1 工作，定时时间为 10 ms；T0 作计数器，工作在模式 2，T0(P3.4)引脚上发生一次事件(脉冲)即溢出。

解 T1 的时间初值为

$$(2^{16} - T_c) \times 2 \ \mu s = 10 \ ms$$

$$T_c = EC78H$$

T0 的计数初值常数为 FFH。

初始化程序：

```
        MOV   TMOD，#16H      ; T1 定时模式 1，T0 计数模式 2
        MOV   TL0，#0FFH      ; T0 时间常数送 TL0
        MOV   TH0，#0FFH      ; T0 时间常数送 TH0
        MOV   TL1，#78H       ; T1 时间常数(低 8 位)送 TL1
        MOV   TH1，#0ECH      ; T1 时间常数(高 8 位)送 TH1
        SETB  TR0             ; 置 TR0 为 1，允许 T0 启动计数
        SETB  TR1             ; 置 TR1 为 1，允许 T1 启动计数
```

【例6-4】 设定时器 T0，工作在模式 1，试编写一个延时 1 s 的子程序。

解 若主频频率为 6 MHz，可求得 T0 的最大定时时间为

$$T_{max} = 2^{16} \times 2 \ \mu s = 131.072 \ ms$$

我们就用定时器获得 100 ms 的定时时间再加 10 次循环得到 1 s 的延时，可算得 100 ms 定时的定时初值：

$$(2^{16} - T_c) \times 2 \ \mu s = 100 \ ms = 100\ 000 \ \mu s$$

$$T_c = 2^{16} - 50\ 000 = 15\ 536 = 3CB0H$$

程序如下：

```
            ORG   0000H
            MOV   TMOD，#01H        ; 初始化 T0
            MOV   R7，#10           ; 循环 10 次
DLY1MS：    MOV   TL0，#0B0H        ; 装入 T0 初值
            MOV   TH0，#3CH
```

```
            SETB   TR0              ; 开始计时
LOOP1：     JBC    TF0，LOOP2        ; 查询溢出标志位判断 100 ms 时间是否到
            JMP    LOOP1            ; 100 ms 时间不到，则等待
LOOP2：     DJNZ   R7，DLY1MS        ; 100 ms 时间到，则 TF0 清零，且判断循环次数
            SJMP   $                ; 1 s 时间到
            END
```

6.3 定时器/计数器的应用

定时器/计数器是单片机的重要组成部分，其工作方式灵活，功能强大，配合中断使用可减轻 CPU 的负担，减少外围电路。本节通过实例说明定时器/计数器的使用方法。

【例 6-5】 试通过定时器实现方波输出。

设时钟频率 f_{osc} 为 12 MHz，从 P1.0 输出频率周期为 1ms 的方波，如图 6-6 所示。

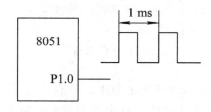

图 6-6 例 6-5 定时器通过 P1.0 输出方波

解 利用定时器 T0 作定时器，选用工作模式 1，设输出的方波占空比为 50%，则 T0 的时间常数初值为

$$(2^{16} - T_c) \times 1 \ \mu s = 0.5 \ ms$$
$$T_c = 65\ 036 = FE0CH$$

方法一：通过查询标志位的方法实现。

```
            ORG    0000H
            MOV    TMOD，#01H        ; 设定 T0 工作在模式 1
            MOV    TL0，#0CH
            MOV    TH0，#0FEH
            SETB   TR0              ; 定时开始
LOOP1：     JNB    TF0，LOOP1        ; 查询等待定时溢出标志位
            CLR    TF0              ; 溢出后清零
            CPL    P1.0             ; P1.0 取反，得到方波
            MOV    TL0，#0CH         ; 重新装载时间常数
            MOV    TH0，#0FEH
            SJMP   LOOP1
            END
```

方法二：通过中断方法实现。

当相应定时器中断时，其溢出标志位自动清零。程序如下：

```
              ORG   0000H
              LJMP  MAIN
              ORG   000BH
              LJMP  T0INT
              ORG   0100H
      MAIN:   MOV   TMOD, #01H        ; 设定时 T0 工作在模式 1，定时方式
              MOV   TL0, #0CH
              MOV   TH0, #0FEH
              SETB  ET0               ; 开定时器 0 中断
              SETB  EA                ; 中断总允许
              SETB  TR0               ; 定时开始
              SJMP  $                 ; 等待中断
      T0INT:  CPL   P1.0              ; 在中断服务程序中，P1.0 取反，得到方波
              MOV   TL0, #0CH         ; 重新装载时间常数
              MOV   TH0, #0FEH
              RETI                    ; 中断返回
              END
```

【例 6-6】设单片机时钟振荡频率为 6 MHz，待测量信号连接到 T0 引脚，其频率小于 65 536 Hz，如图 6-7 所示。试通过定时器/计数器测量方波频率。

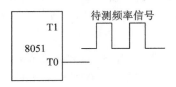

图 6-7　例 6-6 测量信号频率

解　测量频率方法有两种，一是每秒钟测得的脉冲个数，二是根据测得的脉冲个数除以测量时间。我们利用方法一实现频率的测量。

使单片机的 T0 工作于模式 1 的计数方式，其初值为 0，每来一个频率信号，其 TH0、TL0 自动加 1。使单片机的 T1 工作于模式 1 的定时方式，每 100 ms 中断一次，在中断服务程序中，其 10 次中断便为 1 s，因此，1 s 时间到，使定时器/计数器停止工作。此时，T0 中的 TH0、TL0 即为待测信号的频率值。

T1 工作于模式 1，定时时间为 100 ms，单片机时钟振荡频率为 6 MHz 时，时间常数初值为

$$\frac{(2^{16} - T_c) \times 12}{6}\ \mu s = 100\ ms$$

$$T_c = 15\ 536 = 3CB0H$$

使用寄存器 R7 作为定时器 T1 中断 10 次(每次 100 ms)的计数次数。

主程序流程图与 T1 中断服务程序流程图如图 6-8、图 6-9 所示。

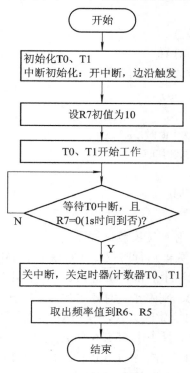

图 6-8　例 6-6 主程序流程图

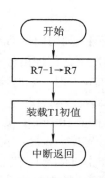

图 6-9　例 6-6T1 中断服务程序流程图

程序设计如下：

```
            ORG    0000H
            LJMP   MAIN
            ORG    001BH
            LJMP   T1INT
            ORG    0100H
    MAIN：MOV    TMOD，#15H   ；T0 工作在模式 1，计数方式，T1 工作在模式 1，定时方式
            MOV    TL0，#00H
            MOV    TH0，#00H
            MOV    TL1，#3CH
            MOV    TH1，#0B0H
            SETB   ET1               ；开定时器 1 中断
            SETB   EA                ；中断总允许
            MOV    R7，#0AH
            SETB   TR0               ；计数开始
            SETB   TR1               ；定时开始
    WAIT：MOV A，R7                 ；等待中断
            CJNE   A，#00H，WAIT     ；1 s 时间到否
```

```
        CLR   EA                        ; 1 s 时间到，关中断
        CLR   ET1
        CLR   TR0                       ; 关计数器 T0
        CLR   TR1                       ; 关定时器 T0
        MOV   R6，TH0                    ; 频率存放到 R6(高字节)
        MOV   R5，TL0                    ; R5(低字节)
        SJMP  $
T1INT： DEC   R7                        ; T1 每次中断时，R7 减 1
        MOV   TL1，#3CH                  ; 重新装载时间常数
        MOV   TH1，#0B0H
        RETI                            ; 中断返回
        END
```

【例 6-7】 利用门控 GATE 信号，测量 $\overline{INTx}$ 脉冲宽度测试程序。

一般情况下，门控信号 GATE=0，定时器/计数器运行时仅受 TRx(x=0，1)控制，当门控信号 GATE=1 时，定时器/计数器运行时同时受 TRx 和 $\overline{INTx}$ (x=0，1)控制，在 TRx=1 时，若 $\overline{INTx}$=1，则启动定时器工作，若 INTx=0，则停止定时器工作，参阅图 6-3。

解 如图 6-10 所示，定时器 T1 工作于模式 1，定时方式，其 GATE=1，测试 $\overline{INT1}$ 引脚(P3.3)脉冲宽度。设脉冲宽度以机器周期为单位，且小于 65 536 个机器周期。测试时应在 $\overline{INT1}$=0 时，置 TR1=1。当 $\overline{INT1}$=1 时，定时器 T1 工作，$\overline{INT1}$=0 时，定时器 T1 停止工作。此时 TH1、TL1 的内容便是待测信号脉冲的宽度，存入 40H、41H 单元。

图 6-10 例 6-7 利用 GATE 功能，测 P3.3 引脚脉冲宽度

程序如下：

```
        MOV   TMOD，#90H               ; 设定 T1 工作在模式 1，GATE=1
        MOV   TL1，#00H
        MOV   TH1，#00H
        MOV   R0，#40H
        JB    P3.3，$                  ; 等待 INT1 变低
        SETB  TR1                      ; 准备启动 T1
        JNB   P3.3，$                  ; 查等待 INT1 高
        JB    P3.3，$                  ; INT1 为 1，开始计时
        CLR   TR1                      ; T1 停止计时
        MOV   @R0，TL1                  ; 结果存到 40H、41H 单元
        INC   R0
        MOV   @R0，TH1
        SJMP  $
```

定时器/计数器 T0、T1 还可以用来扩展外部中断源，这方面的应用请参阅第 5 章。

定时器/计数器 T1 还可以用于串行通信中，作为波特率发生器，这方面的应用请参阅第 7 章。

习题与思考题

6-1　8051 单片机内设有几个可编程的定时器/计数器？它们可以有四种工作模式，如何选择和设定？各有什么特点？

6-2　8051 单片机内的定时器/计数器 T0、T1 工作在模式 3 时，有何不同？

6-3　已知单片机时钟振荡频率为 6 MHz，其波形如图 6-11 所示，写出利用 T0 定时器在 P1.1 引脚上输出连续方波的程序。

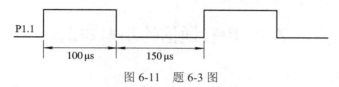

图 6-11　题 6-3 图

6-4　定时器/计数器的工作模式 2 有什么特点？适用哪些场合？

6-5　定时器/计数器测量某正单脉冲的宽度，采用何种方式可得到最大量程？若时钟频率为 6 MHz，求允许测量的最大脉冲宽度。

6-6　定时器/计数器作为外部中断源使用时，需要如何初始化，以 T0 为例通过程序说明。

第 7 章　MCS-51 系列单片机的串行接口

MCS-51 内部有 1 个串行 I/O 口，串行口主要用于串行通信。串行通信是一种能把二进制数据按位传送的通信，它所需的传输线条数少，适用于分级、分层和分布式控制系统以及远程通信之中，它不仅能满足工业控制中基本数据采集和处理的要求，同时在单片机之间、单片机与 PC 机之间搭建了数据的传输通道，将控制系统推向网络化和一体化应用方向。本章讨论 MCS-51 的串行口及其应用。

7.1　串行通信的基本知识

7.1.1　通信概述

1．通信的概念

单片机与外界进行信息交换统称为通信。

通信的基本方式有两种：并行通信和串行通信，如图 7-1 所示。

并行通信：数据的各位同时发送或接收。其特点是传送速度快，效率高，但成本高，适用于短距离传送数据。计算机内部的数据传送一般均采用并行方式。

串行通信：数据一位一位顺序发送或接收。其特点是传送速度慢，但成本低，适用于较长距离传送数据。计算机与外界的数据传送一般均采用串行方式。在单片机中，用微型计算机编写和汇编单片机的源程序，经汇编后再把目标程序传送给单片机，这种传送是采用串行通信方式进行的。从图中可以看到，并行传送 8 位数据只需串行传送 1 位的时间 $1T$。

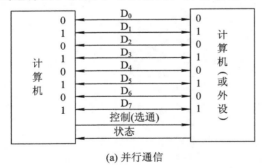

(a) 并行通信　　　　　　　　　　　(b) 串行通信

图 7-1　并行通信和串行通信

2．数据通信的制式

常用于数据通信的传输方式有单工、半双工、全双工，如图 7-2 所示。

单工制式(Simplex)：数据仅按一个固定方向传送。如图 7-2(a)所示，甲站(或乙站)固定为发送站，乙站(或甲站)固定为接收站。数据只能从甲站(或乙站)发至乙站(或甲站)。数据

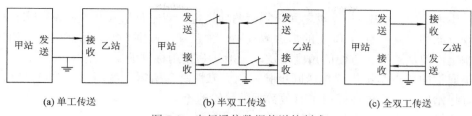

| (a) 单工传送 | (b) 半双工传送 | (c) 全双工传送 |

图 7-2 串行通信数据传送的制式

传送是单向的，因此，只需要一条数据线。这种传输方式的用途有限，常用于串行口的打印数据传输与简单系统间的数据采集。

半双工制式(Half Duplex)：数据可实现双向传送，但不能同时进行，实际的应用采用某种协议实现收/发开关转换。如图 7-2(b)所示，数据传送是双向的，但任一时刻数据只能是从甲站发至乙站，或者从乙站发至甲站，也就是说只能是一方发送另一方接收。因此，甲、乙两站之间只需一条信号线和一条接地线。收/发开关是由软件控制的，通过半双工通信协议进行功能切换。

全双工制式(Full Duplex)：允许双方同时进行数据双向传送，如图 7-2(c)所示，甲、乙两站都可以同时发送和接收数据。因此工作在全双工制式下的甲、乙两站之间至少需要三条传输线：一条用于发送，一条用于接收，一条用于信号地线。MCS-51 单片机内的串行口采用全双工制式。但一般全双工传输方式的线路和设备较复杂。

3．串行通信的分类

串行数据通信按数据传送方式又可分为异步通信和同步通信两种形式。

1）异步通信(Asynchronous Communication)

在异步通信方式中，接收器和发送器有各自的时钟。不发送数据时，数据信号线总是呈现高电平，称其为空闲态。异步通信用一帧来表示一个字符，其字符帧的数据格式为：在一帧格式中，先是一个起始位"0"(低电平)，然后是 5～8 个数据位，规定低位在前，高位在后，接下来是 1 位奇偶校验位(可以省略)，最后是 1～2 位的停止位"1"(高电平)，如图 7-3 所示。

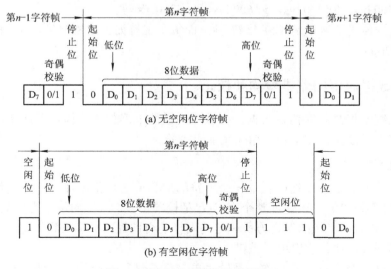

(a) 无空闲位字符帧

(b) 有空闲位字符帧

图 7-3 异步通信方式的数据格式

在异步通信中，CPU 与外设之间必须有两项规定，即字符格式和波特率。字符格式的规定是双方能够对同一种 0 和 1 的串理解成同一种意义。原则上字符格式可以由通信的双方自由制定，但从通用、方便的角度出发，一般还是使用标准的字符格式。

异步通信的优点是不需要传送同步脉冲，可靠性高，所需设备简单，缺点是字符帧中因包含有起始位和停止位而降低了有效数据的传输速率。

在单片机中，主要使用异步通信方式。

2) 同步通信(Synchronous Communication)

同步通信是一种连续串行传送数据的通信方式，一次通信只传送一帧信息。这里的信息帧和异步通信中的字符帧不同，通常含有若干个数据字符，如图 7-4 所示。它们均由同步字符、数据字符和校验字符 CRC 等三部分组成。有关同步通信的详细内容，读者可参阅相关文献。

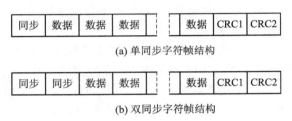

(a) 单同步字符帧结构

(b) 双同步字符帧结构

图 7-4　同步通信方式的数据格式

7.1.2　串行数据通信的波特率

在串行通信中通常用波特率(Baud Rate)来衡量串行通信的速度。所谓波特率是每秒钟传送信号的数量，单位为波特(Baud)。而每秒钟传送二进制数的信号数(即二进制数的位数)定义为比特率，单位是 bps(bit per second)或写成 b/s(位/秒)。本书统一使用波特率来描述串行通信的速度，单位采用 b/s。常用的波特率有 110 b/s，300 b/s，2400 b/s，3600 b/s，4800 b/s，9600 b/s，19 200 b/s，38 400 b/s，57 600 b/s，11 5200 b/s 等。

例如，数据传送的速率是 120 字符/秒，而每个字符如上述规定包含 10 位数字，则传输波特率为 1200 b/s。

7.1.3　串行数据通信的差错检测和校正

通信的关键不仅是能够传输数据，更重要的是能准确传送、检错并纠错。检错有三种基本方法，即奇偶校验、校验和、循环冗余码校验。

1. 奇偶校验

奇偶校验的方法是，发送时在每一个字符的最高位之后都附加一个奇偶校验位。这个校验位可为"1"或"0"，以保证整个字符(包括校验位)为"1"的位数为偶数(偶校验)或为奇数(奇校验)。接收时，按照发送方所规定的同样的奇偶性，对接收到的每一个字符进行校验，若二者不一致，便说明出现了差错。

奇偶校验是一个字符校验一次，是针对单个字符进行的校验。奇偶校验只能提供最低级的错误检测，尤其是能检测到那种影响了"1"的奇偶个数的错误，通常只用在异步通信中。

2. 校验和

校验和是针对数据块进行的校验方法。在数据发送时，发送方对块中数据简单求和，产生一单字节校验字符(校验和)附加到数据块结尾。接收方对接收到的数据算术求和后，所得的结果与接收到的校验和比较，如果两者不同，即表示接收有错。

值得指出的是，校验和不能检测出排序错。也就是说，即使数据块是随机、无序地发送，产生的校验和仍然相同。

3. 循环冗余码校验

循环冗余码校验(Cyclic Redundancy Check，CRC)是一个数据块校验一次，同步串行通信中几乎都使用 CRC 校验，例如对磁盘的读/写等。

7.2 MCS-51 系列单片机的串行接口

MCS-51 单片机内部有一个全双工的串行通信口，它可工作在异步通信方式(UART)下，与串行传送信息的外部设备相连接，或用于通过标准异步通信协议进行全双工通信的 8051 多机系统，也可以工作在同步方式下，通过外接移位寄存器扩展 I/O 接口。

7.2.1 串行口寄存器结构

MCS-51 串行口内部结构如图 7-5 所示。

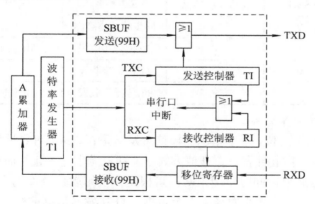

图 7-5　MCS-51 串行口内部结构示意图

MCS-51 单片机通过引脚 RXD(P3.0，串行数据接收端)和引脚 TXD(P3.1，串行数据发送端)与外界进行通信。

MCS-51 单片机串行口主要由两个物理上独立的串行数据缓冲寄存器 SBUF、发送控制器、接收控制器、输入移位寄存器和输出控制门组成。

SBUF 为串行口的收/发缓冲寄存器，它是可寻址的专用寄存器，其中包含了发送寄存器 SBUF(发送)和接收寄存器 SBUF(接收)，可以实现全双工通信。这两个寄存器具有相同名字和地址(99H)。但不会出现冲突，因为它们一个只能被 CPU 读出数据，另一个只能被 CPU 写入数据，CPU 通过执行不同的指令对它们进行存取。CPU 执行"MOV SBUF，A"指令，产生"写 SBUF"脉冲，把累加器 A 中欲发送的字符送入 SBUF(发送)寄存器中；CPU 执行"MOV A，SBUF"指令，产生读 SBUF 脉冲，把 SBUF(接收)寄存器中已接收到的字符送入累加器 A 中。所以，MCS-51 的串行数据传输很简单，只要向发送缓冲器 SBUF 写入数据即可发送数据。而从接收缓冲器 SBUF 读出数据即可接收数据。

7.2.2 串行口通信控制

MCS-51 单片机由两个特殊功能寄存器 SCON 和 PCON 控制串行口的工作方式和波特率。波特率发生器可由定时器 T1 或 T2(8052)构成。

1. 串行通信控制寄存器 SCON

SCON 是一个可位寻址的专用寄存器，它用于定义串行口的工作方式及实施接收和发送控制，单元地址是 98H，其格式如下：

SCON	D_7	D_6	D_5	D_4	D_3	D_2	D_1	D_0
	SM0	SM1	SM2	REN	TB8	RB8	TI	RI
位地址	9FH	9EH	9DH	9CH	9BH	9AH	99H	98H

各位意义如下：

① SM0，SM1：串行口工作方式控制位，如表 7-1 所示。

表 7-1 串行口的工作方式和所用波特率的对照表

SM0 SM1	相应工作方式	说　明	所用波特率
0　0	方式 0	同步移位寄存器	$f_{osc}/12$
0　1	方式 1	10 位异步收发	由定时器控制
1　0	方式 2	11 位异步收发	$f_{osc}/32$ 或 $f_{osc}/64$
1　1	方式 3	11 位异步收发	由定时器控制

其中，f_{osc} 为系统晶振频率。

② TI：发送中断标志位，用于指示一帧信息发送是否完成，可寻址标志位。方式 0 时，发送完第 8 位数据后，由硬件置位，其他方式下，在开始发送停止位时由硬件置位。TI 置位表示一帧信息发送结束，同时申请中断；可根据需要用软件查询的方法获得数据已发送完毕的信息，或用中断的方式来发送下一个数据。TI 在发送数据前必须由软件清零。

③ RI：接收中断标志位，用于指示一帧信息是否接收完，可寻址标志位。方式 0 时，接收完第 8 位数据后，该位由硬件置位；其他方式中，在接收到停止位的中间时刻由硬件置位(例外情况见关于 SM2 的说明)。RI 置位表示一帧数据接收完毕，RI 可供软件查询，或者用中断的方法获知，以决定 CPU 是否需要从 SBUF (接收)读取接收到的数据。RI 必须用软件清零。

④ TB8：发送数据位 8。在方式 2 和方式 3 中，TB8 是要发送的第 9 位数据位。要发送的第 9 位数据 TB8 可根据需要由软件置 1 或清零。在双机通信中，TB8 一般作为奇偶校

验位使用。在多机通信中，TB8 代表传输的是地址还是数据，TB8 = 0 为数据；TB8 = 1 为地址。

⑤ RB8：接收数据位 8。在方式 2 和方式 3 中，RB8 用于存放接收到的第 9 位数据，用以识别接收到的数据特征：可能是奇偶校验位，也可能是地址/数据的标志位，规定同 TB8。在方式 0 中不使用 RB8。在方式 1 中，若 SM2=0，则 RB8 用于存放接收到的停止位。

⑥ REN：允许接收控制位，用于控制数据接收的允许和禁止。REN = 1 时，允许接收；REN = 0 时，禁止接收。该位可由软件置位以允许接收，又可由软件清零来禁止接收。

⑦ SM2：多机通信控制位，主要用于方式 2 和方式 3。在方式 0 时，SM2 不用，一定要设置为 0。在方式 1 中，SM2 也应设置为 0，当 SM2 = 1 时，只有接收到有效停止位时，RI 才置 1。当串行口工作于方式 2 或方式 3 时，若 SM2 = 1，只有当接收到的第 9 位数据(RB8)为 1 时，才把接收到的前 8 位数据送入 SBUF，且置位 RI 发出中断申请，否则会将接收到的数据放弃；当 SM2 = 0 时，不管第 9 位数据是 0 还是 1，都将接收到的前 8 位数据送入 SBUF，并发出中断申请。

2．中断允许寄存器 IE

中断允许寄存器 IE 在 5.2.2 节中已介绍，其格式如下：

IE	D_7	D_6	D_5	D_4	D_3	D_2	D_1	D_0
	EA	—	—	ES	ET1	EX1	ET0	EX0
位地址	0AFH	0AEH	0ADH	0ACH	0ABH	0AAH	0A9H	0A8H

其中，对串行口有影响的位是 ES。ES 为串行中断允许控制位，ES=1，允许串行中断；ES=0，禁止串行中断。

3．电源管理寄存器 PCON

PCON 主要是为了在 CHMOS 型单片机上实现电源控制而设置的专用寄存器，单元地址是 87H，不可位寻址。其格式如下：

PCON	D_7	D_6	D_5	D_4	D_3	D_2	D_1	D_0
地址(87H)	SMOD	—	—	—	GF1	GF0	PD	IDL

SMOD 是串行口波特率倍增位，当 SMOD = 1 时，串行口波特率加倍。系统复位时默认为 SMOD = 0。PCON 中的其余各位用于 MCS-51 单片机的电源控制。

4．中断优先级寄存器 IP

PS 是串行口优先级设置位。PS=1，设串行口中断为高级；PS=0，则为低级。

7.3 串行口工作方式与波特率设置

7.3.1 串行口工作方式

8051 单片机的全双工串行口有四种工作方式，分别是方式 0、方式 1、方式 2 和方式 3，现讲述如下。

1. 方式 0

方式 0 为 8 位同步移位寄存器输入/输出方式，用于通过外接移位寄存器扩展 I/O 接口，也可以外接同步输入/输出设备。8 位串行数据从 RXD 输入或输出，低位在前，高位在后。TXD 用来输出同步脉冲。

发送：发送操作是在 TI=0 下进行的，此时发送缓冲寄存器 SBUF(发送)相当于一个并入串出的移位寄存器。发送时，串行数据从 RXD 引脚输出，TXD 引脚输出移位脉冲，CPU 通过指令"MOV SBUF，A"将数据写入 SBUF(发送)，立即启动发送，将 8 位数据以 $f_{osc}/12$ 的固定波特率从 RXD 输出，低位在前，高位在后。发送完一帧数据后，发送中断标志 TI 由硬件置位，并可向 CPU 发出中断请求。若中断开放，CPU 响应中断，在中断服务程序中，需用指令"CLR TI"先将 TI 清零，然后向 SBUF(发送)送下一个欲发送的数据，以重复上述过程。发送时序如图 7-6(a)所示。

接收：接收过程是在 RI=0 且 REN=1 条件下启动的，此时接收缓冲寄存器 SBUF(接收)相当于一个串入并出的移位寄存器。接收时，先置位允许接收控制位 REN，此时，RXD 为串行数据输入端，TXD 仍为同步脉冲移位输出端，当 RI=0 和 REN=1 同时满足时开始接收。当接收到第 8 位数据时，将数据移入接收缓冲寄存器 SBUF(接收)，并由硬件置位 RI，同时向 CPU 发出中断请求。CPU 查到 RI=1 或响应中断后，通过指令"MOV A，SBUF"将 SBUF(接收)接收到的数据读入累加器 A。RI 也必须用软件清零。发送时序如图 7-6(b)所示。

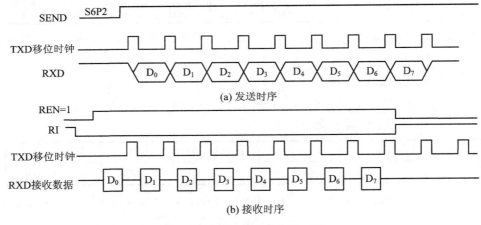

图 7-6 方式 0 发送与接收时序

2. 方式 1

在方式 1 下，串行口被设定为波特率可变的 10 位异步通信方式。发送或接收的一帧信息包括 1 个起始位 0、8 个数据位和 1 个停止位 1。

发送：发送操作也是在 TI=0 下进行的，当 CPU 执行"MOV SBUF，A"指令将数据写入发送缓冲寄存器 SBUF(发送)时，就启动发送。发送电路自动在 8 位发送数据前后分别添加 1 位起始位和 1 位停止位。串行数据从 TXD 引脚输出，发送完一帧数据后，TXD 引脚自动维持高电平，且 TI 在发送停止位时由硬件自动置位，并可向 CPU 发出中断请求。TI 也必须用软件复位。发送时序如图 7-7(a)所示。

接收：接收过程也是在 RI=0 且 REN=1 条件下启动的，平时，接收电路对高电平的

RXD 进行采样(采样脉冲频率是接收时钟的 16 倍)，当采样到 RXD 由 1 向 0 跳变时，确认是开始位 0，就开始接收一帧数据。只有当 RI＝0 且停止位为 1(接收到的第 9 位数据)或者 SM2＝0 时，停止位才进入 RB8，8 位数据才能进入接收缓冲寄存器 SBUF(接收)，并由硬件置位中断标志 RI；否则信息丢失，但这是不允许的，因为这意味着丢失了一组数据。所以在方式 1 接收时，应先用软件将 RI 和 SM2 标志清零。接收时序如图 7-7(b)所示。

在方式 1 下，发送时钟、接收时钟和通信波特率均由定时器 1 溢出信号经过 32 分频，并由 SMOD 倍频得到。因此，方式 1 的波特率是可变的，这点同样适用于方式 3。

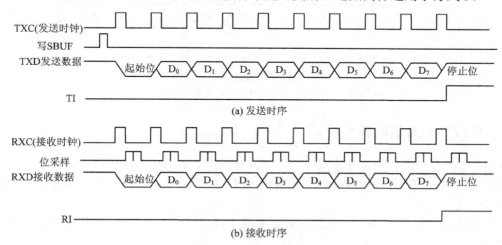

图 7-7　方式 1 发送与接收时序

3．方式 2 和方式 3

方式 2 为波特率固定的 11 位异步收/发方式，方式 3 为波特率可变的 11 位异步收/发方式，它们都是 11 位异步收/发方式，两者的差异仅在于通信波特率有所不同。方式 2 的波特率由 MCS-51 主频 f_{osc} 经 32 或 64 分频后提供；而方式 3 的波特率由定时器 1 溢出信号经过 32 分频，并由 SMOD 倍频得到，故它的波特率是可调的。

方式 2 和方式 3 的收/发过程类似于方式 1，所不同的是它比方式 1 增加了一位——第 9 位数据。发送时除要把发送数据装入 SBUF(发送)外，还要预先用指令"SETB TB8" (或 CLR TB8)把第 9 位数据装入 SCON 的 TB8 中。第 9 位数据可由用户设置，它可作为多机通信中地址/数据信息的标志位，也可作为双机通信的奇偶校验位或其他控制位。

发送：发送的串行数据由 TXD 端输出一帧 11 位信息，附加的第 9 位来自 SCON 寄存器的 TB8 位，用软件置位或复位。当 CPU 执行一条数据写入 SBUF(发送)的指令时，就启动发送器发送。发送一帧信息后，置位中断标志 TI，CPU 便可通过查询 TI 或中断方式来以同样的方法发送下一帧信息。其时序如图 7-8(a)所示。

接收：在 REN＝1 时，串行口采样 RXD 引脚，当采样到 1 至 0 的跳变时，确认是开始位 0，就开始接收一帧数据。在接收到附加的第 9 位数据后，只有当 RI＝1 且接收到的第 9 位数据为 1 或者 SM2＝0 时，第 9 位数据才进入 RB8，8 位数据才能进入接收寄存器 SUBF(接收)，并由硬件置位中断标志 RI，否则信息丢失，且不置位 RI。再过一段时间后，不管上述条件是否满足，接收电路都复位，并重新检测 RXD 上从 1 到 0 的跳变。其时序如图 7-8(b)所示。

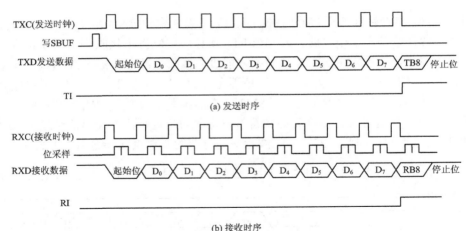

图 7-8　串行口模式 2 和模式 3 发送与接收时序

7.3.2　串行口的通信波特率设置

在 8051 串行口的四种工作方式中，方式 0 和方式 2 的波特率是固定的，而方式 1 和方式 3 的波特率是可变的，由定时器 T1 的溢出率(T1 溢出信号的频率)控制。各种方式的通信波特率如下：

(1) 方式 0 的波特率固定为系统晶振频率的 1/12，其值为 $f_{osc} / 12$。其中，f_{osc} 为系统主机晶振频率。

(2) 方式 2 的波特率由 PCON 中的选择位 SMOD 来决定，可由下式表示：

$$波特率 = \frac{2^{SMOD}}{64} \times f_{osc}$$

即当 SMOD = 1 时，波特率为 $f_{osc} / 32$；当 SMOD=0 时，波特率为 $f_{osc} / 64$。

(3) 方式 1 和方式 3 的波特率由定时器 T1 的溢出率控制。因而波特率是可变的。

定时器 T1 作为波特率发生器，相应公式如下：

$$波特率 = \frac{2^{SMOD}}{32} \times 定时器\ T1\ 溢出率$$

$$T1\ 溢出率 = \frac{T1\ 计数率}{产生溢出所需的周期数} = \frac{f_{osc}/12}{2^k - T_c}$$

式中，k 为定时器 T1 的位数，k 的值等于 8、13、16；T_c 为定时器 T1 的预置初值。

需要指出，T1 计数率取决于它工作在定时器状态还是计数器状态。当工作于定时器状态时，T1 计数率为 $f_{osc}/12$；当工作于计数器状态时，T1 计数率为外部输入频率，此频率应小于 $f_{osc}/24$。因此产生溢出所需周期与定时器 T1 的工作方式及预置初值有关。

定时器 T1 工作于模式 0：溢出所需周期 = $2^{13} - T_c = 8192 - T_c$；

定时器 T1 工作于模式 1：溢出所需周期 = $2^{16} - T_c = 65\ 536 - T_c$；

定时器 T1 工作于模式 2：溢出所需周期 = $2^8 - T_c = 256 - T_c$。

串行口的波特率发生器就是利用定时器提供一个时间基准。定时器计数溢出后只需要做一件事情，就是重新装入定时初值，再开始计数，而且中间不要任何延迟。因为 MCS-51

定时器/计数器的模式 2 就是自动重装入初值的 8 位定时器/计数器模式，所以用它来作波特率发生器最恰当。因此，选用 11.0592 MHz 时钟频率，可获得标准的波特率。

因此，波特率可以写成

$$波特率 = \frac{2^{SMOD}}{32} \times \frac{f_{osc}}{12 \times (2^k - T_c)}$$

实际应用时，总是先确定波特率，再计算 T1 定时预置初值 T_c，然后进行定时器的初始化。根据上述波特率的公式，得出计算定时初值的公式为

$$T_c = 2^k - \frac{f_{osc} \times 2^{SMOD}}{32 \times 12 \times 波特率}$$

定时器 T1 作为波特率发生器(设为定时方式)时，通常选用模式 2(8 位自装入)。TL1 作为计数器，TH1 存放重装入的值，对定时器 T1 初始化，写入方式控制字(TMOD)=20H。

$$T1\ 溢出率 = \frac{f_{osc}/12}{2^8 - (TH1)}$$

$$波特率 = \frac{2^{SMOD}}{32} \times \frac{f_{osc}}{12 \times (2^8 - (TH1))}$$

$$T_c = (TH1) = 256 - \frac{f_{osc} \times 2^{SMOD}}{32 \times 12 \times 波特率}$$

为了方便使用，表 7-2 列出了波特率和定时器 T1 在工作模式 2 下的定时初值关系。

表 7-2　定时 T1 功能工作于模式 2 常用波特率及初值

常用波特率/(b/s)	f_{osc}/MHz	SMOD	TH1 初值
19200	11.0592	1	0FDH
9600	11.0592	0	0FDH
4800	11.0592	0	0FAH
2400	11.0592	0	0F4H
1200	11.0592	0	0E8H

例如，设波特率为 2400 b/s，f_{osc}=11.0592 MHz，采用定时器 T1 模式 2 定时，且设 SMOD=0，则得定时初值为

$$T_c = 256 - \frac{11.0592\ MHz \times 2^0}{32 \times 12 \times 2400\ b/s} = 0F4H$$

当 SMOD=1 时，有

$$T_c = 256 - \frac{11.0592\ MHz \times 2^1}{32 \times 12 \times 2400\ b/s} = 0E8H$$

7.4　串行口应用举例

7.4.1　串行口扩展并行口

【例 7-1】　用 8051 串行口外接 CD4094 扩展 8 位并行输出口，如图 7-9 所示，8 位并行口的各位都接一个发光二极管，要求发光二极管呈流水灯状态(轮流点亮)。

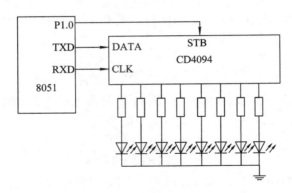

图 7-9　8051 串行口扩展并行 I/O 口电路图

串行口方式 0 的数据传送可采用中断方式，也可采用查询方式，无论哪种方式，都要借助于 TI 标志。采用查询方式时，只要 TI 为 0 就继续查询，TI 为 1 就结束查询，发送下一帧数据。当然，在开始通信之前，要对控制寄存器 SCON 进行初始化。程序如下：

```
            ORG   0000H
START:      MOV   SCON, #00H      ; 设置串行口工作方式 0
            MOV   A, #80H         ; 最高位灯先亮
            CLR   P1.0            ; 关闭并行输出
OUT0:       MOV   SBUF, A         ; 开始串行输出
            JNB   TI, $           ; 输出完否? 未完，等待
            CLR   TI              ; 输出完，继续执行；清 TI 标志，以备下次发送
            SETB  P1.0            ; 打开串行口输出
            ACALL DELY            ; 延时程序
            RR    A               ; 循环右移
            CLR   P1.0            ; 关闭串行输出
            SJMP  OUT0            ; 循环
DELAY:      MOV   R7, #250        ; 延时子程序
DL1:        MOV   R6, #250
DL2:        DJNZ  R6, DL2
            DJNZ  R7, DL1
            RET
```

7.4.2　双机通信

双机通信也称为点对点的串行异步通信。利用单片机的串行口，可以进行单片机与单片机、单片机与通用计算机间的点对点的串行通信。双机通信的硬件连接图如图 7-10 所示。程序流程图如图 7-11 所示。

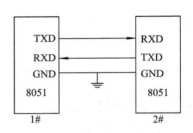

图 7-10　双机通信的硬件连接图

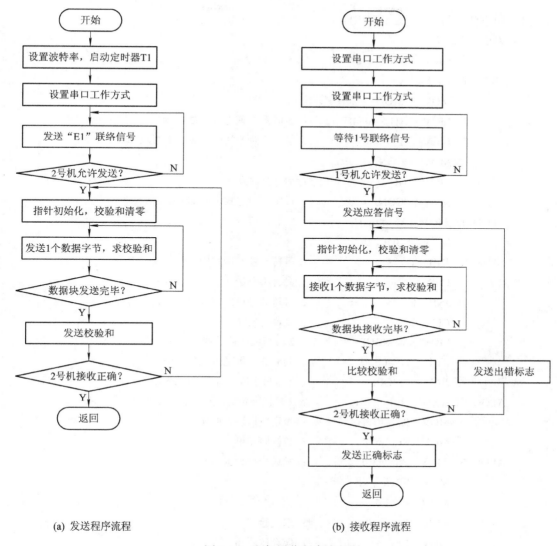

(a) 发送程序流程　　　　　　　　　　　(b) 接收程序流程

图 7-11　双机通信程序流程图

设 1 号机是发送方，2 号机是接收方。当 1 号机发送时，先发送一个"E1"联络信号，2 号机收到后回答一个"E2"应答信号，表示同意接收。当 1 号机收到应答信号"E2"后，开始发送数据，每发送一个字节数据都要计算校验和，假定数据块长度为 16 B，起始地址为 40H，一个数据块发送完毕后立即发送校验和。2 号机接收数据并转存到数据缓冲区，起始地址也为 40H，每接收到一个字节数据便计算一次校验和，当收到一个数据块后，再接收 1 号机发来的校验和，并将它与 2 号机求出的校验和进行比较。若两者相等，说明接收正确，2 号机回答 00H；若两者不相等，说明接收不正确，2 号机回答 0FFH，请求重发。1号机接到 00H 后结束发送，若收到的答复非零，则重新发送数据一次。双方约定采用串行口方式 1 进行通信，一帧信息为 10 位，其中有 1 个起始位、8 个数据位和 1 个停止位；波特率为 2400 b/s，T1 工作在定时器方式 2，单片机时钟振荡频率选用 11.0592 MHz，查表7-2 可得 TH1＝TL1＝0F4H，PCON 寄存器的 SMOD 位为 0。

程序如下(以子程序的形式给出):

```
        ; 发送程序清单:
                ORG   0000H
        ASTART: CLR   EA
                MOV   TMOD，#20H
                MOV   TH1，#0F4H        ; 定时器 1 置为方式 2
                MOV   TL1，#0F4H        ; 装载定时器初值，波特率 2400 b/s
                MOV   PCON，#00H
                SETB  TR1              ; 启动定时器
                MOV   SCON，#50H        ; 设定串口方式 1，且准备接收应答信号
        ALOOP1: MOV   A，#0E1H          ; 发联络信号
                MOV   SBUF，A
                JNB   TI，$             ; 等待一帧发送完毕
                CLR   TI               ; 允许再发送
                JNB   RI，$             ; 等待 2 号机的应答信号；允许再接收
                CLR   RI               ; 允许再接收
                MOV   A，SBUF           ; 2 号机应答后，读至 A
                XRL   A，#0E2H          ; 判断 2 号机是否准备完毕
                JNZ   ALOOP1           ; 2 号机未准备好，继续联络
        ALOOP2: MOV   R0，#40H          ; 2 号机准备好，设定数据块地址指针初值
                MOV   R7，#10H          ; 设定数据块长度初值
                MOV   R6，#00H          ; 清校验和单元
        ALOOP3: MOV   A，@R0            ; 发送一个数据字节
                MOV   SBUF，A
                MOV   A，R6
                ADD   A，@R0            ; 求校验和
                MOV   R6，A             ; 保存校验和
                INC   R0
                JNB   TI，$
                CLR   TI
                DJNZ  R7，ALOOP3        ; 整个数据块是否发送完毕
                MOV   A，R6
                MOV   SBUF，A           ; 发送校验和
                JNB   TI，$
                CLR   TI
                JNB   RI，$             ; 等待 2 号机的应答信号
                CLR   RI
                MOV   A，SBUF           ; 2 号机应答，读至 A
                JNZ   ALOOP2           ; 2 号机应答"错误"，转重新发送
```

```
                RET                   ; 2 号机应答"正确"，返回
                END
                ORG   0000H
; 接收程序清单
BSTART：CLR   EA
                MOV   TMOD，#20H
                MOV   TH1，#0F4H
                MOV   TL1，#0F4H
                MOV   PCON，#00H
                SETB   TR1
                MOV   SCON，#50H      ; 设定串口方式 1，且准备接收等待
BLOOP1：JNB   RI，$                   ; 1 号机的联络信号
                CLR   RI
                MOV   A，SBUF         ; 收到 1 号机信号
                XRL   A，#0E1H        ; 判断是否为 1 号机联络信号
                JNZ   BLOOP1          ; 不是 1 号机联络信号，再等待
                MOV   SBUF，#0E2H     ; 是 1 号机联络信号，发应答信号
                JNB   TI，$
                CLR   TI
                MOV   R0，#40H        ; 设定数据块地址指针初值
                MOV   R7，#10H        ; 设定数据块长度初值
                MOV   R6，#00H        ; 清校验和单元
BLOOP2：JNB       RI，$
                CLR   RI
                MOV   A，SBUF
                MOV   @R0，A          ; 接收数据转储
                INC   R0
                ADD   A，R6           ; 求校验和
                DJNZ   R7，BLOOP2     ; 判断数据块是否接收完毕
                JNB   RI，$           ; 完毕，接收 1 号机发来的校验和
                CLR   RI
                MOV   A，SBUF
                XRL   A，R6           ; 比较校验和
                JZ   END1             ; 校验和相等，跳至发正确标志
                MOV   A，#0FFH
                MOV   SBUF，#0FFH     ; 校验和不相等，发错误标志
                JNB   TI，$           ; 转重新接收
                CLR   TI
                RET
```

```
END1:    CLR    A
         MOV    SBUF，A
         JNB    TI，$
         CLR    TI
         RET
```

7.4.3　多机通信

1．硬件连接

单片机构成的多机系统常采用总线型主从式结构。所谓主从式，即在数个单片机中有一个是主机，其余的是从机，从机要服从主机的调度和支配。8051 单片机的串行口方式 2 和方式 3 适合于这种主从式的通信结构。当然，采用不同的通信标准时，还需进行相应的电平转换，有时还要对信号进行光电隔离。在实际的多机应用系统中，常采用 RS-232 串行标准总线进行数据传输。简单的硬件连接如图 7-12 所示(图中没有画出 RS-232 口)。

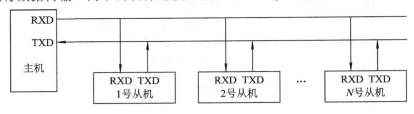

图 7-12　多机通信硬件连接图

2．通信协议

(1) 所有从机的 SM2 位置 1，处于接收地址帧状态。

(2) 主机发送一地址帧，其中，8 位是地址，第 9 位为地址、数据的区分标志，该位置 1 表示该帧为地址帧。

(3) 所有从机收到地址帧后，都将接收的地址与本机的地址比较。对于地址相符的从机，使自己的 SM2 位置 0(以接收主机随后发来的数据帧)，并把本站地址发回主机作为应答；对于地址不符的从机，仍保持 SM2 = 1，对主机随后发来的数据帧不予理睬。

(4) 从机发送数据结束后，要发送一帧校验和，并置第 9 位(TB8)为 1，作为从机数据传送结束的标志。

(5) 主机接收数据时先判断数据接收标志(RB8)。若接收帧的 RB8＝0，则存储数据到缓冲区，并准备接收下一帧信息。若 RB8＝1，表示数据传送结束，并比较此帧校验和，若正确则回送正确信号 00H，此信号命令该从机复位(即重新等待地址帧)；若校验和出错，则发送 0FFH，命令该从机重发数据。

(6) 主机收到从机应答地址后，确认地址是否相符，如果地址不符，发复位信号(数据帧中 TB8＝1)；如果地址相符，则清 TB8，开始发送数据。

(7) 从机收到复位命令后回到监听地址状态(SM2 = 1)；否则开始接收数据和命令。

3．应用程序

(1) 设主机发送的地址联络信号为：00H，01H，02H，…(即从机设备地址)，地址 0FFH

为命令各从机复位，即恢复 SM2＝1。

(2) 主机命令编码：01H，主机命令从机接收数据；02H，主机命令从机发送数据；其他都按 02H 对待。

(3) 从机响应命令：01H，从机准备接收；02H，从机准备发送；00H，接收和发送未准备好；设置非法命令(如 80H)。

(4) 程序分为主机程序和从机程序。

主机和从机流程图及关系如图 7-13 所示。图中，第①～④步为主机和从机相互联络操作，第⑤步为执行具体操作。具体程序略。

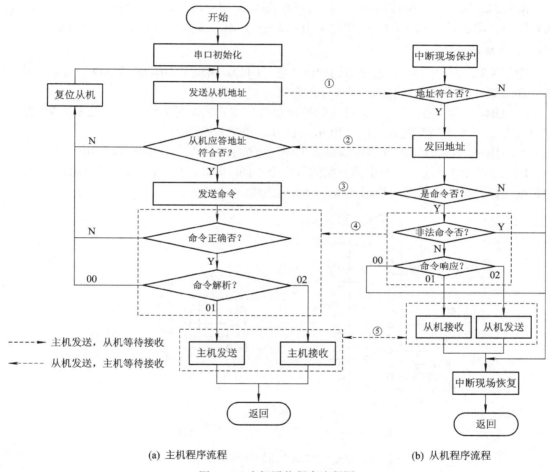

(a) 主机程序流程　　　　　　　　　　(b) 从机程序流程

图 7-13　多机通信程序流程图

7.4.4　单片机与 PC 的通信

1. EIA RS-232C 总线标准与接口电路

EIA RS-232C 是异步串行通信中应用最广泛的标准总线。它是美国 EIA(Electronic Industries Association，电子工业联合会)与 Bell 等公司于 1969 年一起开发公布的通信协议。

它最初是为远程通信连接数据终端设备 DTE(Data Terminal Equipment)而制定的。因此，这个标准的制定并未考虑计算机系统的应用要求，但目前它已广泛用于计算机(更准确地说，是计算机接口)与终端或外设之间的近端连接。因此，它的有些规定与计算机系统是不一致的，甚至是相矛盾的。RS-232C 标准中所提到的"发送"和"接收"，都是站在 DTE 立场而不是站在 DCE 立场上来定义的。由于在计算机系统中，往往是 CPU 和 I/O 设备之间传送信息，两者都是 DTE，因此双方都能发送和接收。该协议适合于数据传输速率在 0~20 kb/s 范围内的通信，包括按位串行传输的电气和机械方面的规定。

1) 电气特性

RS-232C 采取不平衡传输方式，是为点对点(即只用一对收、发设备)通信而设计的，采用负逻辑，即逻辑 0(+5~ +15 V)和逻辑 1(−15~ −5 V)，其驱动器负载为 3~7 kΩ。

2) 连接器

由于 RS-232C 并未定义连接器的物理特性，因此，出现了 DB-25、DB-9 等类型的连接器，其引脚的定义也各不相同。下面分别介绍。

(1) DB-25 连接器：DB-25 连接器的外形及信号线分配如图 7-14(a)所示。25 芯 RS-232C 接口具有 20 mA 电流环接口功能，用 9，11，18，25 针来实现。

(2) DB-9 连接器：DB-9 连接器只提供异步通信的 9 个信号，如图 7-14(b)所示。

DB-25 与 DB-9 连接器的引脚分配信号完全不同，因此，与配接 DB-9 和 DB-25 连接器的数据通信设备连接，必须使用各自专门的电缆线。

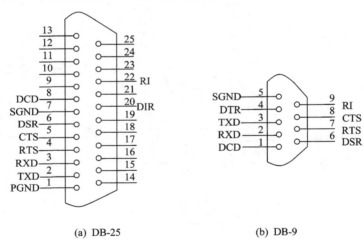

(a) DB-25　　　　　　(b) DB-9

图 7-14　RS-232C 连接器的外形及信号线分配

3) RS-232C 的接口信号

RS-232C 标准接口中常用的信号有如下几条：

① DSR(Data Set Ready)：数据装置准备好。有效时，表明数据通信设备已准备好，处于可使用状态。

② DTR(Data Terminal Ready)：数据终端准备好。有效时，表明数据终端已准备好，处于可使用状态。

③ RTS(Request To Send)：请求发送。该信号表示 DTE 请求 DCE 发送数据。

④ CTS(Clear To Send)：允许发送。该信号表示 DCE 准备好接收 DTE 发来的数据，是对请求发送信号 RTS 的响应信号。

RTS/CTS 为请求应答联络信号，用于半双工系统中发送和接收方式之间的切换。在全双工系统中，因配置双向通道，一般不需要 RTS/CTS 联络信号，可使其变高。

⑤ DCD(Data Carrier Dectection)：数据载波检出。该信号表示 DCE 已接通通信链路，告知 DTE 准备接收数据。

⑥ RI(RInging)：振铃指示。当 DTE 收到 DCE 送来的振铃呼叫信号时，使该信号有效，通知终端，已被呼叫。

⑦ TXD(Transmitted Data)：发送数据线。通过 TXD 线终端将串行数据发送到 DCE (DTE—DCE)。

⑧ RXD(Received Data)：接收数据线。通过 RXD 线终端接收从 DCE 发来的串行数据 (DCE—DTE)。

⑨ SGND 和 PGND：地线。SGND 为信号地，PGND 为保护地。

其中，①～⑥为联络控制信号线，⑦、⑧为数据发送与接收线。

4）电平转换

RS-232C 是用正负电压来表示逻辑状态，与 TTL 以高低电平表示逻辑状态的规定不同。因此，为了能够同计算机接口或终端的 TTL 器件连接，必须在 RS-232C 与 TTL 电路之间进行电平和逻辑关系的变换。目前实现这种变换较为广泛的方法是采用集成电路转换器件，如 MAX232 芯片可完成 TTL 到 EIA 的双向电平转换。

MAX232 芯片是 Maxim 公司生产的低功耗、单电源、双 RS-232 的发送/接收器可实现 TTL 电平到 EIA 电平的双向电平转换。MAX232 芯片内部有一个电源电压变换器，可以把输入的 +5 V 电压变换成 RS-232C 输出电平所需的 ±10 V 电压，所以采用此芯片接口的串行通信系统只要单一的 +5 V 电源即可。

5）EIA RS-232C 与单片机系统的接口

RS-232C 与单片机系统的接口电路如图 7-15 所示。图中，C_1，C_2，C_3，C_4 是内部电源转换所需电容，其取值均为 1 μF/25 V，宜选用钽电容，C_5 为 0.1 μF 的去耦电容。MAX232 的引脚 T1IN 或 T2IN 引脚与 MCS-51 的串行发送引脚 TXD 相连接。R1OUT 或 R2OUT 与 MCS-51 的串行接收引脚 RXD 相连接。T1OUT 或 T2OUT 与 PC 的接收端 RXD 相连接。R1IN 或 R2IN 与 PC 的发送端 TXD 相连接。

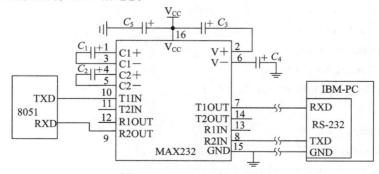

图 7-15 MAX232 接口电路

2. 单片机与 PC 机通信编程

1 台 PC 与 1 个 8051 单片机应用系统通信，硬件连接如图 7-15 所示。单片机与 PC 通信时，其硬件接口技术主要是电平转换、控制接口设计和通信距离不同的接口等处理技术。

在 Windows 的环境下，由于系统硬件的无关性，不再允许用户直接操作串口地址。如果用户要进行串行通信，可以调用 Windows 的 API 应用程序接口函数，但其使用较为复杂，而使用 VB 通信控件(MSComm) 可以很容易地解决这一问题。VB 提供一个名为 MSComm32.OCX 的通信控件，它具备基本的串行通信能力，可通过串行口发送和接收数据，为应用程序提供串行通信功能。

MSComm 控件有许多属性，主要的几个如下：

CommPort：设置并返回通信端口号。

Settings：以字符串的方式设置并返回波特率、奇偶校验、数据位、停止位。

PortOpen：设置并返回端口的状态，也可以打开和关闭端口。

Input：从接收缓冲区返回字符和删除字符。

Output：向传输缓冲区写一个字符。

单片机程序清单如下：

```
            ORG    3000H
MAIN:      MOV    TMOD, #20H        ; 在 11.0592 MHz 下，串行口波特率
           MOV    TH1, #0FDH        ; 9600 b/s，方式 3
           MOV    TL1, #0FDH
           MOV    PCON, #00H
           SETB   TR1
           MOV    SCON, #0D8H
LOOP:      JBC    RI, RECEIVE       ; 接收到数据后立即发出去
           SJMP   LOOP
RECEIVE:   MOV    A, SBUF
           MOV    SBUF, A
SEND:      JBC    TI, SENDEND
           SJMP   SEND
SENDEND:   SJMP   LOOP
```

PC 程序清单(VB 语言)：

```
Sub   Form_Load()
    MSComm1.CommPort=2
    MSComm1.PortOpen=TRUE
    MSComm1.Settings="9600，N，8，1"
End Sub
Sub Command1_Click()
    Instring as string
    MSComm1.InBufferCount=0
    MSComm1.Output="A"
```

```
            Do
            Dummy=DoEvents()
            LOOP Unint(MSComm1.InBufferCount>2)
            Instring=MSComm1.Input
    End Sub
    Sub Command2_Click()
            MSComm1.PortOpen=FALSE
            UnLoad   Me
    End Sub
```

习题与思考题

7-1　波特率的含义是什么？

7-2　什么是串行异步通信？它有哪些特征？

7-3　单片机的串行接口由哪些功能部件组成？各有什么作用？

7-4　简述串行接口接收和发送数据的过程。

7-5　8051 串行接口有几种工作方式？有几种帧格式？各工作方式的波特率如何确定？

7-6　某异步通信接口按方式 3 传送，已知每分钟传送 3600 个字符，计算传送的波特率。

7-7　利用 8051 串行口控制 8 位发光二极管工作，要求发光二极管每 1 s 交替地亮、灭，画出电路图并编写程序。

7-8　试编写一串行通信的数据发送程序，发送片内 RAM 的 20H～2FH 单元的 16 B 数据，串行接口方式设定为方式 2，采用偶校验方式。设晶振频率为 12 MHz。

7-9　试编写一串行通信的数据接收程序，将接收到的 16 B 数据送入片内 RAM 40H～4FH 单元中。串行接口设定为方式 3，波特率为 1200 b/s，晶振频率为 12 MHz。

7-10　参照图 7-13 多机通信流程图，编写多机通信程序。

7-11　简述主—从结构式多机通信工作原理。绘出一台主机与三台从机实现多机通信的接口连线图，分别对主机和从机 SCON 控制寄存器进行初始化设置。

7-12　假定甲、乙两机以方式 1 进行串行数据通信，晶振为 6 MHz，要求波特率为 1200 b/s。甲机发送，乙机接收。请计算出波特率，写出初始化发送和接收程序。

第8章 MCS-51单片机的存储器系统扩展

单片机内部集成了计算机的基本功能部件，一块单片机往往就是一个最小微机系统。MCS-51 系列单片机具有很强的系统扩展能力，可以扩展 64KB 的程序存储器和 64KB 的数据存储器。本章主要介绍单片机总线结构、常用存储芯片及接口方法。

8.1 概　　述

系统扩展是指单片机内部各功能部件不能满足应用系统要求时，在片外连接相应的外围芯片以满足应用系统要求。8051 有很强的外部扩展能力，扩展电路及扩展方法较典型、规范。8051 主要有程序存储器(ROM)的扩展、数据存储器(RAM)的扩展、I/O 口的扩展、中断系统扩展以及其他特殊功能接口的扩展等。

对于单片机系统扩展的方法有并行扩展法和串行扩展法两种。并行扩展法是指利用单片机本身具备的三组总线(AB、DB、CB)进行的系统扩展。近几年，由于集成电路设计、工艺和结构的发展，串行扩展法得到了很快发展，它利用 SPI 三线总线和 I^2C 双线总线进行串行系统扩展。有的单片微机应用系统可能同时采用并行扩展法和串行扩展法。本章主要介绍并行扩展法。

8.1.1 MCS-51 单片机最小系统

一个单片机应用系统的硬件电路设计包含两部分内容：

(1) 单片机最小系统。单片机是集 CPU、RAM、ROM、定时器/计数器和 I/O 接口电路于一片集成电路的微型计算机。对于简单的应用场合，可以在 MCS-51 系列单片机中选择一个合适的产品构成一个具有最简单配置的系统，即单片机最小系统。

(2) 系统扩展。当单片机内部的功能单元，如 ROM、RAM、I/O、定时器/计数器、中断系统等不能满足应用系统的要求时，必须在片外进行扩展。选择适当的芯片，设计相应的电路，即按照系统功能要求配置外围设备(如键盘、显示器、打印机、A/D 转换器、D/A 转换器等)时，就要设计合适的接口电路进行系统扩展。系统扩展一般包括外部程序存储器扩展、外部数据存储器扩展、外部接口扩展和管理功能器件的扩展等几方面内容。

1. 8051 单片机最小系统

8051 最小应用系统如图 8-1 所示。这种最小应用系统只要将单片机的时钟电路和复位电路接上，同时 $\overline{EA}$ 接高电平，系统就可以工作。此类应用系统只能用作一些小型的控制单元。其应用特点是：

(1) 全部 I/O 口线均可供用户用。

(2) 内部存储器容量有限(只有 4 KB 地址空间)。

(3) 应用系统开发具有特殊性。

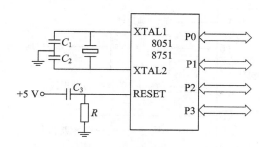

图 8-1　MCS-51 系列 8051 最小应用系统

2. 8031 单片机最小应用系统

8031 是片内无程序存储器的单片机芯片,因此,其最小应用系统应在片外扩展 EPROM。图 8-2 为用 8031 外接程序存储器构成的最小系统。由于 EPROM 芯片不能锁存地址,故扩展时应加上一片锁存器。因为采用片外程序存储器,所以应将 $\overline{EA}$ 接地,$\overline{PSEN}$ 接 EPROM 的输出允许端 $\overline{OE}$,ALE 信号与地址锁存器的锁存控制端 G 连接。

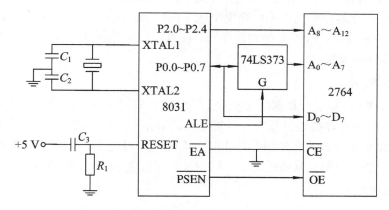

图 8-2　MCS-51 系列 8031 最小应用系统

8.1.2　MCS-51 单片机扩展总线的产生

MCS-51 系列单片机具有 64 KB 的程序存储器空间,其中 8051 和 8751 片内有 4 KB 的程序存储器,8031 片内无程序存储器,当采用 8051、8751 而程序超过 4 KB 或采用 8031 时,就需对程序存储器进行扩展。另外,MCS-51 系列单片机的程序存储器空间与数据存储器空间相互独立,其中片外数据存储器可达 64 KB,而片内的数据存储器仅有 128 B,对于某些应用可能不够,这时就需对内部数据存储器进行外部扩展。如前面几章所述,MCS-51 单片机对外没有专用的地址总线(AB)、数据总线(DB)和控制总线(CB),那么在进行系统扩展时,首先需要扩展系统的三总线。

如图 8-3 所示，MCS-51 单片机片外总线结构由三组总线构成，即地址总线(AB)、数据总线(DB)和控制总线(CB)。所有符合这个总线标准的外部接口芯片都可以用这三组总线进行扩展。

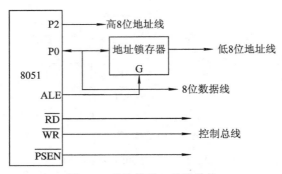

图 8-3 单片机的 3 总线结构

1. 地址总线(AB)

地址总线宽度为 16 位，因此可寻址范围为 $2^{16}=64\,\text{KB}$。地址总线由 P0 口通过锁存器提供低 8 位地址 $A_7\sim A_0$，由 P2 口提供高 8 位地址 $A_8\sim A_{15}$。由于 P0 口还要作数据总线口，因此，它只能分时地用作地址线，P0 口输出的低 8 位地址必须用锁存器锁存。锁存器用单片机引脚 ALE 作为锁存控制信号，在 ALE 的下降沿(或高电平)期间，将 P0 口输出的地址锁存。因此，地址锁存器必须选择采用高电平或下降沿触发的锁存器如 74LS373 或 74LS273。P2 口具有输出锁存功能，故不需外加锁存器。注意：P2 口在系统扩展中用作地址线后便不能再作为一般 I/O 口使用。

2. 数据总线(DB)

数据总线由 P0 口提供，其宽度为 8 位。该口为三态双向口，是应用系统中使用最为频繁的端口。单片机所有需要通过总线与外部交换的数据、指令、信息，必须经由 P0 口传送。

当数据总线要连接到多个外围芯片上时，而在同一时间内只能有一个数据传送通道有效，至于是哪一个芯片的数据通道有效，则由地址线控制的各个芯片的片选线来选择。

3. 控制总线(CB)

控制总线是单片机片外系统扩展控制线，有 $\overline{\text{RD}}$、$\overline{\text{WR}}$、$\overline{\text{PSEN}}$、ALE 和 $\overline{\text{EA}}$ 等。

$\overline{\text{RD}}$、$\overline{\text{WR}}$：分别用于片外数据存储器(RAM)或 I/O 口的读/写控制线。当执行读/写操作指令 MOVX 时，这两个信号自动生成。

$\overline{\text{PSEN}}$：用于片外程序存储器(ROM)的取指令控制线。读取 ROM 中的指令(数据)时，不用 $\overline{\text{RD}}$ 信号。

ALE：用于锁存 P0 口输出的低 8 位地址的控制线。在 P0 口输出地址期间，ALE 用其下降沿控制锁存器锁存低 8 位地址。

$\overline{\text{EA}}$：用于选择片内或片外程序存储器。当 $\overline{\text{EA}}=1$ 时，单片机从片内程序存储器取指令；当 $\overline{\text{EA}}=0$ 时，强制单片机从片外程序存储器取指令，而不论有无片内程序存储器。因此，在扩展使用外部程序存储器时，必须将 $\overline{\text{EA}}$ 接地。

8.2 程序存储器扩展

8.2.1 外部程序存储器扩展原理

MCS-51 单片机扩展外部程序存储器的硬件电路如图 8-4 所示。

MCS-51 单片机访问外部程序存储器时所使用的控制信号有 ALE(低 8 位地址锁存信号)和 $\overline{PSEN}$(外部程序存储器读取控制)。在外部存储器取指令期间，P0 和 P2 口输出地址码(PCL、PCH)，其中 P0 口地址信号由 ALE 选通进入地址锁存器后，变成高阻等待从程序存储器中读取指令码。MCS-51 的 CPU 在一个机器周期内，ALE 出现两个正脉冲，$\overline{PSEN}$ 出现两个负脉冲。说明 CPU 在一个机器周期内可以两次访问外部程序存储器。应用 ALE 的下降沿锁存地址信息，在 $\overline{PSEN}$ 的有效期读取信息。

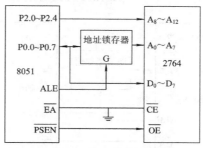

图 8-4　单片机扩展外部程序存储器

8.2.2 EPROM 扩展电路

下面以 2764 为例介绍 EPROM 的使用。2764 的存储容量为 $8 \text{ K} \times 8$ 位，单一 +5 V 电源供电，典型存取时间 200 ns，双列 28 引脚直插封装。其引脚如图 8-5 所示。

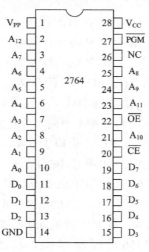

图 8-5　2764 引脚及功能图

2764 与 8031 接口主要解决两个问题：一是硬件连接问题；二是根据实际连接确定芯片的地址。

2764 是 8K×8 位的 EPROM。引脚 $A_0 \sim A_{12}$ 分别接 8051 的 P0.0～P0.7 和 P2.0～P2.4，22 脚 $\overline{OE}$ 与 $\overline{PSEN}$ 相连，$\overline{CE}$ 接地。2764 的地址范围为 0000H～1FFFH。在扩展中，有一个问题要在设计中注意：P2 口除被使用的口线外，多余的引脚不宜作通用 I/O 线，否则会给软件设计和使用上带来麻烦。8051 与 2764 硬件接口电路见图 8-6。

对于多片的存储器扩展设计，它的设计方法可用 P2 的高位地址线连接各片存储器的片选线 $\overline{CE}$，而后求出它们的不同的地址范围。

由图 8-6 可确定图中 2764 芯片的地址，2764 使用 13 根地址线 $A_{12} \sim A_0$，地址范围从全"0"到全"1"，由于 $A_{15} \sim A_{13}$ 没有使用，故地址范围是 XXX0000000000000B～XXX1111111111111B。而 0000000000000000B～0001111111111111B(0000H～1FFFH)是其中的一个地址范围，它可以是 0000H～1FFFH，也可以是 2000H～3FFFH，…，具体地址由 $A_{15} \sim A_{13}$ 决定。

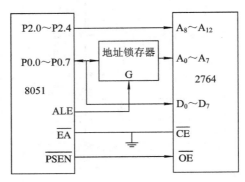

图 8-6   8051 与 2764 硬件接口电路

8.2.3 只读存储器(ROM)

存储器是计算机的记忆部件。CPU 要执行的程序、要处理的数据以及要处理的中间结果等都存放在存储器中。存储容量和存取时间是存储器的两项重要指标，它们反映了存储记忆信息的多少与工作速度的快慢。目前微机的存储器几乎全部采用半导体存储器，半导体存储器根据应用可分为读写存储器(RAM)和只读存储器(ROM)两大类。

只读存储器(Read Only Memory)简称 ROM，一般用来存储程序和固定的数据，比如计算机的系统程序、一些固定表格等。与 RAM 不同，当电源消失时，ROM 仍能保持内容不变。在读取某一地址中的内容这点上，ROM 类似于 RAM，但 ROM 并不能修改其内容。只读存储器有掩膜 ROM、PROM、EPROM 和 EEPROM 等。

MCS-51 单片机应用系统中使用得最多的 EPROM 程序存储器是 Intel 公司的典型系列芯片 2716(2 K×8 位)、2732A(4 K×8 位)、2764(8 K×8 位)、27128(16 K×8 位)、27256(32 K×8 位)和 27512(64 K×8 位)等，各管脚及其兼容性能如图 8-7 所示。由图中可以看出管脚的兼容性。例如，2732A 与 2716 管脚为 24 脚，将 2732A 插入 2716 电路中可以作为2716 芯片工作，但只 2 KB 有效；2764、27128、27256 皆为 28 脚，均可向下兼容。

图 8-7 各 EPROM 芯片管脚及其兼容性能

27512	27256	27128	2764	2732	2716	管脚
A_{15}	V_{PP}	V_{PP}	V_{PP}			1
A_{12}	A_{12}	A_{12}	A_{12}			2
A_7	A_7	A_7	A_7	A_7	A_7	3
A_6	A_6	A_6	A_6	A_6	A_6	4
A_5	A_5	A_5	A_5	A_5	A_5	5
A_4	A_4	A_4	A_4	A_4	A_4	6
A_3	A_3	A_3	A_3	A_3	A_3	7
A_2	A_2	A_2	A_2	A_2	A_2	8
A_1	A_1	A_1	A_1	A_1	A_1	9
A_0	A_0	A_0	A_0	A_0	A_0	10
O_0	O_0	O_0	O_0	O_0	O_0	11
O_1	O_1	O_1	O_1	O_1	O_1	12
O_2	O_2	O_2	O_2	O_2	O_2	13
GND	GND	GND	GND	GND	GND	14

中间 DIP 封装图（27512～2764），引脚 1~28。

管脚	2716	2732	2764	27128	27256	27512
28			V_{CC}	V_{CC}	V_{CC}	V_{CC}
27			$\overline{PGM}$	$\overline{PGM}$	A_{14}	A_{14}
26	V_{CC}	V_{CC}	NC	A_{13}	A_{13}	A_{13}
25	A_8	A_8	A_8	A_8	A_8	A_8
24	A_9	A_9	A_9	A_9	A_9	A_9
23	V_{PP}	A_{11}	A_{11}	A_{11}	A_{11}	A_{11}
22	$\overline{OE}$	$\overline{OE}/V_{PP}$	$\overline{OE}$	$\overline{OE}$	$\overline{OE}$	$\overline{OE}/V_{PP}$
21	A_{10}	A_{10}	A_{10}	A_{10}	A_{10}	A_{10}
20	$\overline{CE}$	$\overline{CE}$	$\overline{CE}$	$\overline{CE}$	$\overline{CE}$	$\overline{CE}$
19	O_7	O_7	O_7	O_7	O_7	O_7
18	O_6	O_6	O_6	O_6	O_6	O_6
17	O_5	O_5	O_5	O_5	O_5	O_5
16	O_4	O_4	O_4	O_4	O_4	O_4
15	O_3	O_3	O_3	O_3	O_3	O_3

另外，各种型号的 EPROM 还可以有不同的应用参数，主要有最大读出速度、工作温度、电压容差等。在应用系统中选择 EPROM 芯片时，除了容量以外，必须注意这些参数。

8.2.4 EEPROM

电擦除可编程只读存储器(Electrically Erasable PROM，EEPROM)比紫外线擦除的 EPROM 要方便，其主要优点是能在应用系统中进行在线电擦除和在线电写入，并能在断电情况下保持修改的结果。因此，在智能仪表、控制装置、分布式监测系统子站、开发装置中得到广泛应用。

EEPROM 可作为程序存储器使用，也可作为数据存储器使用，连接方式比较灵活。

下面主要介绍 Intel 公司的 EEPROM 典型产品，常见的型号有 2816(2 K×8 位)、2817 (2 K×8 位)、2864(8 K×8 位)、2864A 等。表 8-1 给出了这些产品的主要性能。

表 8-1 Intel 公司 EEPROM 典型产品的主要性能

器件型号	单 位	2816	2816A	2817	2817A	2864A
容 量	位	2 K×8 位	2 K×8 位	2 K×8 位	2 K×8 位	8 K×8 位
取数时间	ns	250	200/250	250	200/250	250
读操作电压	V	5	5	5	5	5
写/擦操作电压	V	21	5	21	5	5
字节擦除时间	ms	10	9～15	10	10	10
写入时间	ms	10	9～15	10	10	10
封 装	—	DIP24	DIP24	DIP28	DIP28	DIP28

2816/2816A 与 2716EPROM 管脚兼容，只是编程写入电压不同。

8051 与 2816A 的接口电路如图 8-8 所示。图中采用了将外部数据存储器空间和程序存储器空间合并的方法，即将 $\overline{PSEN}$ 信号与 $\overline{RD}$ 信号相"与"，作为单一的公共存储器的读选通信号，这样 8051 就可以对 2816A 进行读/写操作了。此外，为了方便起见，图中 2816A 的片选信号 $\overline{CE}$ 直接接地，在实际应用中应合理分配其地址空间，通过 74LS138 译码后作为 2816A 的片选信号。由图 8-7 可确定 2816 芯片的地址，2816 使用 11 根地址线 $A_{10} \sim A_0$，地址范围从全"0"到全"1"，由于 $A_{15} \sim A_{11}$ 没有使用，故地址范围是 XXXXX00000000000B～XXXXX11111111111B。而 0000000000000000B～0000011111111111B(0000H～07FFH) 是其中的一个地址范围，它可以是 0000H～07FFH，也可以是 0800H～0FFFH，…，具体地址由 $A_{15} \sim A_{11}$ 决定。

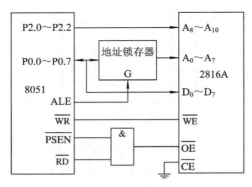

图 8-8　8051 与 2816A 硬件接口电路

8.3　数据存储器扩展

MCS-51 芯片内有 128 B 的 RAM 存储器，它们可以作为工作寄存器、堆栈、软件标志寄存器和数据缓冲器。CPU 对其内部 RAM 有丰富的操作指令，因此，这个 RAM 存储器是十分珍贵的资源，应合理地利用片内 RAM 存储器，充分发挥它的作用。但在实时数据采集和处理应用系统中，仅靠片内 RAM 存储器是远远不够的，因而，必须扩展外部数据存储器。常用的数据存储器有静态 RAM 和动态 RAM 两种。在单片机应用系统中为避免动态 RAM 的刷新问题，通常使用静态 RAM。下面主要讨论静态 RAM 与 MCS-51 的接口。

8.3.1　外部数据存储器的扩展方法

单片机扩展外部 RAM 的原理图如图 8-9 所示，数据存储器只使用 $\overline{WR}$、$\overline{RD}$ 扩展线而不使用 $\overline{PSEN}$。因此，数据存储器和程序存储器地址空间完全重叠，均为 0000H～0FFFFH。但数据存储器与 I/O 端口及外部设备是统一编址的，即任何扩展的 I/O 端口及外部设备均占用数据存储器的地址空间。

MCS-51 单片机读和写外部数据存储器时都要满足时序要求。在外部 RAM 读周期中，P2 口输出高 8 位地址，P0 口分时传送低 8 位地址和数据，ALE 的下降沿将低 8 位地址打入地址锁存器后，P0 口变为输入方式，$\overline{RD}$ 有效则选通外部 RAM，相应存储单元的内容送到

P0 口，由 CPU 读入累加器。对外部 RAM 写操作时，其操作过程与读周期类似，在 ALE 下降为低电平后，$\overline{WR}$ 信号才有效，此时，P0 口上出现的数据写入相应的存储单元(详细内容见第 2 章单片机时序)。

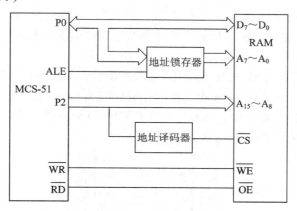

图 8-9　MCS-51 单片机数据存储器的扩展原理

8.3.2　静态 RAM 的扩展

下面以静态 RAM6264 为例，介绍 MCS-51 单片机与静态 RAM 的连接。

6264 是 8 K × 8 位的静态 RAM，采用 CMOS 工艺制造，单一 +5 V 电源供电，额定功耗为 200 mW，典型存取时间 200 ns。MCS-51 单片机与 6264 的接口电路如图 8-10 所示。

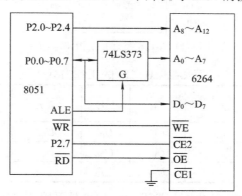

图 8-10　MCS-51 单片机与 6264 的接口电路图

电路中 6264 的地址线 $A_{12} \sim A_0$ 与锁存器的输出及 P2 的对应线相连，6264 的数据线 $D_7 \sim D_0$ 与 P0 口对应相连，6264 的控制线 $\overline{OE}$ 和 $\overline{WE}$ 与 8051 的 $\overline{RD}$ 和 $\overline{WR}$ 对应相连，$\overline{CE2}$ 接 8051 的 P2.7，$\overline{CE1}$ 接地。按照这种片选的方式，6264 的 8KB 地址范围不唯一(因为 $A_{14}A_{13}$ 可为任意值)，其地址范围是：0XX0000000000000B～0XX1111111111111B，而 0000000000000000B～0001111111111111B(0000H～1FFFH)是其中的一个地址范围。

8.3.3　静态随机存储器芯片

由于集成度的限制，目前单片 RAM 容量很有限，对于一个大容量的存储系统，往往需要若干 RAM 组成，而读/写操作时，通常仅操作其中一片(或几片)，这就存在一个片选问题。RAM 芯片上特设了一根片选信号线，在片选信号线上加入有效电平，芯片即被选中，可进行读/写操作，未被选中的芯片不工作。片选信号仅解决芯片是否工作的问题，而芯片执行读还是写则还需一根读/写信号线，所以芯片上必须设读/写控制线。

在 8031 单片机应用系统中，最常用的静态数据存储器(RAM)芯片有 6116(2 K×8 位)和 6264(8 K×8 位)两种。

图 8-11 为 6116 的管脚图。6116 是 2 K×8 静态随机存储器芯片，采用 CMOS 工艺制作，单一+5V 电源，额定功耗为 160 mW，典型存取时间为 200 ns，24 线双列直插式封装。$A_0 \sim A_{10}$ 为片内 11 位地址线；$IO_0 \sim IO_7$ 为 8 位数据线；$\overline{CE}$ 为片选信号线；$\overline{OE}$、$\overline{WE}$ 为读、写信号线。表 8-2 为 6116 的工作方式。

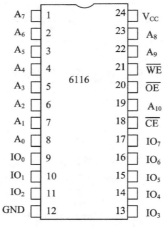

图 8-11　6116 引脚和逻辑符号图

表 8-2　6116 的工作方式

工作方式＼管脚	$\overline{CE}$	$\overline{OE}$	$\overline{WE}$	$IO_0 \sim IO_7$
读	U_{IL}	U_{IL}	U_{IH}	数据输出
写	U_{IL}	U_{IH}	U_{IL}	数据输入
维持	U_{IH}	任意	任意	高阻态

6264 是 8 K×8 位的静态随机存储器芯片，它也是采用 CMOS 工艺制作，由单一+5 V 电源供电，额定功耗 200 mW，典型存取时间为 200 ns，为 28 线双列直插式封装。与 6116 相比，6264 的地址线比 6116 多两根，为 $A_0 \sim A_{12}$，有两个片选端($\overline{CE1}$、$\overline{CE2}$)；其他均同，此处不再详细介绍。

8.4　多片存储器芯片的扩展

上面讨论的是 8051 扩展一片 EPROM 或 RAM 的方法。在实际应用中可能需要扩展多片 EPROM 或 RAM。如果用 2764 扩展 64 KB 的 EPROM，就需要 8 片 2764。当 CPU 通过指令"MOVC　A,@A+DPTR"发出读 EPROM 操作时，P2、P0 发出的地址信号应能满足选择其中一片的一个单元，即 8 片 2764 不应该同时被选中，这就是所谓的片选。片选的方法有两种：线选法和地址译码法。

1. 线选法

线选法使用 P2、P0 口的低位地址线对每个芯片内的统一存储单元进行寻址，称为字选。所需地址线数由每片的存储单元数决定，对于 8 KB 容量的芯片需要 13 根地址线 $A_{12} \sim A_0$，然后将余下的高位地址线分别接到各存储芯片的片选端 $\overline{CE}$。图 8-12 是利用线选法把 3 片 2764 扩展成 24 KB EPROM 的电路图。

线选法容易出现多片存储器芯片会被同时选中的情况，如图 8-12 所示电路，当 P2.7＝P2.6＝P2.5＝0，也就是当地址 $A_{15}A_{14}A_{13} = 000B$ 时，MEM1、MEM2 和 MEM3 被同时选中，这是不允许出现的。所以，图 8-12 所示电路应避免出现这样的地址。

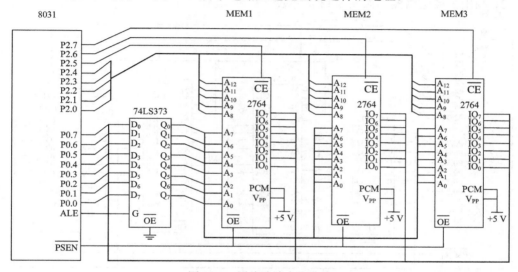

图 8-12　用线选法实现片选

2. 地址译码法

地址译码法寻址就是利用地址译码器对系统的片外高位地址进行译码，以译码器输出作为芯片的片选信号，可将地址划分为连续的空间块，避免了地址的不连续。另外，译码器在任何时候至多仅有一个有效片选信号输出，保证不出现多片存储器芯片会被同时选中的情况。

译码法仍用低位地址对每片片内的存储单元进行寻址，而高位地址线经过译码器译码后输出作为各芯片的片选信号。常用的地址译码器是 3—8 译码器 74LS138。

【例 8-1】要求使用 2764 芯片扩展 8031 的片外程序存储器,分配的地址空间为 0000H～5FFFH。

解　采用完全译码方法实现。

(1) 确定使用芯片数：2764 是 8 KB 的 EPROM。

因 0000H～5FFFH 的存储空间为 24 KB，则

$$芯片数 = \frac{实际要求的存储器容量}{单片存储器容量} = \frac{24\ KB}{8\ KB} = 3\ (片)$$

(2) 地址分配如表 8-3 所示。

表 8-3　地址分配表

芯片编号	A_{15}	A_{14}	A_{13}	$A_{12} \sim A_0$	地址范围
1#(MEM1)	0	0	0	0⋯0	0000H
	0	0	0	1⋯1	1FFFH
2#(MEM2)	0	0	1	0⋯0	2000H
	0	0	1	1⋯1	3FFFH
3#(MEM3)	0	1	0	0⋯0	4000H
	0	1	1	1⋯1	5FFFH

(3) 画出扩展电路图，如图 8-13 所示。

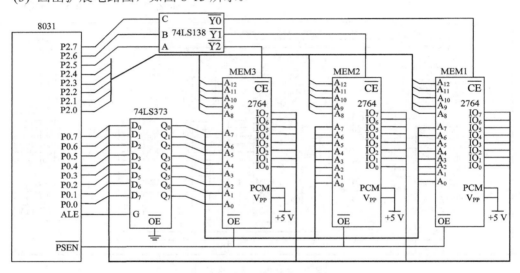

图 8-13　用译码法实现片选

【例 8-2】 试设计一个具有 8 KB EPROM、8 KB RAM 存储容量的存储器系统，EPROM 存储空间为 0000H～1FFFH，ROM 存储空间为 2000H～3FFFH。

解　(1) 确定芯片：2764 具有 8 KB 存储容量，6264 具有 8 KB 存储容量；本系统可采取一片 2764 和一片 6264 构建。

(2) 地址分配如表 8-4 所示。

表 8-4　地址分配表

	A_{15}	A_{14}	A_{13}	A_{12}	$\cdots$	A_1	A_0
2764	0	0	0	0	$\cdots$	0	0
	0	0	0	1	$\cdots$	1	1
6264	0	0	1	0	$\cdots$	0	0
	0	0	1	1	$\cdots$	1	1

(3) 画出电路图，如图 8-14 所示。

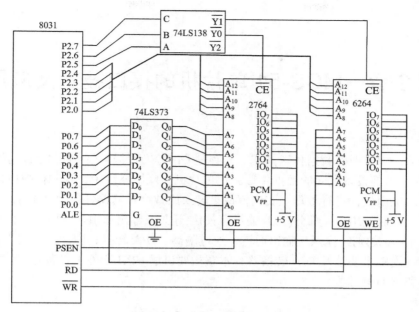

图 8-14　例 8-2 的电路图

习题与思考题

8-1　MCS-51 单片机外部程序存储器和数据存储器地址范围都是 0000H～FFFFH，在实际使用时如何区分？

8-2　访问 8051 片外数据存储器 MOVX 指令采用的是_____寻址方式。访问片外程序存储器 MOVC 指令采用的是_____寻址方式。

8-3　MCS-51 单片机可以外接 64 KB 的程序存储器和 64 KB 数据存储器。这两种片外存储器地址重叠而不发生总线冲突，主要依靠单片机引脚上的哪些信号来区分？

8-4　给 8031 单片机扩展一片 2716 和 6116，请画出系统连接图。

8-5　试画出 MCS-51 系列 8051 最小应用系统的原理结构图。

8-6　如何构造 MCS-51 单片机扩展的系统总线？

第9章　MCS-51 单片机的接口技术及应用

单片机系统中有两类数据传送操作，一类是 CPU 和存储器之间的数据读写操作；另一类则是 CPU 和外部设备之间的数据传输。在单片机的应用系统中，各种模拟电信号必须转换成数字量才能用软件进行处理。实现模拟量转换成数字量的器件称为 A/D 转换器(ADC)。单片机系统的控制输出，一部分(与开关量有关)经开关量输出通道，作用于执行机构；另一部分(与模拟量有关)则经模拟量输出通道，通过隔离、D/A 转换、驱动，作用于执行机构。模拟量输出通道中主要涉及 D/A 转换器。本章主要讲述 CPU 和外部设备之间的数据传输、D/A 转换器和 A/D 转换器。

9.1　接口技术概述

单片机为什么需要 I/O 接口电路呢？这是由于存储器是半导体电路，与 CPU 具有相同的电路形式，数据信号也是相同的(电平信号)，能相互兼容直接使用，因此存储器与 CPU 之间采用同步定时工作方式。它们之间只要在时序关系上能相互满足就可以正常工作。存储器与 CPU 之间的连接相当简单，除地址线、数据线之外，就是读或写选通信号，实现起来非常方便。而 CPU 和外部设备之间的数据传送却十分复杂，它们之间存在着下述几个要解决的问题。

1. 接口的作用

◆ 高速 CPU 与工作速度快慢差异很大的外部设备的矛盾。

◆ 外部设备的数据信号是多种多样的。

◆ 外部设备种类繁多。

◆ 外设的数据传送有近距离的，也有远距离的。

单片机系统必须在 CPU 和外设之间有一个接口电路,通过接口电路对 CPU 与外设之间的数据传送进行协调。在数据的 I/O 传送中，接口电路主要有如下几项功能：

(1) 速度协调。由于速度上的差异，使得数据的 I/O 传送只能以异步方式进行，即只能在确认外设已为数据传送做好准备的前提下才能进行 I/O 操作。

(2) 三态缓冲。数据输入时，输入设备向 CPU 传送的数据也要通过数据总线，为了维护数据总线上数据传送的秩序，只允许当前时刻正在进行数据传送的数据源使用数据总线，其他数据源都必须与数据总线处于隔离状态。为此，要求接口电路具备三态缓冲功能。

(3) 数据转换。有些外部设备需要使用接口电路进行数据信号的转换。其中包括模/数转换、数/模转换、串/并转换和并/串转换等。

由于外设之间在数据传送时，其功能主要是通过接口电路实现的。接口电路中一般包含三部分：① 数据寄存器，用来保存输入、输出数据；② 状态寄存器，用来保存外设的状态信息；③ 命令寄存器，用以保存来自 CPU 的有关数据传送的控制命令。由于在数据的传送中，CPU 需要对这些寄存器的状态口和保存命令的命令口寻址等，我们通常把接口电路中这些已编址并能进行读或写操作的寄存器称为端口(port)，或简称口。因此，一个接口电路就对应着多个端口地址。

输入、输出的数据都要通过系统的数据总线进行传送，为了正确地进行数据的传送，就必须解决数据总线的隔离问题。对于输出设备的接口电路，要提供锁存器，当允许接收输出数据时锁存器打开，否则关闭。而对于输入设备的接口电路，要使用三态缓冲电路或集电极开路门。

2. 接口编址方式

一个接口电路中有多个端口，这些端口都占用地址空间，系统要对这些端口编址才能访问。对端口编址是为 I/O 操作而进行的，因此也称为 I/O 编址。常用的 I/O 编址有独立编址方式和统一编址方式。

独立编址方式的优点是 I/O 地址空间和存储器地址空间相互独立，但需要专门设置一套 I/O 指令和控制信号，从而增加了系统的开销。

统一编址方式就是把系统中的 I/O 和存储器统一进行编址。在这种编址方式中，把接口中的寄存器(端口)与存储器中的存储单元同等对待。为此也把这种编址称之为存储器映像(Memory mapped)编址。80C51 使用统一编址方式，因此在接口电路中的 I/O 编址也采用 16 位地址，和存储单元的地址长度一样。

3. CPU 与外部设备交换信息的方式

在计算机的操作中，最基本和最频繁的操作是数据传送，在单片机应用系统中，数据主要在 CPU、内存和 I/O 接口之间传送。它们之间所采用的传送方式主要有：无条件传送方式、查询传送方式、中断传送方式和 DMA 方式。

9.2　并行 I/O 接口技术与应用

计算机的 I/O 接口技术主要分为两种：并行 I/O 接口和串行 I/O 接口。

在数据传输时，如果一个数据编码字符的每一位不是同时发送，而是按一定顺序，一位接着一位在信道中被发送和接收，则将这种传送方式称为串行传送方式。串行传送方式的物理信道为串行 I/O 接口。串行 I/O 接口的特点是成本低，但速度慢。

在数据传输时，如果一个数据编码字符的每一位都同时发送、并排传输，又同时被接收，则将这种传送方式称为并行传送方式。并行传送方式要求物理信道为并行 I/O 接口。并行 I/O 接口的特点是传送速度快、效率高，但由于需要的传送数据线多，因而传输成本高。并行数据传输的距离通常小于 30 cm。计算机内部的数据都是按并行传送的方式传送的。本章主要讨论并行 I/O 接口技术。

MCS-51 系列单片机具有四个 8 位双向口，都具有数据 I/O 操作功能(由于 80C51 采用统一编址方式，因此没有专门的 I/O 指令)。四个 I/O 口均属于内部的 SFR，访问 I/O 接口如同访问存储器单元一样。

使用单片微机本身的 I/O 口，能完成一些简单的数据 I/O 应用，例如执行指令：

    MOV   P1，#7FH

执行结果为：P1.7 引脚输出低电平，其余 7 个引脚都输出高电平。

9.2.1　简单 I/O 接口扩展

在 MCS-51 单片机应用系统中，常采用 TTL 电路、CMOS 电路锁存器或三态门构成简单的输入/输出口。通常，这种 I/O 口都是通过 P0 口扩展的。由于 P0 口只能分时使用，故构成输出口时，接口芯片应具有锁存功能；构成输入口时，根据输入数据是常态还是暂态，接口芯片应具有三态缓冲或锁存选通。数据的输入、输出由单片机的 $\overline{\text{RD}}$ 和 $\overline{\text{WR}}$ 信号控制。常用的 TTL 芯片有 74LS273、74LS373、74LS377、74LS573、74LS244 和 74LS245 等。图 9-1 为用 74LS244 和 74LS373 构成的 I/O 扩展电路。

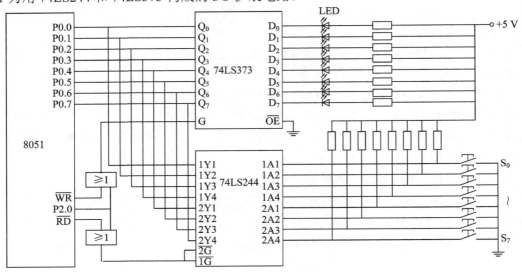

图 9-1　简单的 I/O 扩展电路

由图 9-1 看出，输入控制信号由 P2.0 和 $\overline{\text{RD}}$ 相"或"而得，输出控制信号由 P2.0 和 $\overline{\text{WR}}$ 相"或"而得。输入和输出的口地址均为 FEFFH(P2.0=0)，但分别由 $\overline{\text{RD}}$ 和 $\overline{\text{WR}}$ 信号控制，故输入和输出在逻辑上不会发生冲突。若图 9-1 中实现的功能是按下任一按键时对应的发光二极管发光，则编程如下：

```
LOOP: MOV    DPTR, #0FEFFH      ; 指向扩展 I/O 口地址
      MOVX   A, @DPTR           ; 从 244 读入数据, 检测按键
      MOVX   @DPTR, A           ; 向 373 输出数据
```

9.2.2　可编程 I/O 接口扩展

在单片机应用系统中，单片机本身的资源如 I/O 口、定时器/计数器、串行口等往往不能满足要求，因此需要在单片机上扩展其他外围接口芯片。

为了简化系统设计，提高微机系统的可靠性，近年来，外围接口电路已向组合化方向发展，发展为接口电路芯片组。

由于 MCS-51 系列单片机的外部 RAM 和 I/O 口是统一编址的,用户可以把单片机 64 KB 的 RAM 空间的一部分作为扩展 I/O 口的地址空间。这样,单片机就可以像访问外部 RAM 那样访问外部接口芯片,对其进行读/写操作。Intel 公司为配合该公司的处理器芯片,开发了大量外围接口芯片。其中有一些可以与 MCS-51 单片机直接连接,常用的接口芯片有 8255(可编程并行接口)、8259(可编程中断控制器)、8279(可编程键盘/显示器接口)、8155/8156(带有 I/O 口、定时器和静态 RAM 的可编程并行接口)、8253(可编程通用定时器/计数器)、8251(通用可编程通信接口)、8243(输入/输出扩展器)等。

9.3　可编程并行 I/O 接口芯片 8155

8155 芯片内具有 256 B 的 RAM,两个 8 位、一个 6 位的可编程并行 I/O 接口和一个 14 位的计数器,与 MCS-51 单片机接口简单,是单片机应用系统中广泛使用的芯片。

9.3.1　8155 的结构

图 9-2(a)为 8155 的内部结构,按照器件的功能,8155 可由下列三部分组成:

(1) 随机存储器部分:容量为 256 × 8 位的静态 RAM。

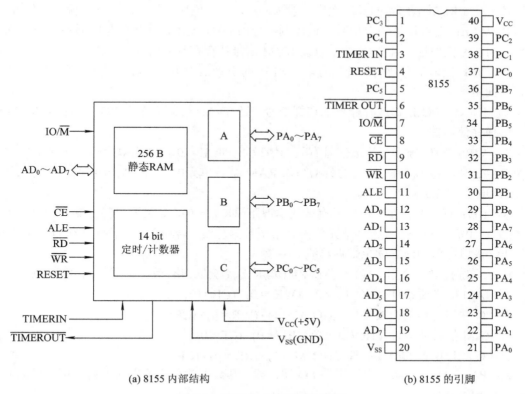

(a) 8155 内部结构　　　　　　　　　　(b) 8155 的引脚

图 9-2　8155 的内部结构及引脚

(2) I/O 接口部分:

端口 A:可编程 8 位 I/O 端口 PA$_0$～PA$_7$。

端口 B：可编程 8 位 I/O 端口 $PB_0 \sim PB_7$。

端口 C：可编程 6 位 I/O 端口 $PC_0 \sim PC_5$。

命令寄存器，8 位寄存器，只允许写入。

状态寄存器，8 位寄存器，只允许读出。

(3) 计数/定时器部分：1 个 14 位的二进制减法计数/定时器。

9.3.2 8155 的引脚功能

8155 具有 40 个引脚，采用双列直插式封装，引脚分布图如图 9-2(b)所示，其功能定义如下：

① $AD_0 \sim AD_7$(三态)：$AD_0 \sim AD_7$ 是地址/数据总线，可以直接与 8031 的 P0 口相连接。在允许地址锁存信号 ALE 的后沿(即下降沿)，将 8 位地址锁存在内部地址寄存器中。该地址可作为存储器部分的低 8 位地址，也可是 I/O 接口的通道地址，由输入的 IO/$\overline{M}$ 信号的状态来决定。

在 $AD_0 \sim AD_7$ 引脚上出现的数据信息是读出还是写入 8155，由系统控制信号 $\overline{WR}$ 或 $\overline{RD}$ 来决定。

② RESET：这是由外接电路提供的一个脉冲复位信号。在这根线上输入高电平时，使该器件复位。RESET 信号的脉冲宽度一般为 600 ns，复位后，各接口被置成输入工作方式。

③ ALE：允许地址锁存信号。该控制信号由 8031 发出，在该信号的后沿，将 $AD_0 \sim AD_7$ 上的低 8 位地址、片选信号 $\overline{CE}$ 以及 IO/$\overline{M}$ 信号锁存在片内的锁存器内。

④ $\overline{CE}$：低电平有效的片选信号。当 8155 的引脚 $\overline{CE} = 0$ 时，器件才允许被启用，否则为禁止使用。

⑤ IO/$\overline{M}$：I/O 接口或存储器的选择信号。当 IO/$\overline{M} = 1$ 时，选择 I/O 电路；当 IO/$\overline{M} = 0$ 时，选择存储器件。

⑥ $\overline{WR}$：写信号。在片选信号有效的情况下(即 $\overline{CE} = 0$)，该引脚上输入一个低电平信号($\overline{WR} = 0$)时，将 $D_0 \sim D_7$ 线上的数据写入 RAM 某一单元内(当 IO/$\overline{M} = 0$ 时)，或写入某一 I/O 端口电路(当 IO/$\overline{M} = 1$ 时)。

⑦ $\overline{RD}$：读信号。在片选信号有效的情况下(即 $\overline{CE} = 0$)，如果该引脚上输入一个低电平信号($\overline{RD} = 0$)时，8155 RAM 某单元的内容读至数据总线。若输入一个高电平($\overline{RD} = 1$)，则将某一 I/O 接口电路的内容读至数据总线。

由于系统控制的作用，$\overline{WR}$(写)和 $\overline{RD}$(读)信号不会同时有效。根据上面分析可知：

写 RAM 的必要条件是 $(IO/\overline{M} = 0) \cdot (\overline{WR} = 0) \cdot (\overline{CE} = 0)$；

写 I/O 端口电路的必要条件是 $(IO/\overline{M} = 1) \cdot (\overline{WR} = 0) \cdot (\overline{CE} = 0)$；

读 RAM 的必要条件是 $(IO/\overline{M} = 0) \cdot (\overline{RD} = 0) \cdot (\overline{CE} = 0)$；

读 I/O 端口电路的必要条件是 $(IO/\overline{M} = 1) \cdot (\overline{RD} = 0) \cdot (\overline{CE} = 0)$。

⑧ $PA_0 \sim PA_7$：一组 8 根通用的 I/O 端口线，其数据输入或输出的方向由可编程的命令寄存器的内容决定。

⑨ $PB_0 \sim PB_7$：一组 8 位的通用 I/O 端口，其数据输入或输出的方向由可编程的命令寄存器的内容所决定。

⑩ $PC_0 \sim PC_5$：一组 6 位的既具有通用 I/O 端口功能，又具有对 PA 和 PB 起某种控制作用的 I/O 电路。

各种功能的实现均由可编程的命令寄存器的内容所决定。PA、PB 和 PC 各 I/O 端口的状态可由读出状态寄存器的内容而得到。

⑪ TIMER IN：14 位二进制减法计数器的输入端。

⑫ $\overline{\text{TIMER OUT}}$：一个计时器的输出引脚。可由计时器的工作方式决定该输出信号的波形。

⑬ V_{CC}：+5 V 电源引脚。

⑭ V_{SS}：+5 V 电源的地线。

9.3.3 8155 的 RAM 和 I/O 口的编址

8155 芯片中的 RAM 和 I/O 口均占用单片机系统片外 RAM 的地址，其中高 8 位地址由 $\overline{\text{CE}}$ 和 $\text{IO}/\overline{\text{M}}$ 决定。当 $\overline{\text{CE}} = 0$ 且 $\text{IO}/\overline{\text{M}} = 0$ 时，低 8 位的 00H～0FFH 为 RAM 的有效地址；当 $\overline{\text{CE}} = 0$，且 $\text{IO}/\overline{\text{M}} = 1$ 时，由低 8 位地址中的末 3 位$(A_2A_1A_0)$来决定各个口的地址，如表 9-1 所示。

表 9-1　8155 口地址表

A_7	A_6	A_5	A_4	A_3	A_2	A_1	A_0	选中的口或寄存器
X	X	X	X	X	0	0	0	命令/状态寄存器
X	X	X	X	X	0	0	1	A 口
X	X	X	X	X	0	1	0	B 口
X	X	X	X	X	0	1	1	C 口
X	X	X	X	X	1	0	0	定时器低 8 位寄存器
X	X	X	X	X	1	0	1	定时器高 6 位寄存器和操作方式寄存器

9.3.4 8155 的 I/O 端口工作原理

8155 的三组 I/O 端口电路的工作方式均由可编程的命令寄存器的内容所规定，而其状态可由读出状态寄存器的内容而获得。上面已经叙述，8155 的命令寄存器和状态寄存器分别为各自独立的 8 位寄存器。在 8155 的器件内部，从逻辑上来说，是只允许写入命令寄存器和读出状态寄存器内容的。而实际上，读命令寄存器内容及写入状态寄存器的操作是既不允许也不可能实现的。因此完全可将命令寄存器和状态寄存器的地址合用一个通道地址，以减少器件占用的通道地址，同时将两个寄存器简称为命令/状态寄存器。

1) 8155 的命令字格式

8155 命令寄存器的定义如下：

D_7	D_6	D_5	D_4	D_3	D_2	D_1	D_0
TM2	TM1	IEB	IEA	PC II	PC I	PB	PA

① TM1，TM2：定时器/计数器工作方式。00—方式 1；01—方式 2；10—方式 3；11—方式 4。见表 9-2。

表 9-2　定时器/计数器工作方式定义表

TM2 TM1	方式
0　　0	无操作
0　　1	停止计数
1　　0	计满后停止
1　　1	开始计数

② IEB，IEA：端口 B 和端口 A 的中断允许标志。0—禁止；1—允许。

③ PC I，PC II：定义 $PC_0 \sim PC_5$ 工作方式。00—方式 1；01—方式 2；10—方式 3；11—方式 4。见表 9-3。

④ PA：$PA_0 \sim PA_7$ 功能。0—输入；1—输出。

⑤ PB：$PB_0 \sim PB_7$ 功能。0—输入；1—输出。

表 9-3　端口 C 控制分配表

PC II　PC I	00	01	10	11
方式	1	2	3	4
PC_0	IN	OUT	$INTR_A$	$INTR_A$
PC_1	IN	OUT	BF_A	BF_A
PC_2	IN	OUT	STB_A	STB_A
PC_3	IN	OUT	OUT	$INTR_B$
PC_4	IN	OUT	OUT	BF_B
PC_5	IN	OUT	OUT	STB_B

2) 8155 的状态字格式

状态寄存器为 8 位，各位均可锁存，其中最高位为任意位，低 6 位用于指定接口的状态，另一位用来指示定时器/计数器的状态。

通过读命令/状态寄存器的操作(即用指令系统的输入指令)，可读出状态寄存器的内容。8155 的状态字格式如下：

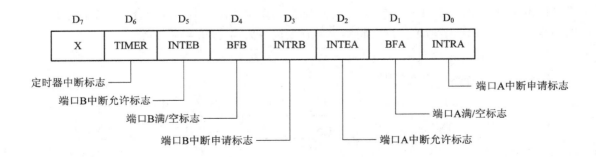

3) 8155 的端口电路

8155 器件的 I/O 部件由五个寄存器组成:

(1) 两个命令/状态寄存器(C/S):其地址为 xxxxx000。如前所述,当写操作期间选中命令/状态寄存器时,就把一个命令按命令字格式写入命令寄存器中,并且命令寄存器的状态信息不能通过其引脚来读取;当读操作期间选中命令/状态寄存器时,将 I/O 端口和定时器的状态信息读出。

(2) 两个寄存器为 PA 和 PB:根据命令/状态寄存器的内容,分别对 $PA_0 \sim PA_7$ 和 $PB_0 \sim PB_7$ 编程,使相应的 I/O 电路处于基本的输入或输出方式,或选通方式。

(3) PC:该寄存器仅 6 位,可以对 I/O 端口电路 $PC_0 \sim PC_5$ 进行编程,或对命令寄存器命令字的第 2,3 位(PC Ⅰ 和 PC Ⅱ)作适当编程,使其生成 PA 和 PB 的控制信号,详见表 9-3。

4) 8155 的定时器

8155 的定时器是一个 14 位的减法计数器,它能对输入定时器的脉冲进行计数,在达到最后计数值时,有一个矩形波或脉冲输出。

为了对定时器进行程序控制,首先装入计数长度。由于计数长度为 14 位(第 0~13 位),而每次装入的长度只能是 8 位,所以必须分两次装入。装入计数长度寄存器的值为 2H~3FFFH,第 14~15 位用来规定定时器的输出方式。定时器格式如下:

15	14	13	12	11	10	9	8	7	6	5	4	3	2	1	0
M2	M1	T_{13}	T_{12}	T_{11}	T_{10}	T_9	T_8	T_7	T_6	T_5	T_4	T_3	T_2	T_1	T_0

计时器方式　　　　　　计数长度高 6 位　　　　　　　　计数长度低 8 位

最高两位(M2,M1)定义的定时器方式如表 9-4 所示。

表 9-4　定时器方式定义表

M2M1	方　式	波　形
0　0	0	单方波
0　1	1	连续方波
1 0	2	单脉冲
1　1	3	连续脉冲

应该注意,当 8155 复位时,8155 计数器停止计数。

9.3.5　MCS-51 单片机通过 8155 扩展 I/O 接口的方法

【例 9-1】　MCS-51 单片机可以和 8155 直接连接,不需要任何外加电路,只需对系统增加 256B 的 RAM、22 位 I/O 线及一个计数器,其接口电路如图 9-3 所示。8155 中 RAM 的地址因 P2.0 即 $A_8 = 0$,P2.7 = 0,所以可选为 0000 0000 0000 0000B(0000H)~0000 0000 1111 1111B(00FFH);I/O 口地址是 0000 0001 0000 0000B(0100H)~0000 0001 0000 0101B(0105H),即 0100H~0105H。

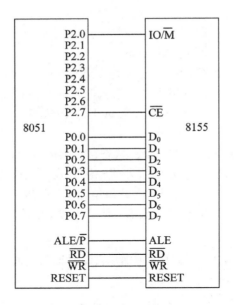

图 9-3　8051 与 8155 接口电路图

PA 口定义为基本输入方式，PB 口定义为基本输出方式，定时器作为方波发生器，对 8051 的晶振频率进行 24 分频(但需注意，8155 的最高计数频率约 4 MHz)，则 8155 I/O 口初始化程序如下：

```
START: MOV   DPTR，#0104H        ;定时器低 8 位送 #18H(24D)
       MOV   A，#18H
       MOVX  @DPTR，A
       INC   DPTR               ;DPTR + 1→DPTR = #0105H
       MOV   A，#40H    ;定时高 6 位送 000000B，工作方式为连续方波，对频率晶振 24 分频
       MOVX  @DPTR，A
       MOV   DPTR，#0100H        ;命令状态口
       MOV   A，#02H
       MOVX  @DPTR，A
```

在同时需要扩展 RAM 和 I/O 口及计数器的 MCS-51 应用系统中，选用 8155 是特别经济的。8155 的 RAM 可以作为数据缓冲器，I/O 口可以外接打印机、A/D、D/A、键盘等控制信号的输入/输出，定时器可以作为分频器或定时器。

9.4　数码显示器及键盘接口

显示器是最常用的输出设备，特别是发光二极管显示器(LED)和液晶显示器(LCD)，由于结构简单、价格低廉和接口容易，在单片机系统中得到大量应用。下面主要介绍发光二极管显示器(LED)与 8051 的接口设计和相应的程序设计。

9.4.1 LED 显示器结构与原理

发光二极管显示器是单片机应用产品中常用的输出设备。它是由若干个发光二极管组成显示的字段，当二极管导通时相应的一个点或一个笔划发光，就能显示出各种字符。常用的七段 LED 显示器的结构如图 9-4 所示。LED 数码显示器有两种结构：将所有发光二极管的阳极连在一起，称为共阳接法，公共端 COM 接高电平，当某个字段的阴极接低电平时，对应的字段就点亮；将所有发光二极管的阴极连在一起，称为共阴接法，公共端 COM 接低电平，当某个字段的阳极接高电平时，对应的字段就点亮。每段所需电流一般为 $5\sim15\,\text{mA}$，实际电流视具体的 LED 数码显示器而定。下面介绍使用译码器或软件译码的一些接口电路。

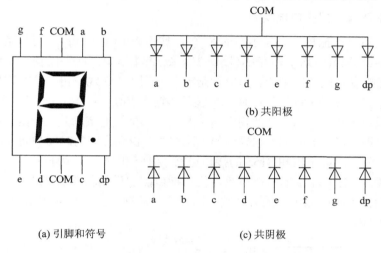

(a) 引脚和符号   (c) 共阴极

图 9-4　七段 LED 数码显示器的引脚符号和结构

点亮 LED 显示器有静态和动态两种方法。所谓静态显示，就是显示某一字符时，相应的发光二极管亮时有恒定的电流流过，这种方法，每一显示位都需要一个 8 位的输出口控制，占用的硬件较多，一般仅用于显示位数较少的场合。动态显示就是一位一位地轮流点亮各位显示器，对每一位显示器而言，每隔一段时间点亮一次。动态显示器因其硬件成本较低而得到广泛的应用。

为了显示字符和数字，要为 LED 显示器提供显示段码(或称字形代码)，组成一个"8"字形的 7 段，再加上一个小数点位，共计 8 段，因此提供 LED 显示器的显示段码为 1 个字节。各段码的对应关系如表 9-5 所示。

表 9-5　各段码的对应关系

段码位	D_7	D_6	D_5	D_4	D_3	D_2	D_1	D_0
显示段	dp	g	f	e	d	c	b	a

用 LED 显示器显示十六进制数和空白及 P 的显示段码如表 9-6 所示。

从 LED 显示器的显示原理可知，为了显示字母和数字，最终必须转换成相应段码。这种转换可以通过硬件译码器或软件进行译码实现。

表 9-6　十六进制数及空白与 P 的显示段码

字型	共阳极段码	共阴极段码	字型	共阳极段码	共阴极段码
0	C0H	3FH	9	90H	6FH
1	F9H	06H	A	88H	77H
2	A4H	5BH	B	83H	7CH
3	B0H	4FH	C	C6H	39H
4	99H	66H	D	A1H	5EH
5	92H	6DH	E	86H	79H
6	82H	7DH	F	84H	71H
7	F8H	07H	空白	FFH	00H
8	80H	7FH	P	8CH	73H

1. 动态 LED 显示器接口电路

动态显示接口电路把每一个显示器的 8 个笔画字段(a~g 和 dp)的同名端连在一起,而每一个显示器的公共极(COM)各自独立接受 I/O 线控制。CPU 向字段输出端口输出字型码时,所有显示器接受相同的字型码,但究竟是哪一位则由 I/O 线决定。动态扫描用分时的方法轮流控制每个显示器的 COM 端,使每个显示器轮流点亮。在轮流点亮过程中,每位显示器的点亮时间极为短暂,但由于人的视觉暂留及发光二极管的余辉效应,给人的印象就是一组稳定的显示数据。显示器的亮度跟导通的电流有关,也和点亮的时间与间隔的比例有关。

图 9-5 为 6 位共阴显示器和 8155 的接口电路。8155 的 A 口作为位扫描口,B 口作为段数据口。考虑驱动 LED 显示器所需电流,位扫描口需加反相驱动器 75452,以提供足够的驱动电流,然后接各数码显示器的公共端。同理,段数据口也需加同相驱动器 7407 再接到数码显示器的各段。

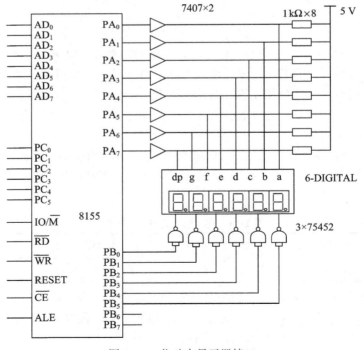

图 9-5　6 位动态显示器接口

【例9-2】 在 8051 的内部 RAM 中设置 6 个显示缓冲单元 79H～7EH，分别存放 6 位显示器(见图 9-5)的显示数据。8155 的 A 口扫描输出 1 位高电平，反相后为低电平输出到数码显示器的公共端(共阴极)，8155 的 B 口输出相应位的显示数据的段码，使某一位显示出一个欲显示的字符，其他位由于公共端接高电平而不能点亮，依次地改变 A 口输出的高电平位，B 口输出对应位的段码，6 位显示器就能显示出缓冲器中显示数据所确定的字符。显示程序流程图如图 9-6 所示。

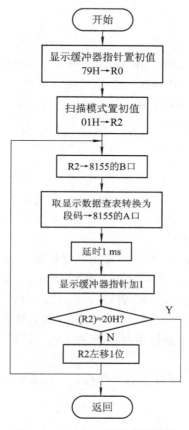

图 9-6 动态显示子程序流程图

程序清单如下：

```
DIR:    MOV  R0，#79H       ；显示数据缓冲区首址送 R0
        MOV  R2，#01        ；从最右边一位开始显示
        MOV  A，R2
LD0:    MOV  DPTR，#0102H   ；扫描值送 PB 口(0102H 为 PB 口地址)
        MOVX @DPTR，A       ；送显示数位
        DEC  DPL           ；数据指针指向 PA 口(0101H 为 PA 口地址)
        MOV  A，@R0         ；取显示数据
        ADD  A，#12         ；加上偏移量
        MOVC A，@A+PC       ；查表得到字形
        MOVX @DPTR，A       ；送到 PA 口显示
```

```
        ACALL    DL1            ；调用延时子程序
        INC   R0               ；数据缓冲区地址加 1
        MOV   A，R2
        JB    ACC.5，LD1       ；扫描到第六个显示器了吗
        RL    A                ；没有显示位右移 1 位
        MOV   R2，A            ；保存显示位
        AJMP   LD0             ；循环显示
LD1：   RET
        DB 3FH，06H，5BH，4FH，66H，6DH ；0 1 2 3 4 5
        DB 7DH，07H，7FH，67H，77H，7CH ；6 7 8 9 A B
        DB 39H，5EH，79H，71H            ；C D E F
DL1：   MOV   R7，#02H                    ；延时子程序
DL2：   MOV   R6，#0FFH
DL3：   DJNZ   R6，DL3
        DJNZ   R7，DL2
        RET
```

2．静态 LED 显示器接口电路

静态 LED 显示就是显示驱动电路具有输出锁存功能，单片机将要显示的数据送出后就不再控制 LED，直到下一次显示时再传送一次新的数据。只要当前显示的数据没有变化，就无须理睬数码显示管。静态显示的数据稳定，占用的 CPU 时间少。静态显示中，每一个显示器都要占用单独具有锁存功能的 I/O 口，该接口用于笔画段字型段码。这样，单片机只要把显示的字型数据段码发送到接口电路，该字段就可以显示要发送的字型。要显示新的数据时，单片机再发送新的段码。

由于静态 LED 显示每一位 LED 都有 8 位段码，需 8 位 I/O 口，占用口线太多，在此就不再介绍了。

9.4.2　键盘接口

键盘是由若干个按键组成的开关矩阵，它是一种廉价的输入设备。一个键盘通常包括有数字键(0～9)、字母键(A～Z)以及一些功能键。操作人员可以通过键盘向计算机输入数据、地址、指令或其他控制命令，实现人—机对话。

用于计算机系统的键盘按其结构形式可分为两类：一类是编码键盘，即键盘上闭合键的识别由专用的硬件来实现；另一类是非编码键盘，即键盘上闭合键的识别由软件来识别。单片机系统中普遍使用非编码键盘，键盘接口应具备以下功能：

◆ 键扫描功能，即检测是否有键按下；

◆ 产生相应的键代码(键值)；

◆ 消除按键抖动及多键按下。

3×3 的键盘结构如图 9-7 所示，图中的列线通过电阻接 +5 V。当键盘上没有键闭合时，所有的行线和列线断开，列线 $y_0 \sim y_2$ 都呈高电平。当键盘上某一个键闭合时，则该键所对应的列线与行线短路。例如 4 号键按下(闭合)时，行线 x_1 和列线 y_1 短路，此时列线 y_1 的电平由 x_1 行线的电位所决定。

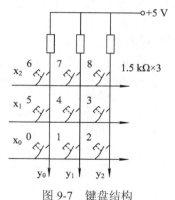

图 9-7　键盘结构

如果把列线接到单片机的输入口，行线接到单片机的输出口，在单片机的控制下使 x_0 线为低电平，如果所有的列线都为高电平，则 x_0 这一行上没有键闭合，如果读出的列线状态不全为高电平，则为低电平的列线与 x_0 相交处的键处于闭合状态；如果 x_0 这一行上没有闭合键，就使 x_1 行线为低电平，检测该行线上有无闭合键；以此类推，直到最后一根列线都检测完。这种逐行逐列地检查键盘状态的过程就称为对键盘一次扫描。

CPU 对键盘扫描可以采取程序控制的随机方式，CPU 空闲时扫描键盘。也可以采取定时控制方式，每隔一定的时间 CPU 就对键盘扫描一次。也可以采取中断方式，每当键盘上有键闭合时，向 CPU 请求中断，CPU 响应中断后，对键盘扫描，以识别哪一个键是否处于闭合状态，并对该键输入信息做出相应处理。对于闭合键号的确定，CPU 可根据行线和列线的状态计算求得，也可以根据行线和列线状态查表确定。图 9-8 为键闭合时列线电压波形。若 x_0 为低电平，1 号键闭合一次，y_1 的电压波形如图 9-8 所示。图中 t_1 和 t_3 分别为键的闭合和断开过程中的抖动期(呈现一串负脉冲)，抖动时间长短与开关的机械特性有关，一般为 $5 \sim 10\,ms$ 之间；t_2 为稳定闭合期，其时间由操作员的按键动作所确定，一般为数百毫秒到几秒；t_0、t_4 为断开期。为了保证 CPU 对键的闭合做一次处理，必须去除抖动，在键的稳定闭合或断开时，读键的状态。

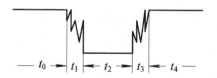

图 9-8　键闭合时列线电压波形

非编码键盘识别按键的方法有两种：一是行扫描法，二是线反转法。

(1) 行扫描法。该方法是通过行线发出低电平信号，如果该行线所连接的键没有按下，则列线所接的端口得到的全是"1"信号；如果有键按下，则得到非全"1"信号。为防止双键或多键同时按下，再从第 0 行一直扫描到最一行，若发现仅有一个"1"，则为有效键；否则全部作废。找到有效的闭合键后，读入相应的键值转到对应的处理程序。

(2) 线反转法。该方法也是识别闭合键的一种常用方法，它比行扫描法速度快，但在硬件上要求行线与列线外接上拉电阻。该法先将行线作为输出线，列线作为输入线，行线输出全"0"，读入列线的值，然后将行线和列线的输入、输出关系互换，并且将刚才读到的列线值从列线所接的端口输出，再读取行线的输入值。因此，闭合键所在行线上的值必为 0。这样，当一个键被按下时，必定可读到一对唯一的行列值。

9.4.3　MCS-51 单片机扩展键盘与显示器接口

【例 9-3】　图 9-9 为 8×2 键盘、6 位显示器和 8051 的接口电路，8051 外接一片 8155，因 8155 的 $\overline{CS}$ 与 P2.6 相接($A_{14}=0$)，所以 8000H 为 8155 控制寄存器地址，8001H 为 8155 的 A 口地址，8002H 为 8155 的 B 口地址，8003H 为 8155 的 C 口地址。8155 的 B 口为输出口，控制显示器字形；A 口为输出口，作为键扫描口，同时又是 6 位显示器的扫描输出口；8155 的 C 口的 PC_0、PC_1 为输入口，读入键盘数，称为键输入口。

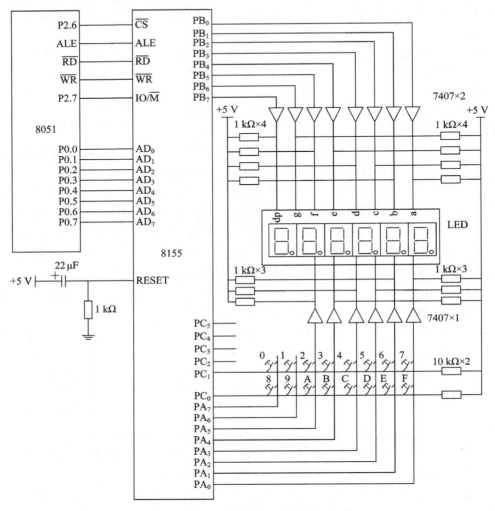

图 9-9 8051 经 8155A 扩展键盘显示器接口

键输入程序的功能如下：

(1) 判别键盘上有无键按下。扫描口 $PA_0 \sim PA_7$ 输出全"0"，读 PC 口的状态：若 PC_0、PC_1 为全"1"(键盘上行线全为高电平)，则键盘上没有闭合键；若 PC_0、PC_1 不全为"1"，则有键处于闭合状态。

(2) 去除键的机械抖动。判别到键盘上有键闭合后，延时一段时间后再判别键盘的状态，若仍有键闭合，则认为键盘上有一个键处于稳定的闭合期，否则认为是键的抖动。

(3) 判别闭合键的键号。对键盘的列线进行扫描，扫描口 $PA_0 \sim PA_7$ 依次输出"0"，并相应地顺次读 PC 口的状态，若 PC_1、PC_0 为全"1"，则该列上没有键闭合；否则，该列上有键闭合，闭合键的键号等于为低电平的列号加上为低电平的行的首键号。例如，PA 口输出 11111011 时，读出 PC_1、PC_0 为 01，则 1 行 3 列相交的键处于闭合状态。第 1 行的首键号为 8，列号为 3，闭合键的键号为：

$$N = 行首键号 + 行号 = 8 + 3 = 11$$

(4) 使 CPU 对键的一次闭合仅做一次处理。采用的方法为等待闭合键释放以后再做处理。LED 显示程序的流程如图 9-6 所示，主程序流程图如图 9-10 所示。

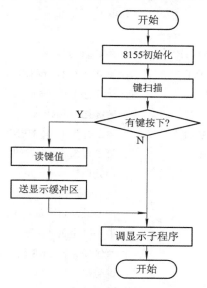

图 9-10　主程序流程图

这里采用显示子程序作为延时子程序，其优点是在进入键输入程序后，显示器始终是亮的。在键输入程序中，调用显示程序 DISUP 一次需用 6 ms。DIGL 为 8001H，即 A 口的地址，DISM 为显示器占有数据存储单元首地址。

键输入源程序如下：

```
        DIGL   EQU   8001H
        DISM   EQU   40H
        MOV    DPTR，#8000H    ; 8000H 为 8155 控制寄存器地址
        MOV    A，#81H          ; 8155A 初始化，A 口出，B 口出，C 口入
        MOVX   @DPTR，A         ; 送到 8155A 控制寄存器
KEY:    CLR    F0              ; 置无键闭合标志 F0 = 0
        ACALL  KSI             ; 调用键是否闭合子程序
        JNZ    LK1             ; 有键闭合转 LK1
NL:     ACALL  DISUP           ; 无键闭合调用显示子程序
        AJMP   EXIT            ; 转 EXIT
LK1:    ACALL  DISUP           ; 有键闭合，调用显示子程序，延时 12 ms
        ACALL  DISUP
        ACALL  KSI             ; 调用键是否闭合子程序
        JNZ    LK2             ; 有键闭合，转 LK2
```

```
        AJMP   EXIT              ; 无键闭合，转 EXIT
LK2:    MOV    R2，#0FEH          ; 扫描模式→R2(从 PA0 开始)
        MOV    R4，#00H           ; R4 清零
LK4:    MOV    DPTR，#DIGL        ; DPTR 指向 A 口
        MOV    A，R2
        MOVX   @DPTR，A           ; 列线送 0
        INC    DPL               ; 取 C 口地址
        INC    DPL
        MOVX   A，@DPTR           ; 读 C 口内容
        JB     ACC.0，LONE        ; 第 0 行为 1，转 LONE
        MOV    A，#00H            ; 第 0 行为 0，有键闭合，首键号 0→A
        AJMP   LKP               ; 转键处理 LKP
LONE:   JB     ACC.1，NEXT        ; 第 1 行为 1，转 NEXT
        MOV    A，#08H            ; 第 1 行为 0，有键闭合，首键号 08→A
LKP:    ADD    A，R4              ; 键处理
        PUSH   ACC               ; 键号进栈保护
LK3:    ACALL  DISUP             ; 判断键是否释放，调用显示子程序，延时 6 ms
        ACALL  KSI               ; 调用键是否闭合子程序
        JNZ    LK3               ; 有键闭合转 LK3 循环等待
        POP    ACC               ; 键号出栈
        SETB   F0                ; 置有键按过标志 F0 = 1
EXIT:   RET                      ; 读键和显示程序返回，键值在 A 中
NEXT:   INC    R4                ; 列计数加 1，扫描下一列
        MOV    A，R2              ; 判别是否扫描到最后一列
        JNB    ACC.7，KND         ; ACC.7 = 0 到最后一列，转 KND
        RL     A                 ; 扫描模式左移 1 位
        MOV    R2，A
        AJMP   LK4               ; 转 LK4 继续扫描
KND:    AJMP   EXIT              ; 转 EXIT
; 子程序 KSI 功能：判别键是否闭合
; 入口参数：无
; 出口参数：A=0 无键闭合，A≠0 有键闭合
KSI:    MOV    DPTR，#DIGL        ; DPTR 指向 A 口
        MOV    A，#00H            ; 输出全 0
        MOVX   @DPTR，A
        INC    DPL               ; 取 C 口地址
        INC    DPL
        MOVX   A，@DPTR           ; 读 C 口内容
        CPL    A                 ; 逐位取反
```

```
              ANL   A，#03H                    ；屏蔽高 6 位
              RET
      ；显示程序 DISUP 功能：显示内部 RAM 中 DISM 为首址的 6 位十六进制数
      ；入口参数：无
      ；出口参数：无
      DISUP：MOV   R0，#DISM                ；显示缓冲区首址→R0
              MOV   R3，#0DFH               ；置显示位(从最高位开始)初始位→R3
              MOV   A，R3
      DIS0：  MOV   DPTR，#DIGL         ；显示口地址→DPTR
              MOVX   @DPTR，A
              INC   DPL                      ；取 B 口(字形口)地址
              MOV   A，@R0                    ；显示内容→A
              ADD   A，#17H                   ；调整指向字形表
              MOVC   A，@A+PC                 ；转换成七段码值
              MOVX   @DPTR，A                 ；送到字形口
              MOV   R7，#02H                  ；延时
      DL1：   MOV   R6，#0FFH
      DL2：   DJNZ   R6，DL2
              DJNZ   R7，DL1
              INC   R0                        ；显示缓冲区加 1
              MOV   A，R3
              JNB   ACC.0，DIS2               ；判别是否到最低位，是，转 DIS2
              RR   A                          ；不是最低位，显示位右移 1 位
              MOV   R3，A
              AJMP DIS0                       ；循环显示
      DIS2：  RET                             ；返回
              DB 3FH，06H，5BH，4FH          ；七段码表
              DB 66H，6DH，7DH，07H
              DB 7FH，6FH，77H，7CH
              DB 39H，5EH，79H，71H
```

9.4.4 其他常用可编程接口芯片

8279 是 Intel 公司生产的通用可编程键盘和显示器 I/O 接口器件。由于它本身可提供扫描信号，因而可代替微处理器完成键盘和显示器的控制，从而减轻了主机的负担。

1. 8279 主要特性

8279 接口的主要特性如下：

(1) 与 MCS-85、MCS-48、MCS-51 等微处理器连接方便。

(2) 能同时执行键盘与显示器操作。

(3) 扫描式键盘工作方式。

(4) 有 8 个键盘 FIFO(先入先出)存储器。

(5) 带触点去抖动的二键锁定或 N 键巡回功能。

(6) 两个 8 位或 16 位的数字显示器。

(7) 可左/右输入的 16 B 显示用 RAM。

(8) 由键盘输入产生中断信号。

(9) 扫描式传感器工作方式。

(10) 用选通方式送入输入信号。

(11) 单个 16 字符显示器。

(12) 工作方式可由 CPU 编程。

(13) 可编程扫描定时。

2．8279 接口电路与应用举例

8279 的接口方法如图 9-11 所示。图中，8051 经 8279 外接 8×8 键盘、16 位显示器。8279 的数据总线接 8051 的 P0 口。$\overline{RD}$、$\overline{WR}$ 接 8051 的读、写信号线。$\overline{CS}$、A0 接 P2.7(A_{15})和 P2.0(A_8)，8051 的周期输出信号 ALE 作 8279 的时钟信号，8279 采用加电自身复位方式。8279 的中断请求线反相后接 8051 $\overline{INT1}$。

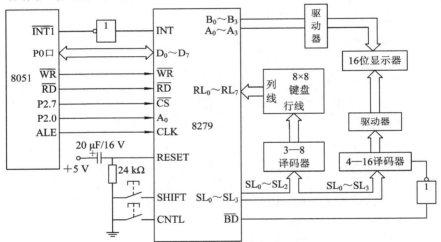

图 9-11　8031 与 8279 的接口框图

8279 键盘部分可提供具有二键锁定或 N 键巡回方式的 64 键键盘矩阵。SL_0～SL_3 为 8279 所提供的行扫描线，假设它为编码输出(高电平有效)，这里 SL_0～SL_2 通过外接 3—8 译码器 (74LS138)来选择行。译码器的输出(低电平有效)接到键盘的行输入，列值由 RL_0～RL_7 进入 8279，这 8 条返回线的信号经 8279 缓冲锁存，并由 8279 内部逻辑部件对它进行扫描检查，以寻找选中的行内被按下的按键。如果键去抖动电路检测到某键被按下，为了去抖动它等待 10 ms，然后再重新检测此键是否仍然闭合。如果仍闭合，便将该键在阵列中的地址(表示该键的 6 位编码)及换挡键和控制键状态送入 8279 的 FIFO RAM 中，每按一次键便送一次，FIFO RAM 最多可存放 8 个字符。进入 FIFO 的字符数目由包含 FIFO 状态字节中的字符计数(状态的低 3 位)指示，当检测到某键被按下时，8279 的中断请求线变为高电平，同时 FIFO

—158—

状态字改变以反映存放在 FIFO 中的字符数。8279 可通过选择二键锁定或 N 键巡回方式来解决重键问题。

【例 9-4】 图 9-11 中，$A_0 \sim A_3$ 和 $B_0 \sim B_3$ 为段控制输出(高电平有效)，外接驱动器后连至 LED 各段。对于七段 LED 来说，A_3 为最高位，B_0 为最低位，$SL_0 \sim SL_3$ 为位控制输出，经译码驱动后连至各 LED 可控制 16 位显示器，其扫描速度($A_0 \sim A_3$ 及 $B_0 \sim B_3$ 与其同步变化)则由内部定时器决定。

更新显示器和用查询方法读出 16 个键输入数的程序如下：

```
START:   MOV   DPTR, #7FFFH      ; 7FFFH 为 8279 状态地址
         MOV   A, #0D1H          ; 清除命令
         MOVX  @DPTR, A          ; 命令字输入
WAIT1:   MOVX  A, @DPTR          ; 读入状态
         JB    ACC.7, WAIT1      ; 清除等待
         MOV   A, #2AH           ; 对时钟编程，设 ALE 为 1 MHz；10 分频为 100 kHz
         MOVX  @DPTR, A          ; 命令送入
         MOV   A, #08H           ; 显示器左边输入外部译码，双键互锁方式
         MOVX  @DPTR, A
         MOV   R0, #30H          ; 设 30H～3FH 存放显示字形的段数据
         MOV   R7, #10H          ; 显示 16 位数
         MOV   A, #90H           ; 输出写显示数据命令
         MOVX  @DPTR, A
         MOV   DPTR, #7EFFH      ; 7EFFH 是 8279 数据地址
LOOP1:   MOV   A, @R0
         MOVX  @DPTR, A          ; 段选码送 8279 显示 RAM
         INC   R0               ; 指向下一个段选码
         DJNZ  R7, LOOP1        ; 16 个段选码送完？
         MOV   R0, #40H         ; 40H 为键值存放单元首址
         MOV   R7, #10H         ; 有 16 个键值
LOOP2:   MOV   DPTR, #7FFFH     ; 读 8279 状态
LOOP3:   MOVX  A, @DPTR
         ANL   A, #0FH          ; 取状态字低 4 位
         JZ    LOOP3            ; FIFO 中无键值时等待输入
         MOV   A, #40H          ; 输出读 FIFO 的 RAM 命令
         MOVX  @DPTR, A         ; 命令送入
         MOV   DPTR, #7EFFH     ; 读键输入数据
         MOV   @R0, A           ; 键值存入内存 40H～4FH
         INC   R0              ; 指向下一个键值存放单元
         DJNZ  R7, LOOP2       ; 读完 10H 个键入数据？
WAIT2:   AJMP  WAIT2           ; 键值读完等待
```

9.5 D/A 转换与 D/A 转换器

D/A 转换器(Digit to Analog Converter)是将数字量转换成模拟量的器件,通常用 DAC 表示,它可将数字量转换成与之成正比的模拟量,因此被广泛应用于过程控制中。

9.5.1 D/A 转换原理

D/A 转换的基本原理是把数字量的每一位代码按权大小转换成模拟分量,然后根据叠加原理将各代码对应的模拟输出分量相加。实现 D/A 转换,常用权电阻网络和 T 形电阻网络两种方法。

1. 权电阻网络 D/A 转换法

权电阻网络 D/A 转换法,是用一个二进制数的每一位产生一个与二进制数的权成正比的电压,然后将这些电压加起来,就可得到与该二进制数对应的模拟量电压信号。图 9-12 是一个 4 位二进制的 D/A 转换器的原理图。它包括 1 个 4 位切换开关、4 个加权电阻的网络、1 个运算放大器和 1 个比例反馈电阻 R_F。加权电阻的阻值按 8:4:2:1 的比例配置。相应的增益分别为 $-\dfrac{R_F}{8R}$、$-\dfrac{R_F}{4R}$、$-\dfrac{R_F}{2R}$、$-\dfrac{R_F}{R}$。切换开关由二进制数来控制。当二进制数的某一位为 1 时,对应的开关闭合;否则开关断开。当开关闭合时,输入电压 U_{REF} 加在该位的电阻上,于是在放大器的输出端产生的电压为

$$U_{OUT} = U_{REF} \cdot \left(-\frac{R_F}{2^n R} \right)$$

当输入的二进制数为 $D_3 D_2 D_1 D_0$ 时,输出电压为

$$U_{OUT} = -U_{REF} \cdot R_F \left(\frac{D_3}{R} + \frac{D_2}{2R} + \frac{D_1}{4R} + \frac{D_0}{8R} \right)$$

选用不同的加权电阻网络,就可得到不同编码的 D/A 转换器。

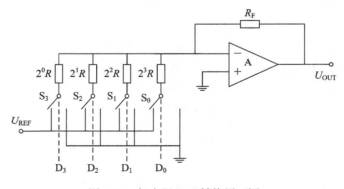

图 9-12 权电阻 D/A 转换原理图

2．T 形电阻网络 D/A 转换法

图 9-13 是 T 形解码网络的具体电路形式，4 位 DAC 寄存器中的 D_3、D_2、D_1、D_0 为 4 位数字量输入，虚框内为 T 形电阻网络(桥上电阻均为 R，桥臂电阻为 $2R$)、A 为运算放大器，也可以外接，E 点为虚拟地，接近 0 V；U_{REF} 为参考电压，由稳压电源提供；$S_3 \sim S_0$ 为电子开关，受 4 位 DAC 寄存器中 $D_3D_2D_1D_0$ 控制。

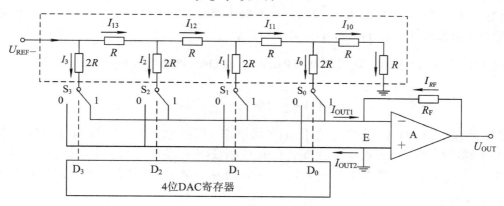

图 9-13　T 形电阻网络 D/A 转换器原理图

为了分析问题，设 $D_3D_2D_1D_0$ 全为 "1"，故 $S_3S_2S_1S_0$ 全部与 "1" 端相连。根据克希荷夫定律，有如下关系：

$$I_3 = \frac{U_{REF}}{2R} = 2^3 \cdot \frac{U_{REF}}{2^4 \cdot R}$$

$$I_2 = \frac{I_3}{2} = 2^2 \cdot \frac{U_{REF}}{2^4 \cdot R}$$

事实上，$S_3S_2S_1S_0$ 的状态是 $D_3D_2D_1D_0$ 控制的，并非一定是全 "1"。若它们中有些位为 "0"，$S_3S_2S_1S_0$ 中相应的开关因与 "0" 端相接而无电流流过，从而可得到通式

$$I_{OUT} = D_3 \cdot I_3 + D_2 \cdot I_2 + D_1 \cdot I_1 + D_0 \cdot I_0$$

$$= (D_3 \cdot 2^3 + D_2 \cdot 2^2 + D_1 \cdot 2^1 + D_0 \cdot 2^0) \cdot \frac{U_{REF}}{2^4 \cdot R}$$

选取 $R_F = R$，并考虑 E 点虚地，故

$$I_{RF} = -I_{OUT1}$$

因此，可以得到

$$U_{OUT} = I_{RF} \cdot R_F = -(D_3 \cdot 2^3 + D_2 \cdot 2^2 + D_1 \cdot 2^1 + D_0 \cdot 2^0) \cdot \frac{U_{REF} \cdot R_F}{2^4 \cdot R} = -D \cdot \frac{U_{REF}}{16}$$

对于 n 位 T 形电阻网络，上式可变为

$$U_{OUT} = -(D_{n-1} \cdot 2^{n-1} + D_{n-2} \cdot 2^{n-2} + \cdots + D_1 \cdot 2^1 + D_0 \cdot 2^0) \cdot \frac{U_{REF} \cdot R_F}{2^n \cdot R} = -D \cdot \frac{U_{REF}}{2^n}$$

上述讨论表明，D/A 转换过程主要是由解码网络实现，而且是并行工作的。换句话说，D/A 转换器是并行输入数字量的，每位代码也是同时被转换成模拟量的。这种转换方式的速度快，一般为微秒级，有的可达几十毫微秒。

3．D/A 转换器的性能指标

D/A 转换器的主要性能指标有：

(1) 分辨率。单位数字量所对应模拟量增量，即相邻两个二进制码对应的输出电压之差称为 D/A 转换器的分辨率。它确定了 D/A 产生的最小模拟量变化，也可用最低位(LSB)表示，如 n 位 D/A 转换器的分辨率为 $1/2^n$。

(2) 精度。精度是指 D/A 转换器的实际输出值与理论值之间的误差，它是以满量程 U_{FS} 的百分数或最低有效位(LSB)的分数形式表示的。如：若精度为 ±0.1%，则最大误差为 $U_{FS} \pm 0.1\%$，若 $U_{FS} = 10$ V，则误差为 ±10 mV。n 位 DAC 的精度为 $\pm \frac{1}{2}$ LSB，则最大误差为：

$$\pm 0.5 \times \frac{1}{2^n} U_{FS} = \pm \frac{1}{2^{n+1}} U_{FS}$$

(3) 线性误差。D/A 的实际转换特性(各数字输入值所对应的各模拟输出值之间的连线)与理想的转换特性(始、终点连线)之间是有偏差的，这个偏差就是 D/A 的线性误差，即两个相邻的数字码所对应的模拟输出值(之差)与一个 LSB 所对应的模拟值之差，常以 LSB 的分数形式表示。

4．D/A 转换器的分类

(1) 按输出形式分类。按输出形式可将 D/A 转换器分为电压输出型和电流输出型两种。电压输出型 D/A 转换器可以直接从电阻阵列输出电压，直接输出电压的器件仅用于高阻抗负载，由于无输出放大器部分的延迟，常作为高速 D/A 转换器使用。电流输出型 D/A 转换器输出的电流很少被直接利用，一般经电流—电压转换电路将电流输出转换成电压输出，常用的转换方法有两种：一种是直接连接负载电阻实现，另一种是通过运算放大器实现，其中后者较常用。

(2) 按是否含有锁存器分类。D/A 转换器实现转换需要一定的时间，在转换时间内，D/A 转换器输入端的数字量应保持稳定，为此应当在 D/A 转换器数字量输入端的前面设置锁存器，以提供数据锁存功能。根据转换器芯片内是否带有锁存器，可将 D/A 转换器分为内部无锁存器和内部有锁存器两类。

(3) 按输入数字量方式分类。根据与处理器相连的总线类型，可将 D/A 转换器分为并行总线 D/A 转换器和串行总线 D/A 转换器两种。串行 D/A 转换器可以通过 I^2C 总线、SPI 总线等串行总线接收来自于处理器的数据，并行 D/A 转换器则通过并行总线接收来自于处理器的数据。

9.5.2 并行 D/A 转换器的接口与应用

由于使用的情况不同，DAC 的位数、精度及价格要求也不相同。美国 AD 公司、Motorola 公司、半导体公司、无线电公司等均生产 D/A 转换器。D/A 转换器的位数有 8 位、10 位、12 位、16 位等。下面以典型的 8 位 D/A 转换器 DAC0832 为例，介绍 D/A 转换器的接口。

1．DAC0832 的特点及结构

1) DAC0832 的特点

DAC0832 是 NS 公司生产的 DAC0830 系列(DAC0830/32)产品中的一种，该系列芯片具

有以下特点:

(1) 8 位并行 D/A 转换。

(2) 片内二级数据锁存,提供数据输入双缓冲、单缓冲和直通三种工作方式。

(3) 电流输出型芯片,通过外接一个运算放大器,可以很方便地提供电压输出。

(4) DIP20 封装,单电源(+5~+15 V,典型值为 +5 V),与 MCS-51 连接方便。

2) DAC0832 结构与引脚

DAC0832 的内部结构框图如图 9-14 所示。由图可见,DAC0832 主要由两个 8 位寄存器与一个 D/A 转换器组成。这种结构使输入的数据能够有两次缓冲,因而在操作上十分方便、灵活。DAC0832 的引脚功能如表 9-7 所示。

表 9-7 DAC0832 的引脚功能

引脚图	引脚功能	
	1 脚($\overline{CS}$)	片选输入线,低电平有效
	2 脚($\overline{WR1}$)	写 1 信号输入,低电平有效。当 $\overline{CS}$、I_{LE}、$\overline{WR1}$ 是 0、1、0 时,数据写入 DAC0832 的第一级锁存
	3 脚(AGND)	模拟地
	8 脚(V_{REF})	基准电压输入(−10~ +10 V),典型值为 −5 V(当输出要求为 +5 V 电压时)
	9 脚(R_{FB})	反馈信号输入。当需要电压输出时,I_{OUT1} 接运算放大器的负(−)端,I_{OUT2} 接运算放大器正(+)端,R_{FB} 接运算放大器输出端
	10 脚(DGND)	数字地
	11 脚(I_{OUT1})	电流输出 1 端。DAC 锁存的数据位为"1"的位,电流均流出此端;当 DAC 锁存器各位全为 1 时,此输出电流最大,全为 0 时输出为 0
	12 脚(I_{OUT2})	电流输出 2 端。与 I_{OUT1} 是互补关系
	4~7、16~13 脚(D_0~D_7)	并行数据输入,其中,D7(MSB)为高位,D0(LSB)为低位
	17 脚($\overline{XFER}$)	数据传输信号输入,当 $\overline{XFER}$ 为 0 时,数据由第一级锁存进入第二级锁存,并开始进行 D/A 转换
	18 脚($\overline{WR2}$)	写 2 信号输入,低电平有效
	19 脚(I_{LE})	数据锁存允许输入,高电平有效
	20 脚(V_{CC})	数字电源输入(+5~ +15 V),典型值为 +5 V

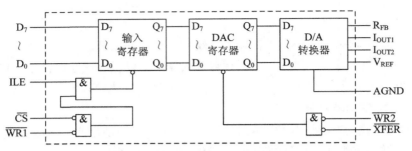

图 9-14 DAC0832 内部结构框图

2. 电压输出方法

1) 单极性输出

DAC0832 需要电压输出时，可以简单地使用一个运算放大器连接成单极性输出形式。如图 9-15 所示，输出电压为

$$U_{\text{OUT}} = \frac{D_{\text{in}}}{2^8} \times (-U_{\text{REF}})$$

式中，U_{OUT} 为放大器输出端 V_{OUT} 的电压，U_{REF} 为 DAC0832 V_{REF} 端电压(参考端电压)，D_{in} 为待转换的 8 位数据。

当 $U_{\text{REF}} = -5\ \text{V}$ 时，U_{OUT} 输出范围为 0～5 V。如表 9-8 所示。

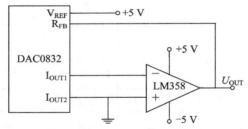

图 9-15 DAC0832 单极性输出

2) 双极性输出

采用二级运算放大器可以连接成双极性输出，如图 9-16 所示。图中运算放大器 A2 的作用是把运算放大器 A1 的单向输出电压转变成双向输出电压。其原理是将 A2 的输入端通过电阻 R_1 与 V_{REF} 相连，V_{REF} 经 R_1 向 A2 提供一个偏流 I_1，U_{OUT1} 经 R_2 向 A2 提供一个偏流 I_2，因此，运算放大器 A2 的输入电流 I_3 为 I_1、I_2 之代数和，且 I_1、I_2 与 I_3 反相。由图 9-16 可求出 D/A 转换器的总输出电压为

$$U_{\text{OUT2}} = -\left(\frac{R_3}{R_2} U_{\text{OUT1}} + \frac{R_3}{R_1} U_{\text{REF}} \right)$$

代入 R_1、R_2、R_3 值，可得

$$U_{\text{OUT2}} = -(2U_{\text{OUT1}} + U_{\text{REF}})$$

代入 $U_{\text{OUT1}} = -U_{\text{REF}} \times (\text{数字码}/256)$，则得

$$U_{\text{OUT2}} = \frac{\text{数字码} - 128}{128} \times U_{\text{REF}}$$

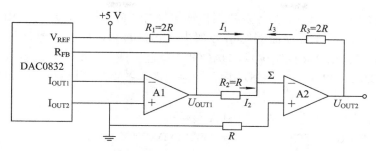

图 9-16　DAC0832 双极性输出

这一对应关系如表 9-8 所示。

表 9-8　DAC0832 模拟输出与输入对应关系

输入数字量	双极性输出模拟量		单极性输出模拟量
MSB$\cdots$LSB	$+U_{REF}$	$-U_{REF}$	$+U_{REF}$
11111111	$U_{REF} - 1LSB$	$-\|U_{REF}\| + 1LSB$	$-U_{REF} \times \dfrac{256}{256}$
11000000	$\dfrac{U_{REF}}{2}$	$\dfrac{\|U_{REF}\|}{2}$	$-U_{REF} \times \dfrac{192}{256}$
10000000	0	0	$-U_{REF} \times \dfrac{128}{256}$
01111111	$-1LSB$	$+1LSB$	$-U_{REF} \times \dfrac{127}{256}$
00111111	$\dfrac{U_{REF}}{2} - 1LSB$	$\dfrac{\|U_{REF}\|}{2} + 1LSB$	$-U_{REF} \times \dfrac{63}{256}$
00000000	$-\|U_{REF}\|$	$+\|U_{REF}\|$	$-U_{REF} \times \dfrac{0}{256}$

其中，$1LSB = \dfrac{1}{128} \times U_{REF}$。

3) 转换控制方式

(1) 单缓冲方式接口。

单缓冲方式是指 DAC0832 内部的两个数据缓冲器有一个处于直通方式，另一个处于受单片机控制的方式。在应用系统中，如果只有一路 D/A 转换，或者有多路 D/A 转换，但不要求同步输出时，可以采用单缓冲器方式接口，如图 9-17 所示。

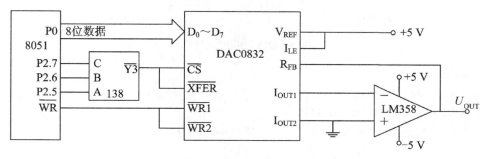

图 9-17　DAC0832 单缓冲方式下的接口电路

图中，ILE 接+5 V，片选信号 $\overline{CS}$ 及数据传输信号 $\overline{XFER}$ 都与地址选择线相连(图中为 $\overline{Y3}$，即地址为 7FFFH)，两级寄存器的写信号都由 CPU 的 $\overline{WR}$ 控制。当地址选择线选择好 DAC0832 后，只要输出 $\overline{WR}$ 控制信号，DAC0832 就能完成一次数字量的输入锁存和 D/A 转换输出。由于 DAC0832 具有数字量的输入锁存功能，数字量可以直接从 MCS-51 的 P0 口送入 DAC0832。

执行下列几条指令就可以完成一次 D/A 转换：

```
MOV   DPTR，#7FFFH          ；#7FFFH 为 DAC0832 端口地址
MOV   A，#DATA              ；待转换的数字量 DATA 送累加器 A
MOVX  @DPTR，A              ；数字量送 DAC0832，当 WR 有效时完成 D/A 输入和转换
```

【例 9-5】 利用如图 9-17 所示电路，使用 DAC0832 作波形发生器分别产生三角波和矩形波。

解：在图 9-17 中，放大器 LM358 的输出端 V_{OUT} 直接反馈到 R_{FB}，所以该电路只能产生单极性的模拟电压。产生三角波的子程序如下：

```
        ORG   0000H
START： MOV   DPTR，#7FFFH      ；地址指向 DAC0832
        MOV   A，#00H           ；三角波起始电压为 0
UP：    MOVX  @DPTR，A          ；数字量送 DAC0832 转换
        INC   A                 ；三角波上升边
        CJNE  A，#0FFH，UP       ；未到最高点 0FFH，返回 UP 继续
DOWN： DEC   A                 ；到三角波最高值，开始下降边
        MOVX  @DPTR，A          ；数字量送 DAC0832 转换
        CJNE  A，#00H，DOWN      ；未到最低点 0，返回 DOWN 继续
        SJMP  UP                ；返回上升边
```

数字量从 0 开始逐次加 1，模拟量与之成正比，当(A)=00H 时，则逐次减 1，减至(A)=0 后，再从 0 开始加 1，如此循环重复上述过程，输出就是一个三角波，每个三角波的输出周期点数为 512，其中，上升边 256 点，下降边 256 点。如果需要延长三角波的周期，可以在每条 MOVX 指令之后插入 NOP 指令来实现。三角波程序运行结果如图 9-18(a)所示。

| (a) 三角波 | (b) 矩形波 |

图 9-18　D/A 转换的两种波形

矩形波程序：

```
        ORG   0000H
STRAR： MOV   DPTR，#7FFFH
LP：    MOV   A，#DATA1          ；置输出矩形波上限
        MOVX  @DPTR，A
        LCALL DELYH             ；调用高电平延时程序
```

```
        MOV   A, #DATA2              ；置输出波形下限
        MOVX  @DPTR, A
        LCALL  DELYL                 ；调用低电平延时程序
        SJMP  LP                     ；循环重复
```

当 DAC0832 输入数字量 DATA1 时，输出模拟量上限；当 DAC0832 输入数字量 DATA2 时，输出模拟量下限。DELYH 与 DELYL 之和为矩形波的周期。矩形波程序运行结果如图 9-18(b)所示。读者可以在上述程序的基础上修改实现锯齿波、方波等波形的输出。

(2) 双缓冲方式。

对于多路 D/A 转换，若要求同步进行 D/A 转换输出时，则必须采用双缓冲方式，在此工作方式下，数字量的输入锁存和 D/A 转换输出是分两步完成的。

【例 9-6】 假设某一分时控制系统由一台单片机控制并行的两台设备，连接电路如图 9-19 所示，两台设备的模拟控制信号分别由两片 DAC0832 输出，要求两片 DAC0832 同步输出。

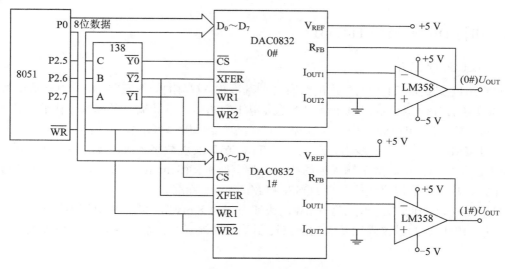

图 9-19 DAC0832 双缓冲连接电路图

解 如图 9-19 所示，利用 DAC0832 双缓冲的原理，对不同端口地址的访问具有不同的操作功能，具体功能如表 9-9 所示。

表 9-9 双缓冲 DAC0832 端口地址

P2.7	P2.6	P2.5	功　　能	端口地址
0	0	0	0# 数据由 DB 送到第一级锁存	1FFFH
0	0	1	1# 数据由 DB 送到第一级锁存	3FFFH
0	1	0	0# 及 1# 同时由第一级送到第二级锁存	5FFFH

实现同步输出的操作步骤如下：

(1) 将 1# 待转换数据由数据总线送到 DAC0832 的第一级锁存(写 3FFFH 口)。

(2) 将 0# 待转换数据由数据总线送到 DAC0832 的第一级锁存(写 1FFFH 口)。

(3) 将 1#、0# DAC0832 的第一级锁存器中的数据送到各自的第二级锁存，同时开始

D/A(写 5FFFH)转换，周而复始。

上述步骤可以简单地理解为：前两步是在准备，并未开始转换，等到所有数据准备好之后处理器才发出统一的指令，"同时"开始各自的 8 位 D/A 转换。程序如下：

```
        ORG   0000H
START: MOV   DPTR，#3FFFH     ; 数据指针指向 1# 的第一级锁存器
        MOV   A，#DATA1        ; 取第一个待转换数据 DATA1
        MOVX  @DPTR，A         ; 送入 1# 第一级缓冲器
        MOV   DPTR，#1FFFH     ; 数据指针指向 0# 的第一级锁存器
        MOV   A，#DATA0        ; 取第二个待转换数据 DATA0
        MOVX  @DPTR，A         ; 送入 0# 第一级缓冲器
        MOV   DPTR，#5FFFH     ; 数据指针指向两个转换器的第二级缓冲地址
        MOVX  @DPTR，A   ; 1# 和 0# 数据同时由第一级向第二级锁存传送，并开始转换
        RET
```

9.5.3 串行 D/A 转换器 TLC5617

1. TLC5617 简介

TLC5617 是美国 TI 公司生产的带有缓冲基准输入(高阻抗)的双路 10 位电压输出数/模转换器(DAC)。该 DAC 输出电压范围为基准电压的两倍，且其输出是单调变化的。该器件使用简单，用 +5 V 单电源工作，并包含上电复位功能以确保可重复启动。

通过 CMOS 兼容的 3 线串行总线可对 TLC5617 实现数字控制。器件接收用于编程的 16 位字产生模拟输出。数字输入端的特点是带有斯密特(Schmitt)触发器，它具有高的噪声抑制能力。数字通信协议包括 SPI、QSPI 和 Microwire 标准。

TLC5617 功耗低(慢速方式为 3 mW，快速方式为 8 mW)，采用 8 引脚小型封装，因此可用于移动电话、测试仪表以及自动测试控制系统等领域。TLC5617 芯片的引脚如表 9-10 所示。

表 9-10 TLC5617 的引脚图和引脚功能

引脚图	引脚功能	
DIN ── TLC5617 ── V_DD SCLK ── ── OUTB CS ── ── REFIN OUTA ── ── AGND	1 脚(DIN)	串行数据输入
	2 脚(SCLK)	串行时钟输入
	3 脚($\overline{CS}$)	芯片选择，低电平有效
	4 脚(OUTA)	DAC B 模拟输出
	5 脚(AGND)	模拟地
	6 脚(REFIN)	基准电压输入
	7 脚(OUTB)	DAC A 模拟输出
	8 脚(V_DD)	正电源

TLC5617 内部结构如图 9-20 所示。

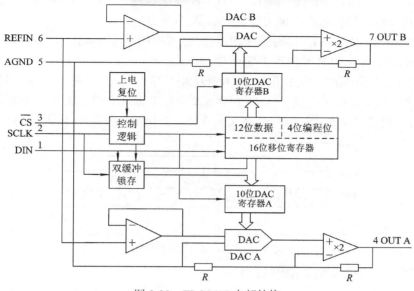

图 9-20　TLC5617 内部结构

2. TLC5617 的工作原理

TLC5617 的输入数据格式如下：

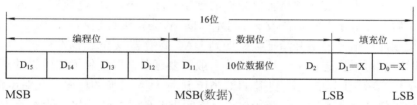

其中，器件接收的 16 位字中前 4 位用于产生数据传送模式，中间 10 位产生模拟输出，两个额外的位(次 LSB)可以不关心。

TLC5617 具有三种数据传送方式，可由编程位的 D_{15}～D_{12} 控制选择，如表 9-11 所示。

表 9-11　16 位移位寄存器可编程控制位组成功能表

编 程 位				器 件 功 能
D_{15}	D_{14}	D_{13}	D_{12}	
1	X	X	X	串行寄存器的数据写入 A，并用缓冲器锁存数据，更新锁存器 B
0	X	X	0	写锁存器 B 和双缓冲锁存器
0	X	X	1	仅写双缓冲锁存器
X	1	X	X	12.5 μs 建立时间
X	0	X	X	2.5 μs 建立时间
X	X	0	X	上电操作
X	X	1	X	断电方式

表中的"X"表示无关。具体的三种方式如下：

方式 1($D_{15}=1$，$D_{12}=X$)：锁存器 A 写，锁存器 B 更新。此时串行接口寄存器的数据将写入锁存器 A，双缓冲锁存器的数据写入锁存器 B，而双缓冲器的内容不受影响。

方式 2($D_{15} = 0$, $D_{12} = 0$)：锁存器 B 和双缓冲锁存器写。即将串行接口寄存器的数据写入锁存器 B 和双缓冲锁存器中，此方式锁存器 A 不受影响。

方式 3($D_{15} = 0$, $D_{12} = 1$)：仅写双缓冲锁存器。即将串行接口寄存器的数据写入双缓冲锁存器，此时锁存器 A 和 B 的内容不受影响。

TLC5617 的时序图如图 9-21 所示。当片选($\overline{CS}$)信号为低电平，输入数据由时钟控制时，系统将以最高有效位在前的方式读入 16 位移位寄存器。而在 SCLK 的下降沿则把数据移入寄存器 A、B。然后当片选($\overline{CS}$)信号再进入上升沿时，再把数据送至 10 位 D/A 转换器。

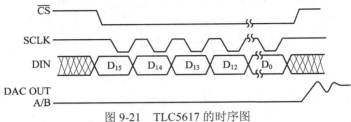

图 9-21　TLC5617 的时序图

3. TLC5617 与 MCS-51 的硬件连接

图 9-22 所示为 TLC5617 与 8051 的硬件连接电路。图中，P1.7 接 $\overline{CS}$，作为片选信号控制线；P1.6 接 SCLK，作为时钟信号控制线；P1.5 接 DIN，作为数据输入线。当片选信号为低电平时，TLC5617 最先接收的是最高位数据，而 8051 单片机最先发送的是最低位数据，因此单片机在发送数据之前必须将各位数据的顺序颠倒一下。16 位数据可分两次发送，先发送高字节，后发送低字节。最先发送的 $D_{12} \sim D_{15}$ 位为可编程控制位，用以确定数据的传送方式。然后在片选信号的上升沿把数据送到 DAC 寄存器以开始 D/A 转换。因 D/A 转换需要一定的时间，所以在进行下一次转换前一般需要延时，以确保输出结果的正确性。

【例 9-7】　参照图 9-22 编写利用 TLC5617 进行 D/A 转换的程序。在对电路进行软件编程时，应预先将 4 个编程位存放于 R0 寄存器所指的单元，然后将要输入的 10 位数中的高 4 位存于 R1 寄存器中，而将其低 6 位与 2 个填充位存于 R2 寄存器中，R3 寄存器用于存放循环次数，R4 寄存器存放时间常数。

解　程序清单如下：

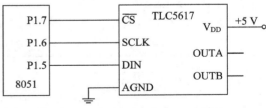

图 9-22　TLC5617 与 MCS-51 应用接口

```
CS   EQU  P1.7
SCLK  EQU  P1.6
DIN  EQU  P1.5
ORG  0100H
MOV  R0, #30H        ; 存放编程位单元地址
MOV  A, R1           ; 10 位数的高 4 位送 A
SWAP  A              ; 半字节内容交换
XCHD  A, @R0         ; 编程位存于 A 的低 4 位
SWAP  A              ; A 的高 4 位为编程位，其低 4 位为 10 位数的高 4 位
MOV  R1, A
```

```
        MOV  R4,  # 10H              ; 置延时时间常数
        CLR  CS                      ; 片选有效
        MOV  R3,  # 08H              ; 置循环常数
        MOV  A, R1                   ; 4 个编程位与 10 位数的高 4 位送 A
        LCALL  DCHAA                 ; DIN 送入 8 位数
        MOV  R3, #08H                ; 置循环常数
        MOV  A, R2                   ; 10 位数的低 6 位与填充位送 A
        LCALL  DCHAA                 ; DIN 送入 8 位数
        CLR  SCLK                    ; 时钟低电平
        SETB  CS                     ; 送入 10 位数有效, 开始转换
        LCALL  DELAY                 ; 调延时子程序
        SJMP  $
DCHAA:NOP                            ; 空操作
LOOP: CLR  SCLK                      ; 产生下降沿
        RLC  A                       ; 数据送入标志位
        MOV  DIN, C                  ; 数据送入 TLC5617 寄存器
        SETB  SCLK                   ; 产生上升沿
        DJNZ  R3, LOOP               ; 循环送数
        RET
DELAY:DJNZ  R4, DELAY               ; 延时
        RET
```

9.6 A/D 转换与 A/D 转换器

A/D 转换器(Analog to Digit Converter)是一种将模拟量转换为与之成比例的数字量的器件, 常用 ADC 表示。随着超大规模集成电路技术的飞速发展, A/D 转换器新的设计思想和制造技术层出不穷, 为满足各种不同的检测及控制任务的需要, 各种类型的 A/D 转换器芯片也应运而生。

9.6.1 A/D 转换原理

A/D 转换是把模拟量信号转化成与其大小成正比的数字量信号。A/D 转换电路的种类很多。根据转换原理, 目前常用的 A/D 转换电路的转换方式主要有逐次逼近式和双积分式。

1. 逐次逼近式转换原理

逐次逼近式转换的基本原理是用一个计量单位使连续量整量化(简称量化), 即用计量单位与连续量比较, 把连续量变为计量单位的整数倍, 略去小于计量单位的连续量部分, 得到的整数量即数字量。显然, 计量单位越小, 量化的误差也越小。

可见, 逐次逼近式的转换原理即 "逐位比较"。图 9-23 为一个 N 位逐次逼近式 A/D 转换器原理图。

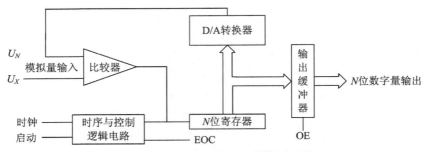

图 9-23　逐次逼近式 A/D 转换原理图

逐次逼近式 A/D 转换器由 N 位寄存器、D/A 转换器、比较器和控制逻辑等部分组成。N 位寄存器用来存放 N 位二进制数码。当模拟量 U_X 送入比较器后，启动信号通过控制逻辑电路启动 A/D 转换。首先，置 N 位寄存器最高位(D_{N-1})为 "1"，其余位清零，N 位寄存器的内容经 D/A 转换后得到整个量程一半的模拟电压 U_N，与输入电压 U_X 比较。若 $U_X \geqslant U_N$，则保留 $D_{N-1}=1$；若 $U_X < U_N$，则 D_{N-1} 位清零。然后，控制逻辑使寄存器下一位(D_{N-2})置 1，与上次的结果一起经 D/A 转换后与 U_X 比较。重复上述过程，直到判断出 D_0 取 1 还是 0 为止，此时控制逻辑电路发出转换结束信号 EOC。这样经过 N 次比较后，N 位寄存器的内容就是转换后的数字量数据，在输出允许信号 OE 有效的条件下，此值经输出缓冲器读出。整个转换过程就是一个逐次比较逼近的过程。

逐次逼近 A/D 转换器在精度、速度和价格上均比较适中，它是最常用的 A/D 转换器件。常用的逐次逼近式 A/D 器件有 ADC0809、AD574A 等。

2．双积分转换原理

双积分 A/D 转换采用了间接测量原理，即将被测电压值 U_X 转换成时间常数，通过测量时间常数得到未知电压值。双积分 A/D 转换器原理图如图 9-24(a)所示，它由电子开关、积分器、比较器、计数器、逻辑控制门等部件组成。

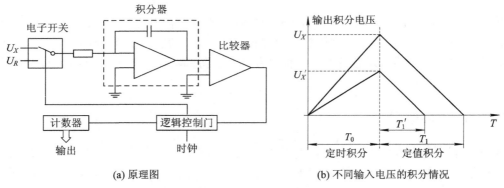

(a) 原理图 　　　　　　　　　　　(b) 不同输入电压的积分情况

图 9-24　双积分 A/D 转换器原理

双积分就是进行一次 A/D 转换需要二次积分。转换时，控制门通过电子开关把被测电压 U_X 加到积分器的输入端，积分器从零开始，在固定的时间 T_0 内对 U_X 积分(称定时积分)，积分输出终值与 U_X 成正比。接着控制门将电子开关切换到极性与 U_X 相反的基准电压 U_R 上，进行反相积分，由于基准电压 U_R 恒定，所以积分输出将按 T_0 期间积分的值以恒定的斜率下降，当比较器检测积分输出过零时，积分器停止工作。反相积分时间 T_1 与定值积分的初值(即

定时积分的终值)成比例关系，故可以通过测量反相积分时间 T_1 计算出 U_X，即

$$U_X = \frac{T_1}{T_0} U_R$$

反相积分时间 T_1 由计数器对时钟脉冲计数得到。图 9-24(b)示出了两种不同输入电压 $(U_X > U'_X)$ 的积分情况。显然，U_X 值小，在 T_0 定时积分期间积分器输出终值也就小，而下降斜率相同，故反相积分时间 T'_1 也就小。

由于双积分方法的二次积分时间比较长，因此 A/D 转换速度慢，而精度可以做得比较高。对周期变化的干扰信号积分为零，抗干扰性能也就较好。

目前国内外双积分 A/D 转换芯片很多，常用的为 BCD 码输出，有 MC14433、ICL7135、ICL7109(12 位二进制)等。

3. A/D 转换器的性能指标

1) 分辨率

分辨率是指输出数字量变化一个相邻数码所需输入模拟电压的变化量，A/D 转换器的分辨率定义为满刻度电压与 2^N 之比值，其中 N 为 ADC 的位数。

例如：具有 12 位分辨率的 ADC 能分辨出满刻度的 $(1/2)^{12}$ 或满刻度的 0.0244%。一个 10 V 满刻度的 12 位 ADC 能够分辨输入电压变化的最小值为 2.4 mV。

BCD 码输出的 A/D 转换器一般用位数表示分辨率，例如，MC14433 双积分式 A/D 转换器的分辨率为 $3\frac{1}{2}$ 位，其满刻度值为 1999，用百分数表示其分辨率为 $\frac{1}{1999} \times 100\% = 0.05\%$。

2) 转换速率与转换时间

转换速率是指完成一次从模拟量到数字量转换所需时间的倒数，即每秒钟转换的次数。完成一次 A/D 转换所需的时间(包括稳定时间)称为转换时间。

3) 量化误差

量化误差是由于 A/D 转换器的有限分辨率而引起的误差，即有限分辨率 A/D 的阶梯状转移特性曲线与理想无限分辨率 A/D 的转移特性曲线(直线)之间的最大偏差。量化误差通常是 1 个或半个最小数字量的模拟变化量，表示为 1 LSB 或 $\frac{1}{2}$ LSB。

4) 线性度

线性度指实际 A/D 转换器的转移函数与理想直线的最大偏差。线性度不包括量化误差、偏移误差(输入信号为零时，输出信号不为零的值)和满刻度误差(满刻度输出时，对应的输入信号与理想输入信号值之差)三种误差。

5) 量程

量程是指 A/D 能够转换的电压范围，如 0～5 V，−10～+10 V 等。

6) 其他指标

除以上性能指标外，A/D 转换器还有内部/外部电压基准、失调(零点)温度系数、增益温度系数，以及电源电压变化抑制比等性能指标。

4. A/D 转换器的分类

1) 根据 A/D 转换器的原理分类

根据 A/D 转换器的原理可将 A/D 转换器分成两大类：直接型和间接型。直接型 A/D 转换器的输入模拟电压被直接转换成数字代码，不经任何中间变量；在间接型 A/D 转换器中，首先把输入的模拟电压转换成某种中间变量(时间、频率、脉冲宽度等)，然后再把这个中间变量转换为数字代码输出。

2) 根据输出数字量的方式分类

根据输出数字量的方式，A/D 转换器可以分为并行输出转换器和串行输出转换器两种。并行 ADC 的特点是占用较多的数据线，但转换速度快，在转换位数较少时，有较高的性价比。串行 ADC 的特点是占用的数据线少，转换后的数据逐位输出，输出速度较慢。

3) 根据输出数字量表示形式分类

根据输出数字量表示形式，A/D 转换器可分为二进制输出格式和 BCD 码输出格式。BCD 码输出采用分时输出万位、千位、百位、十位、个位的方法，可以很方便地驱动 LCD 显示。二进制输出格式一般要将转换数据送单片机处理后使用。

9.6.2 并行 A/D 转换器的接口与应用

1. 逐次逼近式 A/D 转换器(SAR)

由上节可知，N 位逐次逼近型 A/D 转换器最多只需 N 次 D/A 转换和比较判断，就可以完成 A/D 转换。因此，逐次逼近型 A/D 转换器的速度很快。本小节以典型的 8 位逐次逼近式 A/D 转换器 ADC0809 为例进行介绍。

1) ADC0809 的特点

ADC0809 是美国国家半导体(National Semiconductor，NS)公司生产的逐次逼近型 A/D 转换器，它具有以下特点：

(1) 分辨率为 8 位。

(2) 转换时间为 100 μs(当外部时钟输入频率 $f_c = 640$ kHz 时)。

(3) 采用单一电源 +5 V 供电，量程为 0~5 V。

(4) 带有锁存控制逻辑的 8 通道多路转换开关，便于选择 8 路中的任一路进行转换。

(5) 使用 5 V 或采用经调整模拟间距的电压基准工作。

(6) 带锁存器的三态数据输出。

2) ADC0809 的内部结构

ADC0809 是一种 8 路模拟输入 8 位数字输出的逐次逼近式 A/D 转换器件，转换时间约为 100 μs，其内部结构框图如图 9-25 所示。

多路开关用于输入 IN_0~IN_7 上 8 路模拟量电压，最大允许 8 路模拟量分时输入，共用一个 A/D 转换器。8 路模拟量开关的切换由地址锁存器与译码控制，3 条地址线 ADD_C、ADD_B、ADD_A 通过 ALE 锁存。改变不同的地址可以切换 8 路模拟通道，如 ADD_A、ADD_B、ADD_C 为 0、0、0 时，选择模拟通道 IN0。同理，可以选择其他通道。

A/D 转换结果通过三态输出锁存器输出，允许直接与系统数据总线相连。OE 为输出允许信号，可与系统读信号 $\overline{RD}$ 相连。EOC 为转换结束信号，表示一次 A/D 转换已完成，可以作为中断请求信号，也可被程序查询以检测转换是否结束。

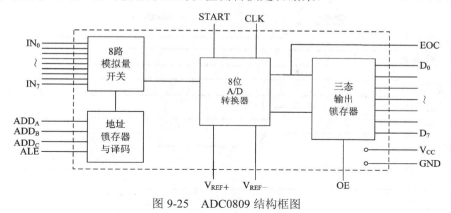

图 9-25　ADC0809 结构框图

3) ADC0809 引脚功能

ADC0809 为 DIP28 封装，芯片引脚功能如表 9-12 所示。

表 9-12　ADC0809 引脚功能

引　脚　图	引　脚　功　能	
	5～1 脚、28～26 脚 (IN7～IN0)	8 路模拟量输入。ADC0809 一次只能选通 IN7～IN0 中的某一路进行转换，选通的通道由 ALE 上升沿时送入的 ADD_C、ADD_B、ADD_A 引脚信号决定
	6 脚(START)	A/D 启动转换输入信号，正脉冲有效。脉冲上升沿清除逐次逼近寄存器；下降沿启动 A/D 转换
IN3 1 / 28 IN2 IN4 2 / 27 IN1 IN5 3 / 26 IN0 IN6 4 / 25 ADD_A IN7 5 / 24 ADD_B START 6 ADC0809 23 ADD_C EOC 7 / 22 ALE 2^{-5} 8 / 21 2^{-1}MSB OE 9 / 20 2^{-2} CLK 10 / 19 2^{-3} V_{CC} 11 / 18 2^{-4} V_{REF+} 12 / 17 2^{-8}LSB GND 13 / 16 V_{REF-} 2^{-7} 14 / 15 2^{-6}	7 脚(EOC)	转换结束输出引脚。启动转换后自动变低电平，转换结束后跳变为高电平，可供 MCS-51 查询。如果采用中断法，该引脚一定要经反相后接 MCS-51 的 INT0 和 INT1 引脚
	17、14、15、8、18～21 脚(2^{-8}～2^{-1})	8 位数据输出。其中，2^{-1} 为数据高位，2^{-8} 为数据低位
	9 脚(OE)	输出允许，高电平有效。高电平时，允许转换结果从 A/D 转换器的三态输出锁存器输出数据
	10 脚(CLK)	时钟输入，时钟频率允许范围为 10～1280 kHz，典型值为 640 kHz。此时转换速度为 100 μs(50～128 μs)
	11(V_{CC})	工作电源输入。典型值为 +5 V，极限值为 6.5 V
	12 脚 $V_{REF}(+)$	参考电压(+)输入，一般与 V_{CC} 相连
	13 脚(GND)	模拟和数字地
	16 脚 $V_{REF}(-)$	参考电压(−)输入，一般与 GND 相连
	22 脚(ALE)	地址锁存输入信号，上升沿锁存 ADD_C、ADD_B、ADD_A 引脚上的信号，并据此选通转换 IN7～IN0 中的一路
	25～23 脚(ADD_C, ADD_B, ADD_A)	选通输入，选通 IN7～IN0 中的一路模拟量。其中，C 为高位

4) ADC0809 的操作时序

ADC0809 的操作时序如图 9-26 所示。

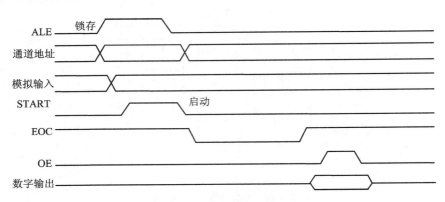

图 9-26　ADC0809 的操作时序

从时序图中可以看出，地址锁存信号 ALE 在上升沿将三位通道地址锁存，相应通道的模拟量经多路模拟开关送到 A/D 转换器。启动信号 START 上升沿复位内部电路，START 信号的下降沿启动 A/D 转换器，此时转换结束信号 EOC 呈低电平状态，由于逐位逼近需要一定过程，所以，在此期间模拟输入员应维持不变，比较器要一次次地进行比较，直到转换结束。当转换完成后，转换结束信号 EOC 变为高电平，若 CPU 发出输出允许信号 OE（高电平），则可读出数据。ADC0809 具有较高的转换速度和精度，受温度影响小，且带有 8 路模拟开关，因此，用在测控系统中是比较理想的器件。

5) 接口与编程

ADC0809 典型应用电路如图 9-27 所示。由于 ADC0809 输出含三态锁存，所以其数据输出可以直接连接 MCS-51 的数据总线 P0 口(无三态锁存的芯片是不允许直接连数据总线的)。可通过外部中断或查询方式读取 A/D 转换结果。

由图 9-27 可知，IN0～IN7 的端口地址为 7FF8H～7FFFH。

写端口有两个作用：其一，使 ALE 信号有效，将送入 ADD_C、ADD_B、ADD_A 的低 3 位地址 A_2、A_1、A_0 锁存，并由此选通 IN0～IN7 中的一路进行转换；其二，清除逐次逼近寄存器，启动 A/D 转换。

读端口时(ADD_C、ADD_B、ADD_A 低 3 位地址已无任何意义)，OE 信号有效，保存 A/D 转换结果的输出三态锁存器的"门"打开，将数据送到数据总线。注意，只有在 EOC 信号有效后，读端口才有意义。CLK 时钟输入信号频率的典型值为 640 kHz。鉴于 640 kHz 频率的获取比较复杂，在工程实际中多采用在 8051 的 ALE 信号基础上分频的方法。例如，当单片机的 f_{osc} = 6 MHz 时，ALE 引脚上的频率大约为 1 MHz，经 2 分频之后为 500 kHz，使用该频率信号作为 ADC0809 的时钟，基本可以满足要求。该处理方法与使用精确的 640 kHz 时钟输入相比，仅仅是转换时间比典型的 100 μs 略长一些(ADC0809 转换需要 64 个 CLK 时钟周期)。

【例 9-8】 ADC0809 与 MCS-51 的硬件连接如图 9-27 所示。要求进行 8 路 A/D 转换，将 IN0～IN7 转换结果分别存入片内 RAM 的 60H～67H 地址单元中。

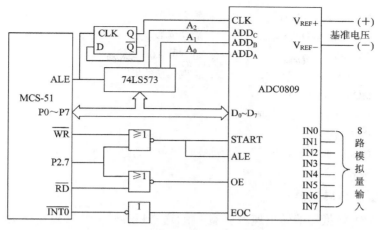

图 9-27 ADC0809 典型应用

解 1 采用中断方式，程序清单如下：

```
        ORG    0000H
        LJMP   MAIN            ;转主程序
        ORG    0003H           ;INT0 中断服务入口地址
        LJMP   INT0S           ;转中断服务
        ORG    0100H
MAIN:   MOV    R0, #60H        ;内部数据指针指向 60H 单元
        MOV    DPTR, #7FF8H    ;选通 IN0(低 3 位地址为 000)
        SETB   IT0             ;设 INT0 下降沿触发
        SETB   EX0             ;允许 INT0 中断
        SETB   EA              ;开总中断允许
        MOVX   @DPTR, A        ;启动 A/D 转换
        SJMP   $               ;等待转换结束中断
;中断服务程序：
INT0S:  MOVX   A, @DPTR        ;取 A/D 转换结果
        MOV    @R0, A          ;存结果
        INC    R0              ;内部指针下移
        INC    DPL             ;外部指针下移，指向下一路
        CJNE   R0, #68H, NEXT  ;未转换完 8 路，继续转换
        CLR    EX0             ;关 INT0 中断允许
        RETI
NEXT:   MOVX   @DPTR, A        ;启动下一路 A/D 转换，A 中数可任意
        RETI                   ;中断返回，继续等待下一次
```

解 2 采用查询方式，程序清单如下：

```
        ORG    0000H
MAIN:   MOV    R1, #60H
        MOV    DPTR, #7FF8H    ;指向 0 通道
```

```
            MOV   R7，#08H           ；置采集个数
LOOP：MOVX  @DPTR，A          ；启动 A/D 转换
            JB   P3.2，$              ；查询 INT0
            MOVX  A，@DPTR          ；读取转换结果
            MOV   @R1，A
            INC   R1
            INC   DPL
            DJNZ  R7，LOOP           ；8 路是否采集完
            SJMP  $
```

2. 双积分型 A/D 转换器

双积分型 A/D 转换器的转换速度普遍不高(通常每秒转换几次到几百次)，但是双积分型 A/D 转换器具有转换精度高、廉价、抗干扰能力强等优点，在速度要求不很高的实际工程中广泛使用。常用的双积分型 A/D 转换器有 MC14433，ICL7106，ICL713，AD7555 等芯片。这里以典型的 MC14433 A/D 转换器为例进行介绍。

1) MC14433 特点

(1) $3\frac{1}{2}$ 位双积分型 A/D 转换器。

(2) 外部基准电压输入：200 mV 或 2 V。

(3) 自动调零。

(4) 量程有 199.9 mV 或 1.999 V 两种(由外部基准电压 U_{REF} 决定)。

(5) 转换速度为 1～10 次/秒，速度较慢。

2) MC14433 引脚功能

MC14433 为 DIP24 封装，芯片引脚功能如表 9-13 所示。

表 9-13　MC14433 引脚图和引脚功能

引脚图	引　脚　功　能	
	1 脚(AGND)	模拟地(所有模拟信号的零电位)
	2 脚(V_{REF})	外接电压基准(2 V 或 200 mV)输入端
	3 脚(V_X)	被测电压输入端
	4 脚(R1)	外接积分电阻输入
	5 脚(R1/C1)	外接电阻 R_1 和外接电容 C_1 的公共端，电容 C_1 常采用聚丙烯电容，典型值为 0.1 μF，电阻 R_1 有两种选择：470 kΩ(量程为 200 mV 时)或 27 kΩ(量程为 2 V 时)
	6 脚(C1)	外接积分电容输入。
	7、8 脚(CO1、CO2)	外接失调补偿电容端，典型值为 0.1 μF
	9 脚(DU)	更新转换控制信号输入，高电平有效

引脚图	引脚功能	
	10、11 脚(CLK0，CLK1)	时钟振荡器外接电阻 R_c 输入端，外接电阻 R_c 典型值为 470 kΩ，时钟频率随 R_c 电阻阻值的增加而下降
	12 脚(V_{EE})	模拟负电源端，典型值 −5 V
	13 脚(V_{SS})	数字地(所有输出数字信号的零电位)
	14 脚(EOC)	转换结束输出，当 DU 有效后，EOC 变低，16 400 个时钟脉冲(CLK)周期后产生一个 0.5 倍时钟周期宽度的正脉冲，表示转换结束。可将 EOC 与 DU 相连，即每次 A/D 转换结束后，均自动启动新的转换
	15 脚(OR)	过量程状态输出，低电平有效。当 $|U_X| > |U_{REF}|$ 时，OR 有效(输出低电平)
	16～19 脚(DS1～DS4)	分别表示千、百、十、个位的选通脉冲输出，格式为 18 个时钟周期宽度的正脉冲。例如，在 DS2 有效期间，$Q_0 \sim Q_3$ 上输出的 BCD 码表示转换的百位的数值
	20～23 脚($Q_0 \sim Q_3$)	某位 BCD 码数字量输出。具体是哪位，由选通脉冲 DS1～DS4 指定，其中 Q_3 为高位，Q_0 为低位
	24 脚(V_{DD})	正电源端，典型值为 +5 V

3) MC14433 选通时序

如图 9-28 所示。EOC 输出 1/2 个 CLK 周期正脉冲表示转换结束，依次为 DS1、DS2、DS3，DS4 有效。在 DS1 有效期间，从 $Q_3 \sim Q_0$ 端读出的数据是千位数，在 DS2 有效期间读出的数据为百位数，依此类推，周而复始。

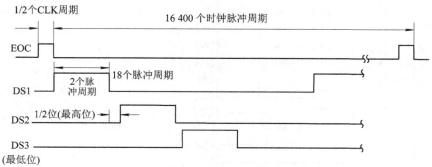

图 9-28　MC14433 选通脉冲时序图

当 DS1 有效时，$Q_3 \sim Q_0$ 上输出的数据为千位数，由于千位只能是 0 或 1，故此时 $Q_3 \sim Q_0$ 输出的数据被赋予了新的含义：

Q_3 表示千位。$Q_3=0$，表示千位为 1；$Q_3=1$，表示千位为 0。

Q_2 表示极性。$Q_2=0$，表示极性为负；$Q_2=1$，表示极性为正(0 负 1 正)。

Q_0 表示量程。$Q_0=1$，表示超量程；$Q_0=0$，表示未超量程(1—真；0—假)。

$Q_0=1$ 时，进一步确定是由过量程还是欠量程引起的超量程，由 Q_3(千位数据)来确定。当 $Q_3=0$ 时，表示千位为 1，是由过量程引起的；当 $Q_3=1$ 时，表示千位为 0，是由欠量程引起的。MC14433 千位选通含义如表 9-14 所示。

表 9-14　MC14433 千位选通含义

BCD 输出				DS1 有效时千位的含义		
Q_3	Q_2	Q_1	Q_0	极性	千位	量程
1	1	1	0	+	0	
1	0	1	0	−	0	
1	1	1	1	+	0	欠量程
1	0	1	1	−	0	欠量程
0	1	0	0	+	1	
0	0	0	0	−	1	
0	1	1	1	+	1	过量程
0	0	1	1	−	1	过量程

4) 接口与编程

【例 9-9】　MC14433 与 MCS-51 的连接如图 9-29 所示，采用中断方式(下降沿触发)进行 8 路 A/D 转换的数据采集，第 0 路通道结果存储格式如表 9-15 所示。

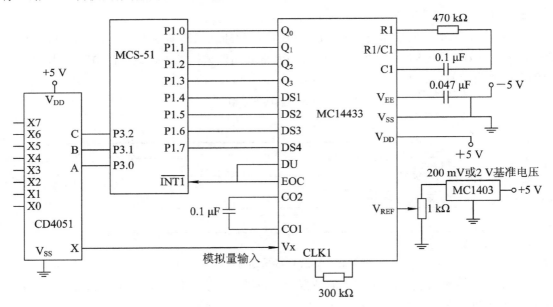

图 9-29　MC14433 与 MCS-51 连接电路图

表 9-15　存储格式要求

存储单元	32H 高 5 位	32H 低 3 位	31H 高 4 位	31H 低 4 位	30H 高 4 位	30H 低 4 位
所存数据	00000	状态位	千位	百位	十位	个位

解　其中 1 通道转换程序清单如下：

```
            UNDER   EQU    00H        ; 位地址单元存放欠量程(1—真，0—假)
            OVER    EQU    01H        ; 位地址单元存放过量程(1—真，0—假)
            POLA    EQU    02H        ; 位地址单元存放极性(1—负，0—正)
            HIGH1   EQU    60H        ; 高位转换结果临时存放单元
            LOW1    EQU    61H        ; 低位转换结果临时存放单元
            ORG   0000H
            LJMP   MAIN
            ORG   0013H               ; INT1中断服务入口地址
            LJMP   INT1F
     MAIN： MOV   R1，#HIGH1
            MOV   R0，#LOW1
     CLRZO:MOV   @R1，#00H            ; 高位缓冲清零
            MOV   @R0，#00H            ; 低位缓冲清零
            SETB   IT1                ; 置外部中断位下降沿触发
            SETB   EX1                ; 开INT1中断允许
            SETB   EA                 ; 开中断总允许
            LJMP   $                  ; 转换结束
     INT1F： CLR   UNDER
            CLR   OVER                ; 将存放欠量程、超量程的位地址单元内容清零
            CLR   POLA                ; 假定结果为正
     INTS： MOV   A，P1                ; 进入中断，说明 MC14433 转换结束，读 P1 口
            JNB   ACC.4，INTS         ; DS1 无效，等待
            JB   ACC.2，NEXT          ; Q2=1 表示正，已经预处理，继续
            SETB   POLA               ; 为负，需将 02H 置位
     NEXT： JB   ACC.3，NEXT1         ; 千位信息保存在高位单元中
     NEXT1: JB   ACC.0，ERROR         ; 转欠、超量程处理
     INI1：  MOV   A，P1
            JNB   ACC.5，INI1         ; 等待百位选通信号
            ANL   A，#0FH             ; 屏蔽高 4 位
            ORL   HIGH1，A
     INI2： MOV   A，P1
            JNB   ACC.6，INI2         ; 等待十位选通信号
            ANL   A，#0FH             ; 屏蔽高 4 位
            SWAP   A                  ; 交换到高 4 位
```

```
             ORL   LOW1, A
INI3:  MOV        A, P1
       JNB   ACC.7, INI3          ；等待个位选通信号
       ANL   A, #0FH              ；屏蔽高 4 位
       ORL   LOW1, A
       SJMP  OUT
ERROR:MOV   A, HIGH1              ；欠、超量程
       CJNE  A, #00H, OV1         ；过量程转过量程处理
       SETB  UNDER                ；置欠量程标志
       SJMP  OUT
OV1:   SETB  OVER                 ；置过量程标志
OUT:   MOV   A, HIGH1
       MOV   @R1, A               ；保存高位值
       MOV   A, LOW1
       MOV   @R0, A               ；保存低位值
       RETI
```

9.6.3　串行 A/D 转换器 TLC1543 及应用

随着芯片集成度和工艺水平的提高，串行 A/D(尤其是高精度串行 A/D)转换芯片正在被广泛地采用。串行 A/D 转换芯片以其引脚数少，集成度高(基本上无须外接其他器件)，价格低，易于数字隔离，易于芯片升级以及廉价等一系列优点，正逐步取代并行 A/D 转换芯片，其代价仅仅是速度略微降低(主要是数据串行逐位传送的速度，而非转换速度)。

串行 A/D 转换器的生产厂商很多，著名的厂商有 ADI、NS、TI 等。由于串行 A/D 转换器的基本功能相似，本小节以 TI 公司的 TLC1543 为例介绍。

1. TLC1543 芯片引脚及功能

TLC1543 是美国 TI 公司生产的一种串行 A/D 转换器，它具有输入通道多、转换精度高、传输速度快、使用灵活和价格低廉等优点，是一种高性价比的 A/D 转换器。

TLC1543 是 CMOS、10 位开关、电容逐次逼近式模/数转换器。它有 3 个输入端和 1 个三态输出端：片选($\overline{CS}$)、输入/输出时钟(I/O CLOCK)、地址输入(ADDRESS)和数据输出(DATAOUT)。可以通过一个直接的四线接口与主处理器或其外围的串行口通信。片内含有 14 通道多路选择器可以选择 11 个输入中的任何一个或 3 个内部自测试电压中的一个。片内设有自动采样—保持电路，在转换结束时，"转换结束"信号(EOC)输出端变高以指示转换的完成，系统时钟由片内产生并由 I/O CLOCK 同步。该器件具有高速(10 μs 转换时间)、高精度(10 位分辨率、最大 +LSB 线性误差)和低噪声等特点。

1) TLC1543 内部结构

TLC1543 内部结构如图 9-30 所示。片内包括 10 位 A/D 转换器、输入地址寄存器、10选 1 驱动器、采样/保持器、输出数据寄存器和自测参考等。

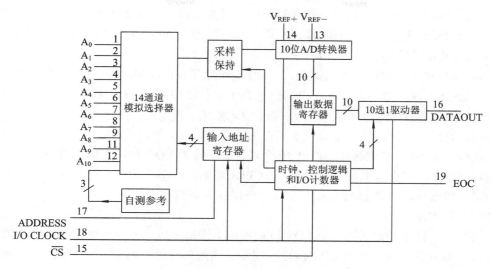

图 9-30   TLC1543 内部结构

2) TLC1543 芯片引脚

TLC1543 芯片引脚功能如表 9-16 所示。

表 9-16   TLC1543 芯片引脚功能

引脚图	引脚功能	
	1 ～ 9 脚、11、12(A₀~A₁₀)	模拟输入端。这 11 个模拟信号输入由内部多路器选择。驱动电源的阻抗必须小于或等于 1 kΩ
	15 脚($\overline{CS}$)	片选端
	17 脚(ADDRESS)	串行数据输入端
	16 脚(DATAOUT)	用于 A/D 转换结果输出的三态串行输出端
	19 脚(EOC)	转换结束端
	10 脚(GND)	地
	18 脚(I/O CLOCK)	输入/输出时钟端
	13 脚(V_{REF+})	正基准电压端
	14 脚(V_{REF-})	负基准电压端
	20 脚(V_{CC})	正电源端

引脚图（TLC1543）：

左侧：A₀ 1、A₁ 2、A₂ 3、A₃ 4、A₄ 5、A₅ 6、A₆ 7、A₇ 8、A₈ 9、GND 10

右侧：20 V$_{CC}$、19 EOC、18 I/O CLOCK、17 ADDRESS、16 DATAOUT、15 $\overline{CS}$、14 V$_{REF+}$、13 V$_{REF-}$、12 A₁₀、11 A₉

3) TLC1543 工作过程

TLC1543 工作过程可以分为两个周期：I/O 周期和实际转换周期。

(1) I/O 周期。

一开始，$\overline{CS}$ 为高，I/O CLOCK 和 ADDRESS 被禁止以及 DATAOUT 为高阻状态。当串行口使 $\overline{CS}$ 变低，开始转换过程，I/O CLOCK 和 ADDRESS 使能，并使 DATAOUT 端脱离高阻状态。在 I/O CLOCK 的前 4 个脉冲上升沿，以 MSB 前导方式从 ADDRESS 口输入 4 位数据流到地址寄存器。这 4 位为模拟通道地址，控制 14 通道模拟多路器从 11 个模拟输入和 3 个内部自测电压中，选通一路送到采样—保持电路，该电路从第 4 个 I/O CLOCK 的下降沿开始对所选模拟输入进行采样，采样一直持续 6 个 I/O CLOCK 周期，保持到第 10 个 I/O CLOCK 的下降沿。

同时，串口也从 DATAOUT 端接收前一次转换的结果。它以 MSB 前导方式从 DATAOUT 输出，但 MSB 出现在 DATAOUT 端的时刻取决于串行接口时序。TLC1543 可以用 6 种基本的串行接口时序方式，这些方式取决于 I/O CLOCK 的速度与 $\overline{CS}$ 的状态。

所用串行时钟脉冲的数目也取决于工作的方式，从 10 个到 16 个不等，但要开始进行转换，至少需要 10 个时钟脉冲。在第 10 个时钟的下降沿 EOC 输出变低，而当转换完成时回到逻辑高电平。需要说明的是：如果 I/O CLOCK 的传送多于 10 个时钟，在第 10 个时钟的下降沿，内部逻辑也将 DATAOUT 变低，以保持剩下的各位的值是零。

(2) 转换周期。

如前所述，转换开始于第 4 个 I/O CLOCK 的下降沿之后，片内转换器对采样值进行逐次逼近式 A/D 转换，其工作由 I/O CLOCK 同步了的内部时钟控制。转换结果锁存在输出数据寄存器中，等待下一个 I/O CLOCK 周期的输出。

4) 工作时序

TLC1543 的工作由 $\overline{CS}$ 使能或禁止。工作时 $\overline{CS}$ 必须为低，$\overline{CS}$ 被置高时，I/O CLOCK 和 ADDRESS 被禁止以及 DATAOUT 为高阻状态。该器件有 6 种基本的串行接口时序方式，下面仅介绍工作方式 1 的工作时序。

方式 1 接口的工作时序图如图 9-31 所示。$\overline{CS}$ 下降沿使 DATAOUT 引脚脱离高阻抗状态并启动一次 I/O CLOCK 的工作过程。上一次转换结果的 MSB 出现在 $\overline{CS}$ 的下降沿，以 MSB 前导方式从 DATAOUT 口输出数据，在前 4 个 I/O CLOCK 的上升沿将下一次转换模拟通道地址打入 ADDRESS 端。整个构成需要 10 个时钟周期。

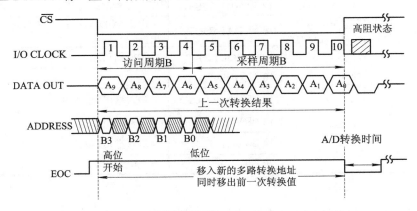

图 9-31　方式 1 使用 $\overline{CS}$ 时的 10 个时钟传送时序图

2．接口与编程

TLC1543 与 MCS-51 的连接电路如图 9-32 所示。TLC1543 和微处理器之间的数据传送最快和最有效的方式是用串行外设接口(SPI)，但这要求微处理器带有 SPI 接口能力。对不带 SPI 接口或相同接口能力的微处理器，需用软件合成 SPI 操作来访问 TLC1543 接口。

软件编程：首先，单片机 P1 口的 P1.0 位置低，使能 TLC1543，读入转换字节的第 1

个字节的第一位到进位位(C)，累加器内容通过进位位左移，转换结果第 1 位移入 A 的最低位中，同时输入地址的第 1 位通过 P1.1 传输给 TLC1543。然后，由 P1 口的 P1.2 位先高后低的翻转来提供第一个 I/O CLOCK 脉冲。这个时序重复 10 次完成一次数据转换。

【例 9-10】 TLC1543 与 MCS-51 连接的电路图如图 9-32 所示，将 TLC1543 转换结果存入 31H，30H 单元，通道地址存放在寄存器 R1 中。

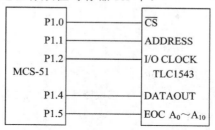

图 9-32　TLC1543 与 MCS-51 连接电路

解　程序清单如下：

```
            CS    EQU  P1.0
            AD    EQU  P1.1
            CLK   EQU  P1.2
            D0    EQU  P1.4
            RES1  DATA  30H
            RES2  DATA  31H
            ORG   0000H
            MOV   SP,#50H          ;堆栈初始化
            LCALL TLC1543          ;调用 A/D 转换程序
            SJMP  $                ;等待或其他处理
TLC1543：CLR  CLK
            CLR   CS               ;使能 TLC1543
            MOV   A,R1             ;读下一次转换地址到 A
            SWAP  A
            MOV   R4,#04H
ADR1：      RLC   A                ;将通道号送入 TLC1543
            MOV   D0,C
            SETB  CLK
            CLR   CLK
            DJNZ  R4,ADR1
            MOV   R4,#06H
ADR2：      SETB  CLK              ;填充 6 个时钟
            CLR   CLK
            DJNZ  R4,ADR2
            SETB  CS               ;禁止 TLC1543
            ACALL DELAY1           ;调用延时程序
```

```
                CLR   CS                    ; 使能 TLC1543
                MOV   A, #00H
                MOV   R4, #0AH
        ADR3:   SETB  D0                    ; 读取转换 10 位结果
                SETB  CLK
                MOV   C, D0
                RLC   A
                CLR   CLK
                CJNE  R4, #08H, ADR4
                MOV   RES2, A                ; 读取转换结果的高 2 位到 RES2
                MOV   A, #00H
        ADR4:   DJNZ  R4, ADR3
                MOV   RES1, A                ; 读取转换结果的低 8 位到 RES1
                SETB  CS
                RET
```

习题与思考题

9-1　设计用 P1、P2 口扩展 4×4 矩阵键盘、4 位共阴极 LED 的硬件电路。

9-2　已知一单片机应用系统如 9-9 图所示。试编写显示程序，以 1 s 为间隔，亮暗相间，显示 "888888"。

9-3　已知 8279 与单片机的连接如 9-11 图所示。试编写程序实现下列功能：

(1) 显示字符 "HELLO"。

(2) 编写中断服务子程序，完成读键值功能，将键值放入 20H 单元。

9-4　若 8255 芯片的片选端与 8051 的 P2.7 相连，A_1、A_0 端与地址总线 A_1、A_0 相连，现要求 8255 工作在方式 0，A 口作为输入，B 口作为输出，且将 C 口的第 6 位 PC5 置 1，请编写初始化工作程序。

9-5　已知系统的连接如图 9-9 所示，试编写程序实现下列功能：

(1) 编写上电显示程序，显示 "123456"。

(2) 编写主程序，功能为：当有键按下(0～7 号)时，都显示键号；无键按下，保持原有显示状态。

9-6　如何消除键的抖动？对于一般的小键盘来说，为什么不能双键或多键同时按下？

9-7　什么是 LED 数码显示器？它有几种接法？如何得到显示段码？

9-8　什么是 D/A 转换器？

9-9　DAC0832 的主要特性参数有哪些？

9-10　DAC0832 与 8051 单片机连接时有哪些控制信号？其作用是什么？

9-11　简述逐次逼近式 A/D 转换器的工作原理。

9-12　在单片机系统中，常用的 A/D 转换器有哪几种？

9-13　A/D 转换器 DAC0809 的编程要点是什么？

9-14 在什么情况下要使用 D/A 转换器的双缓冲方式？试以 DAC0832 为例画出双缓冲方式的接口电路。

9-15 用单片机控制外部系统时，为什么要进行 A/D 和 D/A 转换？

9-16 具有 8 位分辨率的 A/D 转换器，当输入 0～5 V 电压时，其最大量化误差是多少？

9-17 在一个 8051 单片机与一片 DAC0832 组成的应用系统中，DAC0832 地址为 7FFFH，输出电压为 0～5 V。试画出有关逻辑电路图，并编写产生矩形波，其波形占空比为 1：4，高电平为 2.5 V，低电平为 1.25 V 的转换程序。

9-18 选用 DAC0832 芯片，设计有三路模拟量同时输出的 MCS-51 系统，画出硬件结构框图，编写数/模转换程序。

9-19 在一个 8051 与一片 ADC0809 组成的数据采集系统中，ADC0809 的地址为 7FF8H～7FFFH。试画出逻辑电路图，并编写程序，每隔 1 分钟轮流采集一次 8 个通道数据，共采集 100 次，其采样值存入以片外 RAM 4000H 开始的存储单元中。

9-20 设计 MC14433 与 MCS-51 接口线路，要求：具有直接显示功能；具有输入数据功能，输入数据的个位和十位保存在 40H 单元，千位和百位保存在 41H 单元，并且欠量程、过量程和极性分别保存在 00H～02H 位地址单元。

9-21 画出串行 A/D 芯片 TLC1543 的使用电路。

第 10 章　MCS-51 单片机的 C51 程序设计及应用

在嵌入式系统设计中，C 语言以简单、紧凑、灵活、可读性强等特点得到了广泛的应用，在单片机的开发中扮演着重要的角色。MCS-51 系列单片机的 C 语言程序设计，简称为 C51 程序设计。自 1985 年第一个 C51 编译器诞生以来，有众多公司推出了各自的 C51 编译器，其中最著名的是德国的 Keil Cx51 编译器。本章首先介绍 C51 的基本知识，然后通过对前几章内容的 C51 语言实例编程，使读者快速掌握 C51 程序设计的思路和方法。

10.1　C51 数据类型与存储类型

不论是变量还是常量都有自己的数据类型。

在程序运行过程中，其值可以改变的量称为变量。一个变量主要由两部分构成：变量名和变量值。每个变量都有一个变量名，在单片机片内或片外 RAM 中占据一定字节数(根据数据类型的不同)的存储单元，并在该 RAM 单元中存放该变量的值。

在程序运行过程中，其值不能改变的量称为常量。与变量一样，常量也有不同的数据类型。如 0、1、3、−5 等为整型常量；3.6、−6.39 等为实型常量；'A'、'b' 等为字符型常量。

可以用一个标识符代表一个常量，例如，用标识符 PAI 代表圆周率 3.14。

通常，将标识符代表的符号常量名用大写字母表示，变量用小写字母表示，以方便区别。这是程序员的习惯，并非语法限定。

C51 同 C 语言一样对标识符是区分大小写的，即 abc 与 Abc 是两个不同的变量；PAI 与 Pai 是两个不同的符号常量。例如用标识符 PAI 代表圆周率 3.14。用标识符 Pai 代表圆周率 3.1415926。C51 支持的数据类型分为基本数据类型、构造数据类型和指针类型。

下面具体介绍基本数据类型，构造数据类型在 10.4 节介绍，指针类型在 10.5 节介绍。

1. C51 基本数据类型

C51 的基本数据类型比标准 C(ISO C 1990)的基本数据类型多。例如 bit 类型、sbit 类型、sfr 类型等是 C51 有而标准 C 没有的。

表 10-1 是 C51 基本数据类型表，表中最下面 5 种数据类型是 C51 有而标准 C 没有的。

面向数学运算和数据处理的计算机晶振往往达吉赫兹，而面向控制的单片机晶振仅 10 MHz 左右。MCS-51 系列单片机对数据类型的选择，对提高运行效率具有特殊的意义。表 10-1 所列出的数据类型中，只有 bit 和 unsigned char 两种数据类型可以直接支持 MCS-51 系列单片机的机器指令。对于 C51 这样的高级语言，不管使用何种数据类型，虽然某一行 C51 程序从字面上看，其操作十分简单，而实际上 C51 需要经过编译器用一系列机器指令对每一行 C51 程序进行复杂的数据类型处理后，才能在单片机中执行。特别是使用浮点变量时，编译后的程序长度明显增加；单片机的运算时间也明显增加。例如，程序中使用了浮点变量时，C51编译器将调用相应的函数库，把它们加到程序中去。如果我们在编写C51程序时使用大量的、不必要的数据类型变量，就会导致C51编译器相应地增加所调用的库函数的数量，以处理大量增加的数据类型变量。这会使编译后的程序变得过于庞大。所以，如果对运算速度要求较高或代码空间有限，就要尽可能使用bit和unsigned char两种数据类型；其他数据类型尽可能少用或不用。

表 10-1　C51 基本数据类型表

C51 基本数据类型表				
数据类型	标准 C	长度 (位 bit)	长度 (字节 Byte)	值域(取值范围)
1　unsigned char	有	8	1	0～255
2　signed char char	有	8	1	−128～+127
3　unsigned int unsigned short int	有	16	2	0～65 535
4　signed int int signed short int signed short	有	16	2	−32 768～+32 767
5　unsigned long	有	32	4	0～4 294 967 295
6　signed long long	有	32	4	−2 147 483 648～+2 147 483 647
7　float	有	32	4	±1.175 494E − 38～±3.402 823E + 38
8　double	有	64	8	±1.176E − 307～±3.40E + 308
9　一般指针(通用指针)	有	24	3	存储空间 0～65 535
10　bit	无	1		0，1
11　sbit	无	1		0，1
12　sfr	无	8	1	0～255
13　sfr16	无	16	2	0～65 535
14　指定存储类型指针 又称指定存储区指针	无	8 或 16	1 或 2	(0～255)或(0～65 535)

2. C51 存储类型

MCS-51 系列单片机将程序存储器(ROM、EPROM、EEPROM、FLASH)和数据存储器(RAM)分开，并有各自的寻址引脚(硬件)和寻址方式(软件、指令)相对应。

MCS-51 系列单片机在物理上有 4 个存储空间：

(1) 片内程序存储器空间，简称片内 ROM,可能是 ROM、OTPROM、EPROM、EEPROM、FLASH 中的一种；

(2) 片外程序存储器空间，简称片外 ROM,可能是 ROM、OTPROM、EPROM、EEPROM、FLASH 中的一种；

(3) 片内数据存储器空间，简称片内 RAM；

(4) 片外数据存储器空间，简称片外 RAM。

变量的存储类型就是指该变量存放在以上 4 个存储空间的哪一个空间。

C51 的 6 种存储类型见表 10-2。各种存储类型所占的位数，字节数如表 10-3 所示。

表 10-2　C51 存储类型与 8051 存储空间对应关系表

序号	单片机		C51 存储类型	存储空间(存储器物理位置)及地址范围
1	RAM	片内	data	直接寻址片内 RAM 存储区，访问速度快，共 128 B，字节地址从 00H～7FH。比其他寻址方式访问速度快
2			bdata	可位寻址片内 RAM 存储区，允许位与字节混合访问的片内 RAM，共 16 B，共 128 bit，字节地址从 20H～2FH
3			idata	间接寻址片内 RAM 存储区，可访问片内全部 RAM 地址空间。对 52 单片机，共 256 B，字节地址从 00H～FFH。使用间接寻址指令：MOV A，@Ri 和 MOV @Ri，A 等
4		片外	pdata	分页寻址片外 RAM 存储区，每页共 256 B。一般需要 P2 口配合。使用间接寻址指令：MOVX A，@Ri 和 MOVX @Ri，A
5			xdata	片外 RAM 存储区，共 65536 B(64 KB)。字节地址从 0000H～FFFFH。使用指令：MOVX A，@DPTR 和 MOVX @DPTR，A
6	ROM	内外均可	code	代码存储区，最多 65536 B(64 KB)，根据单片机的型号不同，可能是 2 KB、4 KB、8 KB 等等。单片机自动取指令、译码、执行。也可以使用指令 MOVC A，@DPTR 访问存储的数据表

表 10-3　C51 存储类型及其所占位数、字节数及值域范围

序号	单片机		C51 存储类型	位/bit	字节/Byte	值域范围
1	RAM	片内	data	8	1	0～7FH
2			bdata	8	1	20H～2FH
3			idata	8	1	0～FFH
4		片外	pdata	8	1	0～FFH
5			xdata	16	2	0～FFFFH
6	ROM	内外均可	code	16	2	0～FFFFH

3. C51 存储模式

存储模式决定变量的默认存储类型，C51 存储模式分为三种，它们是 SMALL 存储模式、COMPACT 存储模式和 LARGE 存储模式。如果在定义变量时没有定义存储类型，C51 编译器会根据 SMALL 存储模式、COMPACT 存储模式和 LARGE 存储模式自动选择默认的存储类型。

"存储模式"也称为"编译模式"，其说明见表 10-4。

表 10-4 存储模式(编译模式)说明表

	存储模式 (编译模式)	说　明
1	SMALL	C51 定义的变量放在可直接寻址的片内 RAM 中，最大 128 B，字节地址为 00H～7FH。在 SMALL 存储模式下，如果变量不指定存储类型，编译器将把变量的存储类型默认为 DATA 存储类型。所有变量，包括栈，都在片内 RAM 中
2	COMPACT	C51 定义的变量放在片外 RAM 存储区的某一页，最大 256 B。在 COMPACT 存储模式下，如果变量不指定存储类型，编译器将把变量的存储类型默认为 PDATA 存储类型。通过寄存器 Ri(R0，R1)间接寻址。堆栈区仍然在 MCS-51 系列单片机的片内 RAM 中
3	LARGE	C51 定义的变量放在片外 RAM 存储区，最大 64 KB 空间。在 LARGE 存储模式下，如果变量不指定存储类型，编译器将把变量的存储类型默认为 XDATA 存储类型。使用数据指针 DPTR 来进行寻址。

例如，如果我们用 char bian 语句定义一个字符型变量，变量名为 bian。

在使用 SMALL 存储模式下，变量 bian 被放置在片内 RAM 存储区，即变量 bian 被自动定义为 DATA 存储类型；

在使用 COMPACT 存储模式下，变量 bian 则被放置在片外 RAM 存储区的某一页，即变量 bian 被自动定义为 PDATA 存储类型；

在使用 LARGE 存储模式下，变量 bian 被放置在片外 RAM 存储区的 64 KB 空间，即变量 bian 被自动定义为 XDATA 存储类型。

函数之间的参数传递需要指定在固定的 RAM 空间。在 SMALL 模式下，参数传递是在片内 RAM 区中完成的；在 COMPACT 模式下，参数传递是在片外 RAM 中一页空间范围内完成的；在 LARGE 模式下，参数传递是在片外 RAM 区 64 KB 空间范围完成的。C51 也同时支持混合模式，例如，在 LARGE 模式下，生成的程序可将一些函数放入 SMALL 模式中，从而加快执行速度。

如果 COMPACT 模式使用多于 256 B 的片外 RAM 存储器，就必须提供页地址，也就是 16 bit 片外 RAM 地址的高 8 bit 地址。页地址由 MCS-51 系列单片机的 P2 口提供。在这种情况下，需要对 P2 口进行初始化，才能正确地使用片外 RAM。

C51 允许在定义变量类型之前先指定存储类型。

【例 10-1】　变量的定义(声明)。

```
data char bian1;
char data bian2;
bian1='a';
bian2='b';
```

定义 data char bian 等同于定义 char data bian。

建议使用后一种方法，即先定义变量的数据类型，后定义变量的存储类型。

4．特殊功能寄存器 SFR 及其位地址的 C51 定义

MCS-51 系列单片机(8031，8051，8751，8032，8052，8752 等)片内有 20 多个特殊功能寄存器(SFR)，对于 8031、8051、8751 有 21 个特殊功能寄存器(SFR)；对于 8032、8052、8752 有 26 个特殊功能寄存器(SFR)。这些特殊功能寄存器(SFR)分布在片内 RAM 区的高 128 B 中，直接地址为 80H～0FFH。对这些殊功能寄存器(SFR)的操作，只能使用直接寻址方式，不能使用间接寻址方式。

相对于标准 C 语言，C51 新增了几种新的数据类型，其中两种是 sfr 和 sfr16 数据类型。目的是能够通过 C51 语言直接访问这些特殊功能寄存器。sfr 和 sfr16 数据类型只适用于对 MCS-51 系列单片机进行 C 编程。sfr 定义 8 bit 特殊功能寄存器，sfr16 定义 16 bit 特殊功能寄存器。

【例 10-2】 用 sfr 定义数据类型举例。

       sfr IE = 0xA8;

       sfr TMOD = 0x89;

说明：中断允许控制寄存器 IE，片内 SFR，直接字节地址为 A8H。定时器/计数器模式控制寄存器 TMOD，片内 SFR，直接字节地址为 89H。

【例 10-3】 用 sfr16 定义数据类型举例。

       sfr16 T2 = 0xCC;

说明：16 位定时器 T2 的低 8 位 TL2 地址为 0CCH，高 8 位 TH2 地址为 0CDH。

用 sfr16 定义一个 16 位 SFR，变量名后面不是赋值语句，是一个片内 SFR 地址，其低字节在前(字节地址小)，高字节在后(字节地址大)，两个字节地址紧挨着。这种定义适用于新的 SFR，不能用于 T0 的 TL0(字节地址 8AH)和 TH0(字节地址 8CH)，也不能用于 T1 的 TL1(字节地址 8BH)和 TH1(字节地址 8DH)。

MCS-51 系列单片机中，位于片内特殊功能寄存器区的每个 SFR 都有其字节地址。这 20 多个 SFR 中有 11 个特殊功能寄存器具有位寻址功能。这些寄存器的字节地址有一个特点——字节地址能被 8 整除，即字节地址末位是 0 或 8H。具有位寻址功能的 SFR，字节的每一位都可以寻址，即字节的每一位都具有位地址，位地址范围为 080H～0FFH。

如果我们需要单独访问 SFR 中的某一位，C51 扩充的数据类型 sbit 可以满足我们的需求。特殊位(sbit)的定义像 sfr 和 sfr16 一样是对标推 C 的扩充，使用关键字 sbit 可以访问可寻址的位。

用关键字 sbit 定义可位寻址的位变量，sbit 后面是位变量名，"="号后面是位地址，定义可位寻址的位变量有如下三种方法。

方法一：

语法：sbit 位变量名= sfr_name ^ 0～7 之一

其中："∧"前面的 sfr_name 必须是已定义的 SFR 的名字；"∧"后面的常数定义了该 SFR 字节 D_7～D_0 的某一位的位置，其值必须是 0～7 的常数或符号常量。

【例 10-4】 sbit 方法一举例。

       sfr IP = 0xB8;   /* 定义特殊功能寄存器 IP(中断优先级寄存器)，字节地址为 0B8H */

       sbit PS = IP^4; /* 定义 PS 位，是 IP.4，位地址为 0BCH   */

       sbit PT1 = IP^3; /* 定义 PT1 位，是 IP.3，位地址为 0BBH   */

方法二：

语法：sbit 位变量名 = 字节地址 0x80～0xFF 之一 ^ 0～7 之一

其中，"^" 前面的值必须在 0x80～0xFF 之间，表示 SFR 字节地址，地址能被 8 整除；"^" 后面的常数定义了该 SFR 字节 D_7～D_0 的某一位的位置，其值必须是 0～7 的常数或符号常量。

【例 10-5】 sbit 方法二举例。

```
sbit PS = 0xB8^4;    /* 可寻址位 PS，0B8H 字节的 D4 位，位地址是 0BCH   */
sbit PT1 = 0xB8^3;   /* 可寻址位 PT1，0B8H 字节的 D3 位，位地址是 0BBH  */
```

方法三：

语法：sbit 位变量名 = 位地址 0x80～0xFF 之一

其中："=" 前是我们定义的位变量名，该位变量不但是可位寻址的，而且在 SFR 区；"=" 后是位地址，位地址必须在 080H～0FFH 范围内，即在 SFR 区。

方法三是将 SFR 空间内可寻址位的绝对位地址赋给位变量。

【例 10-6】 sbit 方法三举例。

```
sbit PS = 0xBC;
sbit PT1 = 0xBB;
```

说明：可寻址位 PS，位地址是 0BCH；可寻址位 PT1，位地址是 0BBH。

sbit 总结：sbit 表示一个独立的数据类型，特殊功能位，在 SFR 区间。sbit 不同于 bit 数据类型。

5. 片内并行接口的 C51 定义

MCS-51 系列单片机的片内 I/O 口有 P0、P1、P2、P3，用 sfr 数据类型定义。

【例 10-7】 片内 I/O 口定义。

```
sfr P0 = 0x80;    /* 定义单片机 P0 口，片内 SFR，字节地址为 080H */
sfr P1 = 0x90;    /* 定义单片机 P1 口，片内 SFR，字节地址为 090H */
sfr P2 = 0xA0;    /* 定义单片机 P2 口，片内 SFR，字节地址为 0A0H */
sfr P3 = 0xB0;    /* 定义单片机 P3 口，片内 SFR，字节地址为 0B0H */
```

6. 片外并行接口的 C51 定义

MCS-51 系列单片机片外扩展 I/O 口，通过硬件译码形成端口地址，将 I/O 口地址视为片外 RAM 存储器的一个字节，有两种方法定义片外并行接口。

方法一：使用 #define 语句定义片外 I/O 口。

【例 10-8】 用 #define 定义片外 I/O 口。

```
#include < absacc.h >
#define PORTA XBYTE [0xA000]
```

说明：将 PORTA 定义为片外 I/O 口，地址为 0xA000。

方法二：使用关键字 "_at_" 定义片外 I/O 口。

使用 "_at_" 关键字结合数据类型和存储类型定义片外并行 I/O 口地址。

【例 10-9】 用 "_at_" 定义片外 I/O 口。

```
xdata unsigned char OUTBIT _at_ 0x8002;        // 定义位码锁存器地址 OUTBIT 变量
```

```
xdata unsigned char OUTSEG _at_ 0x8004;          // 定义段码锁存器地址 OUTSEG 变量
xdata unsigned char IN      _at_ 0x8001;          // 定义键盘读入口地址 IN 变量
```

说明：在头文件(*.h)或 C51 程序的开始对这些片内外 I/O 口进行定义以后，在程序中就可以使用这些口变量了。

定义片外并行 I/O 口，目的是为了便于程序员对变量名操作，避免对枯燥无意义的地址进行操作(不便记忆且容易出错)。C51 编译器按 MCS-51 系列单片机实际硬件结构建立 I/O 口变量名与其片外 RAM 地址的对应关系。编译器不同，定义方法也不同，注意所使用编译器的说明书，以及编译器的版本。

7. 位变量(BIT)及其 C51 定义

相对于标准 C 语言，C51 新增了几种新的数据类型，其中 sfr、sfr16 和 sbit 三种数据类型前面已经做了介绍。现在再介绍一种 bit 数据类型。bit 数据类型与 sbit 数据类型一样是定义位变量的。不同的是，bit 数据类型将位变量指定在位地址 00H～7FH 范围内，即字节地址 20H～2FH 范围内；sbit 数据类型将位变量指定在位地址 0x80～0xFF 范围内，即字节地址 80H～0FFH 内的可位寻址 SFR。

【例 10-10】 "bit" 举例。
```
bit b_in_pin;          /* 将 b_in_pin 定义为位变量，作为某引脚输入缓冲位  */
bit b_out_pin;         /* 将 b_out_pin 定义为位变量，作为某引脚输出缓冲位  */
bit b_change_sig;      /* 将 b_change_sig 定义为位变量，作为某状态标志位  */
b_out_pin=0;
b_change_sig=1;
```

说明：函数可以有 bit 数据类型的参数，也可以将 bit 数据类型的参数作为函数的返回值。

【例 10-11】 函数的参数、函数的返回值是 bit 数据类型。
```
bit func(bit b_in_1, bit b_in_2)
{
    bit b_out;
    b_out = b_in_1 | b_in_2;
    return (b_out);
}
main ()
{
    bit b1,b2,b3;
    b1=0;
    b2=1;
    b3=func(b1,b2);
}
```

对位变量 bit 定义的限制：

(1) 不能定义位指针，例如 bit * bit_pointer 是错误的。

(2) 不能定义位数组，如不能定义 bit b_array[]。

(3) 所有的 bit 变量放在 MCS-51 系列单片机的片内 RAM 的位寻址区，因为这个区域(片内 RAM 字节地址为 20～2FH)只有 16 B 空间，所以在这个范围内只能声明最多 128 个位变量。

10.2 运 算 符

1. C51 的五种算术运算符

C51 的五种算术运算符见表 10-5。

表 10-5　五种算术运算符

	算术运算符	说　　明
1	+	加法运算符，或正值符号
2	−	减法运算符，或负值符号
3	*	乘法运算符
4	/	除法运算符
5	%	取模运算符，取模即求余数。 例如，8%5 结果是 3，8 除以 5 所得的余数是 3

强制类型转换的方式有两种：一种是自动类型转换，即如果不指定数据类型转换(缺省)，在程序编译时由 C 编译器自动进行数据类型转换；另一种是强制类型转换，需要使用强制类型转换运算符"()"。其语法为：

(类型名)(表达式)；

【例 10-12】 强制类型转换运算符"()"举例 1。

```
int a,b,bian;
int x;
float y;
double z;
x=(int)(a+b);          /* 将 a+b 的值强制转换成 int 类型 */
y=(float)(7/3);        /* 将除法运算 7/3 的值强制转换成 float 类型 */
z=(double) bian;       /* 将 bian 强制转换成 double 类型 */
```

使用强制类型转换运算符后，运算结果被强制转换成规定的类型。

【例 10-13】 强制类型转换运算符"()"举例 2。

```
unsigned char a,b;
unsigned int c;
a='1';
b='2';
c=2;
c = a+(unsigned int)b;
c = (unsigned int)a * b;
```

强制转换后的加法和乘法能够保证当运算结果超过一个字节时仍然是正确的。

2．C51 的六种关系运算符

C51 的六种关系运算符如表 10-6 所示。

表 10-6　六种关系运算符

	关系运算符	优先级
1	<(小于)	
2	>(大于)	优先级相同(高)
3	<=(小于或等于)	
4	>=(大于或等于)	
5	==(测试：相等)	优先级相同(低)
6	!=(测试：不相等)	

六种关系运算符的优先顺序：

(1) 前四种关系运算符(<，>，<=，>=)优先级相同。

(2) 后两种关系运算符(==，!=)优先级也相同。

(3) 前四种(<，>，<=，>=)的优先级高于后两种(==，!=)。

(4) 关系运算符的优先级低于算术运算符(+，−，*，/，%)。

(5) 关系运算符的优先级高于赋值运算符(=)。

由此可知，算术运算符优先级高，关系运算符优先级中，赋值运算符优先级低。

3．C51 的三种逻辑运算符

表 10-7 列出了三种逻辑运算符及其优先顺序。

表 10-7　三种逻辑运算符及其优先顺序

	逻辑运算符	优先级
1	！逻辑非(NOT)	优先级(高)
2	&& 逻辑与	优先级(低)
3	‖ 逻辑或	优先级(低)

"&&"和"‖"是双目运算符，需要两个运算对象；"！"是单目运算符，只有一个运算对象。

4．C51 的六种位操作运算符

C51 的六种位操作运算符如表 10-8 所示。

表 10-8　六种位操作运算符

	位操作运算符	说　明
1	&	按位与
2	｜	按位或
3	^	按位异或
4	~	按位取反
5	<<	按位左移(空白位补 0，而溢出的位舍弃)
6	>>	按位右移(空白位补 0，而溢出的位舍弃)

六种位操作运算符中，仅按位取反运算符"~"是单目运算符，其他位操作运算符都是双目运算符，即运算符两侧各有一个运算对象。位运算符的运算对象只能是整型或字符型数据类型，不能是实型数据。

5. 自增运算符、自减运算符、复合运算符

1) 自增运算符

自增运算符"++"的作用是使变量值自动加 1。

【例 10-14】 自增运算符"++"举例。

        ++i; // 在使用变量 i 之前，先使 i 值加 1，然后再用，即所谓"先加后用"

        i++; // 在使用变量 i 之后，再使 i 值加 1，即所谓"先用后加"

注意：++i 的作用与 i++ 的作用都相当于 i=i+1，但 ++i 和 i++ 的作用是不同的。++i 是先执行 i＝i+1，后使用 i 的值；而 i++ 则是先使用 i 的值，后执行 i＝i+1。

【例 10-15】 ++i 与 i++举例。

如果 a 值原来为 3，有

        a=3;

        b = ++a;

以上这两条指令执行后，b 值为 4；a 值也为 4。

        a=3;

        b = a++;

以上这两条指令执行后，b 值为 3；a 值为 4。

2) 自减运算符

自减运算符"－－"的作用是使变量值自动减 1。

【例 10-16】 自减运算符"－－"举例。

        －－i;   //在使用变量 i 之前，先使 i 值减 1，然后再用，即所谓"先减后用"

        i－－;   //在使用变量 i 之后，再使 i 值减 1，即所谓"先用后减"

注意：－－i 的作用与 i－－ 的作用都相当于 i＝i-1。但 －－i 和 i－－ 的作用是不同的。－－i 是先执行 i＝i-1，后使用 i 的值；而 i－－ 则是先使用 i 的值，后执行 i＝i-1。

【例 10-17】 －－i 与 i－－ 举例。

如果 a 值原来为 3，有

        a=3;

        b = －－a;

以上这两条指令执行后，b 值为 2；a 值也为 2。

        a=3;

        b = a－－;

以上这两条指令执行后，b 值为 3；a 值为 2。

3) 复合运算符及其表达式

C51 同 C 一样，引入复合赋值运算符可以简化程序设计，减少键入变量的字符数，提高 C 程序编程录入效率。

算术运算符和位运算都可以与赋值运算符"="一起组成复合赋值运算符。

复合运算符共 10 种，五种复合算术运算符，五种复合位运算符。

五种复合算术运算符：

    +=，–=，*=，/=，%=

五种复合位运算符：

    &=，|=，^=，<<=，>>=

【例 10-18】 复合运算符举例 1。

    abcdefg +=xyz;   //相当于 abcdefg=abcdefg + xyz

    abcdefg –=xyz;   //相当于 abcdefg=abcdefg – xyz

    abcdefg <<=8;   //相当于 abcdefg=abcdefg <<8

    abcdefg >>=8;   //相当于 abcdefg=abcdefg >>8

【例 10-19】 复合运算符举例 2。

    PORTOUT &= 0xfe;   //相当于 PORTOUT＝PORTOUT & 0xfe

该语句的作用是用"按位与"(&)运算符将 PORTOUT 口的 d0 位清零，也即 PORTOUT.0 引脚置低电平。

表 10-9 为运算符的优先顺序。

表 10-9   运算符的优先顺序

	运 算 符	优 先 级
1	! 逻辑非(NOT)	优先级(高)
2	5 种算术运算符	优先级(较高)
3	6 种关系运算符	优先级(中)
4	(逻辑与)&&和 ‖ (逻辑或)	优先级(较低)
5	赋值运算符=	优先级(低)

10.3　流程控制语句

流程控制语句不论对汇编语言还是 C51 都是程序设计中最重要的部分，C51 同 C 语言一样是结构化程序设计语言。结构化程序设计语言比非结构化程序设计语言有着突出的优点，即结构清晰，不易出错。结构化程序设计语言不允许存在交叉的程序流程，绘制程序流程图不使用传统流程图，而使用 NS 流程图。结构化程序设计语言的构件是基本结构，基本结构是程序的组成部件，基本结构只有一个出口和一个入口，即既不允许从模块中间插入(增加入口)，也不允许从模块的中途退出(增加出口)。

C51 结构化程序由若干个函数构成，函数由若干个基本结构构成，基本结构由若干条语句构成。结构化的 C51 程序设计语言有三种基本结构：顺序结构、选择结构和循环结构。

1．顺序结构

所谓顺序结构，就是从入口进入 A 模块，A 模块执行完再执行 B 模块，B 模块执行完到出口，退出顺序结构。顺序结构的 NS 流程图如图 10-1 所示。

图 10-1　顺序结构 NS 流程图

2．选择结构

所谓选择结构，就是从入口先进入条件判断，如果条件成立就执行 A 模块，A 模块执行完到出口；如果条件不成立就执行 B 模块，B 模块执行完到出口，退出选择结构。选择结构的 NS 流程图如图 10-2 所示。

图 10-2　选择结构 NS 流程图

C51 支持选择结构的语句有 if 语句(又分三种形式)和 switch-case 语句两种。

3．循环结构

循环结构的 NS 流程图如图 10-3 所示。

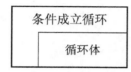

图 10-3　循环结构 NS 流程图

C51 支持循环结构的语句有 while 语句、do-while 语句和 for 语句三种。

10.3.1　选择语句

1．if 语句

if 语句是两种条件选择语句之一，if 语句又分为三种形式。

1) 单 if 语句

单 if 语句语法如下：

```
if(表达式)
    {语句块;}
```

if 语句的 NS 流程图如图 10-4 所示。

在这种单 if 无 else 语句结构中，如果括号中的表达式成立(为 true)，则程序执行 NS 图中左边的语句块；如果括号中的表达式不成立(为 false)，则程序执行 NS 图中右边的"不操作"模块(NP)，即什么也不做就退出。

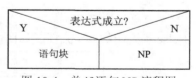

图 10-4　单 if 语句 NS 流程图

【例 10-20】　单 if 语句举例。

```
int abc;
char xyz;
if( abc != 0 )
    {xyz = 0xAA;}
```

2) if-else 语句

if-else 语句语法如下：

```
if(表达式)
    {语句块 A;}
else
    {语句块 B;}
```

图 10-5   if-else 语句 NS 流程图

if-else 语句的 NS 流程图如图 10-5 所示。

在 if-else 语句结构中，如果括号中的表达式成立(为 true)，则程序执行 NS 图中左边的语句块 A；如果括号中的表达式不成立(为 false)，则程序执行 NS 图中右边的语句块 B，然后退出 if-else 结构。

【例 10-21】   if-else 语句举例。

```
int abc;
char xyz;
if(abc != 0)
{xyz = 0xAA;}
else
{xyz = 0x55;}
```

3) if-else if 语句

if-else if 语句语法如下：

```
if(表达式 A)
    {语句块 A；}
else if(表达式 B)
    {语句块 B；}
else if(表达式 C)
    {语句块 C；}
…
else if(表达式 Y)
    {语句块 Y；}
else
    {语句块 Z ;}
```

if-else if 语句的 NS 流程图如图 10-6 所示。

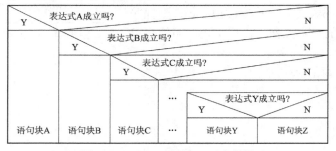

图 10-6   if-else if 语句 NS 流程图

在 if-else if 语句结构中，如果括号中的表达式 A 成立(为 true)，则程序执行 NS 图中左边的语句块 A；如果括号中的表达式 A 不成立(为 false)，则程序执行 NS 图中右边的大 if

结构，逐层判断执行。最后判断表达式 Y 是否成立，如果成立(为 true)，则执行语句块 Y；如果不成立(为 false)，则执行语句块 Z。进入语句块 A、B、…、Z 的任何一个，执行完都将退出 if-else if 语句。

【例 10-22】 if-else if 语句举例。

```
int abc;
char xyz;
if   (abc <=1)
    {xyz = 0x00;}
else if(abc <=2)
    {xyz = 0x20;}
else if(abc <=3)
    {xyz = 0x60;}
else if(abc <=4)
    {xyz = 0xA0;}
else
    {xyz = 0xC0; }
```

如果在 if 语句的某个语句块中又含有一个或多个 if 语句，则这种情况称为 if 语句的嵌套。if 语句嵌套的基本语法结构如下：

```
if   (条件 1)
{
    if(条件 A)
    {
        语句块 A;
    }
    else
    {
        语句块 B;
    }
}
else
{
    if(条件 C )
    {
        语句块 C;
    }
    else
    {
        语句块 D;
    }
}
```

if 语句嵌套的 NS 流程图如图 10-7 所示。

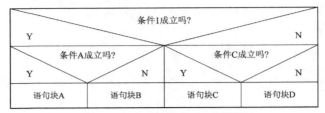

图 10-7　if 语句嵌套 NS 流程图

2．switch-case 语句

switch-case 语句是两种条件选择语句之一，switch-case 语句在应用系统程序设计中非常有用。我们经常会用到多分支选择结构，如果用像前面以 if-else if 语句构成的多分支选择结构，则可读性稍差。鉴于此，C51 提供了一个 switch-case 语句，用于支持多分支的选择结构。

switch-case 语句的语法如下：

```
switch(表达式)
{
    case  常量表达式 1:
    {
      语句块 1;
      break;
    }
    case  常量表达式 2:
    {
      语句块 2;
      break;
    }
    ……
    case  常量表达式 n:
    {
      语句块 n;
      break;
    }
    default:
    {
      语句 n+1;
    }
}
```

switch-case 语句的 NS 流程图如图 10-8 所示。

switch(表达式)				
case常量1	case常量2	...	case常量n	default
语句块1; break;	语句块2; break;	...	语句块n; break;	语句块n+1

图 10-8　switch-case 语句 NS 流程图

值得注意的是，在语句块 1~n 后有一个 break 语句，可退出 switch-case 结构。如果语句块 1~n 后没有 break 语句，那么语句块 1 执行完将进入语句块 2 执行，语句块 2 执行完将进入语句块 3 执行，直到执行完语句块 n+1 后才退出 switch-case 结构。

10.3.2　循环语句

1．while 语句

while 语句的语法如下：

```
while (表达式)
{
    语句块；                /* 循环体 */
}
```

while 语句的 NS 流程图如图 10-9 所示。

不成立退出　　while(表达式)　　成立循环
{语句块；//循环体}

图 10-9　while 语句 NS 流程图

“表达式”是 while 循环结构能否循环的条件；“语句块”是循环体，是执行重复操作的部分。如果表达式成立(为 true)，就重复执行循环体内的语句块；如果表达式不成立(为 false)，就终止 while 循环，执行循环结构之外的下一行语句。

2．do-while 语句

do-while 语句的语法如下：

```
do
{
    语句块；        /*  循环体  */
}
while(表达式);
```

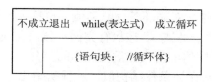

图 10-10　do-while 语句 NS 流程图

do-while 语句的 NS 流程图如图 10-10 所示。

“语句块”是循环体，是执行重复操作的部分；“表达式”是 do-while 循环结构的循环条件。首先执行循环体语句块；然后执行圆括号中的表达式。如果表达式成立(为 true，非 0)，就重复执行循环体内的语句块；如果表达式不成立(为 false，0)，就终止循环，执行循环结构之外的下一行语句。

do-while 循环语句与 while 循环语句相比较，前者把 while 循环条件作了后移，即把循环条件测试的位置从起始处移至循环的结尾处。do-while 循环语句是先执行循环体后判断；while 循环语句是先判断后执行循环体。do-while 循环语句用于至少执行一次循环体的场合。

3. for 语句

for 语句的语法如下：

    for(表达式 1；表达式 2；表达式 3)
    {
        语句块；   /*循环体*/
    }

for 语句的 NS 流程图如图 10-11 所示。

图 10-11　for 循环语句 NS 流程图

"表达式 1"是 for 循环结构对循环条件赋初值，也称为循环条件初始化；"表达式 2"是 for 循环结构的循环条件；"表达式 3"在执行完循环体语句块后才执行，往往用于更新循环变量的值；"语句块"是循环体，是执行重复操作的部分。

首先执行"表达式 1"，对循环条件赋初值，进行初始化。然后执行"表达式 2"，判断"表达式 2"是否成立，如果"表达式 2"成立(为 true，非 0)，就执行循环体语句块。接着执行"表达式 3"。然后回到上一步执行并判断"表达式 2"是否成立，如果"表达式 2"不成立(为 false，0)，就终止循环，执行循环结构之外的下一行语句。

10.4　构造数据类型

基本数据类型我们已经在 10.1 节作了全面介绍，如字符型(char)、整型(int)和浮点型(float)等都属于基本数据类型。由这些基本数据类型按一定规则可以构成新的数据类型，我们称之为构造数据类型，它们是对基本数据类型的扩展。C51 支持的构造数据类型有数组、结构体、共用体和枚举。

1. 数组(a[i])

数组是由若干个具有相同数据类型的数据变量组成的集合。在 C 语言中，构成一个数组的元素个数必须是固定的；构成一个数组的各元素必须是同一数据类型；不允许在同一数组中有不同类型的变量。

数组名的命名规则与变量名的命名规则相同。数组元素用同一个数组名字的不同下标来区别，数组的下标放在方括号中，从 0 开始，是 0，1，2，3，…，n 的一组有序整数。例如，数组 a[i]，a 是数组名。当 i=0，1，2，…，n 时，a[0]，a[1]，…，a[n]分别是数组 a[i] 的元素(也称为成员)。数组有一维数组、二维数组、三维数组、多维数组之分，常用的为一维数组、二维数组和字符数组。

一维数组的定义：

    类型说明符　数组名[整型表达式]

【例10-23】 数组举例。

```
char abc[10];
abc[0] = '0';
abc[1] = '1';
abc[9] = '9';
abc[10] = 'a';          // 越界，禁止越界使用数组
```

以上定义了一个一维字符型数组，数组名为 abc，数组 abc 有 10 个元素，每个元素的数据类型都是 char 型。数组元素由数组名 abc 和下标共同来表示，数组元素分别为 abc[0]，abc[1]，abc[2]，…，abc[9]。

注意：数组 abc 的第一个元素是 abc[0]，不是 abc[1]；数组 abc 的第一个元素的下标是 0，不是 1；数组 abc 的第十个元素是 abc[9]，不是 abc[10]。数组 abc 的第十个元素的下标是 9，不是 10；千万不要越界使用数组。

在 C51 程序设计中，八段数码管的段码表就是用数组表示的。

【例10-24】 将八段数码管显示段码表定义为数组。

```
code unsigned char LEDMAP[ ] =
{   // 八段数码管显示段码表
    0x3f, 0x06, 0x5b, 0x4f, 0x66, 0x6d, 0x7d, 0x07,
    0x7f, 0x6f, 0x77, 0x7c, 0x39, 0x5e, 0x79, 0x71
};
```

数组名是 LEDMAP，数据类型为 unsigned char，存储类型为 code(即将该数组放在程序存储区)。

2. 结构体(struct)

结构体就是把若干个不同数据类型组合在一起，构成一个组合形式的数据类型，称之为结构体数据类型，也称为结构类型，简称结构体或结构。这些不同数据类型可以是基本类型，也可以是枚举类型、指针类型、数组类型甚至是其他(非本身)结构类型。构成一个结构体类型的各个数据类型称为结构元素(或成员)，结构体数据类型名的命名规则与变量名的命名规则相同。

定义结构体数据类型的语法如下：

```
struct 结构体类型名
{
    数据类型标识符    成员名 A;
    数据类型标识符    成员名 B;
    …
    数据类型标识符    成员名 Z;
};
```

注意：在同一个结构体类型中，成员名不允许重名；成员名的数据类型可以相同，也可以不同；大括号(})后面有分号(;)。

【例10-25】 结构体举例，定义一个名为 date 的结构体类型。

```
struct date
{
    int year;
    int month;
    int day;
    char week;
};
```

说明：我们用"struct"关键字定义了一个结构体数据类型。struct date 表示这是一个结构体类型，其中 struct 是关键字，不能省略，date 为结构体数据类型名，不是变量名。

date 结构体类型包含了 4 个结构成员：int year，int month，int day，char week。这 4 个结构成员的数据类型可以相同，也可以不同，3 个是整型(int)，1 个是字符型(char)。

date 是程序员自己定义的数据类型，与基本数据类型(如 int，char，float 等)一样可以用来定义变量的类型。

定义一个结构体类型的变量有三种方法：

方法一：先定义结构体类型，再定义该结构体类型的变量。

【例 10-26】 用方法一定义结构体类型的变量。

```
struct date
{
    int year;
    int month;
    int day;
    char week;
};                    //在上面定义 date 结构体类型的基础上，下面定义该结构体类型的变量
struct date dayok，dayerr;
dayok.year = 2008;
dayok.month =12;
dayok.day    =29;        //2008 年 12 月 29 号星期一 Monday
dayok.week   = 'm';
```

说明：在上面定义了结构体类型 date 之后，使用"struct date dayok，dayerr"指令来定义 dayok、dayerr 为 date 类型的结构体变量。date 是我们构造的新的数据类型(结构体)，dayok、dayerr 是变量名，其数据类型是 date 结构体类型。

方法二：同时定义结构体类型和该结构体类型的变量。语法如下：

```
struct    结构体名
{
    数据类型标识符    成员名 A；
    数据类型标识符    成员名 B；
    …
    数据类型标识符    成员名 Z；
}
变量名 1，变量名 2，…，变量名 n；
```

【例 10-27】 用方法二定义结构体类型的变量。

```
struct date                // 定义结构体类型，类型名是 date
{
    int year;
    int month;
    int day;
    char week;
}
dayok,dayerr;              // 定义结构体类型的变量，变量名是 dayok，dayerr
```

方法三：直接定义结构体类型变量。语法如下：

```
struct              /* 无结构体类型名 */
{
    数据类型标识符    成员名 A；
    数据类型标识符    成员名 B；
        …
    数据类型标识符    成员名 Z；
}
变量名 1，变量名 2，…，变量名 n；
```

【例 10-28】 用方法三定义结构体类型的变量。

```
struct                     // 定义结构体类型，但是无结构体类型名 date
{
    int year;
    int month;
    int day;
    char week;
}
dayok,dayerr;              // 定义结构体类型的变量，变量名是 dayok，dayerr
```

3. 共用体(union)

共用体与前面讲述的数组、结构体一样也是 C 语言的一种构造数据类型。共用体是一种比较复杂的构造数据类型。

C 语言语法要求我们在使用变量之前必须定义其数据类型，这样在程序运行时，才会根据其数据类型在内存中为其分配相应字节的内存单元，不同数据类型的数据(变量)占据着分配给自己的内存空间，互不重叠。不论是早期的计算机还是现在的单片机，内存都非常有限，应用程序的变量之多与内存之少就形成了矛盾。能否让若干个变量共用一块内存空间分时使用呢？有问题就会有解决办法，C 语言的发明者为我们提供了共用体数据类型，也称为联合，以解决这一问题。

定义共用体数据类型的语法如下：

```
union  共用体类型标识符
{
    数据类型标识符    成员名 A；
    数据类型标识符    成员名 B；
    …
    数据类型标识符    成员名 Z；
};
```

【例 10-29】 定义共用体类型的变量举例。

```
union u_int_char
{
    int i;                    // 占 2 个字节 RAM
    char ch;                  // 占 1 个字节 RAM
};
union u_int_char uabc;        // 定义共用体变量 uabc
uabc.i = 1;
uabc.ch = 'a';
```

"union u_int_char" 及后面大括号内的语句，定义了一个名为 u_int_char 的共用体数据类型，u_int_char 包含两个不同的基本数据类型元素(成员)：一个是 int 型，另一个是 char 型。

"union u_int_char uabc" 定义一个 u_int_char 共用体类型的变量 uabc(占 2 个字节 RAM)，能够使一个整型变量 uabc.i(占 2 个字节 RAM)和一个字符型变量 uabc.ch(占 1 个字节 RAM)分时共享同一存储空间(2 个字节 RAM)。

注意：变量 uabc 仅占 2 个字节 RAM，不是占 3 个字节 RAM。

定义一个共用体类型的变量也有三种方法，它们同定义结构体类型变量类似，不再详述。

4．枚举(enum)

枚举数据类型是若干个整型常量的集合。当一个变量仅有有限个取值时，就用枚举数据类型来定义该变量。定义枚举类型的变量有三种方法。

方法一：先定义枚举类型后定义枚举变量。语法如下：

```
enum    枚举类型名
{
    枚举字符 1
    枚举字符 2
        …
    枚举字符 n
};
enum    枚举类型名    变量列表；
```

【例10-30】 用方法一定义枚举类型的变量。

```
enum weekday
{
    Sun,Mon,Tue,Wed,Thu,Fri,Sat
};
enum weekday daywork,daycheck;
daywork = 1;
daycheck =0;
```

该程序先定义了 weekday(星期)枚举类型，后定义了两个枚举变量 daywork(运转日)和 daycheck(检修日)。

方法二：同时定义枚举类型和枚举变量。语法如下：

```
enum    枚举类型名
{   枚举字符 1
    枚举字符 2
       …
    枚举字符 n
}
变量列表；
```

【例10-31】 用方法二定义枚举类型的变量举例。

```
enum weekday
{
    Sun,Mon,Tue,Wed,Thu,Fri,Sat
}
daywork,daycheck,
daywork =1;
daycheck =0;
```

该程序在定义 weekday(星期)枚举类型的同时，定义了两个枚举变量 daywork(运转日)和 daycheck(检修日)。

方法三：直接定义枚举类型变量。语法如下：

```
enum
{
    枚举字符 1
    枚举字符 2
       …
    枚举字符 n
}
变量列表；
```

【例10-32】 用方法三定义枚举类型的变量举例。

```
enum
{
    Sun,Mon,Tue,Wed,Thu,Fri,Sat
}
daywork,daycheck;
daywork = 1;
daycheck = 0;
```

在各个枚举值中，每一项枚举字符代表一个整数值。默认情况下，第一项枚举字符取值为 0，第二项取值为 1，第三项取值为 2，…，依此类推。可以通过初始化指定某项枚举字符的常数值。某项枚举字符的值指定后，该项枚举字符后面各项枚举字符值随之依次递增。

【例 10-33】 枚举值可以不连续举例。

```
enum key
{
    down, up, ok=8,esc
};
```

说明：down(减 1 键)赋值为 0，up(加 1 键)赋值为 1，ok(确定键)被指定为 8，esc(取消键)值为 9。

10.5 C51 指针(*)

我们可能已经学习过 C 语言程序设计，在 C 语言中，指针是一个非常重要的概念，指针即是 C 语言的重点，也是难点。C 语言区别于其他高级程序设计语言的主要特点，就是引入了指针的概念。使用指针可以有效地表示复杂的数据结构，可以有效而方便地操作数组，可以动态地分配内存，可以直接处理内存地址，在调用函数时还能返回不止一个变量值，等等。总之，使用指针可以使 C 程序简洁、紧凑、灵活、高效。

我们在第 3 章单片机汇编指令中学习过寄存器间接寻址指令"MOV A，@Ri"和"MOV @Ri，A"，其中的 Ri(R0、R1)寄存器的实质就是一个指针变量。搞清楚这两条汇编指令，指针的用法就容易掌握了。

1. 指针的概念

指针的实质就是地址，所以可以用最简单的一句话来描述指针：指针就是地址。

对于 C51 的变量，我们强调三个概念：变量名、变量值和变量所在的地址。

(1) 变量名是一个变量的标识符名字，如 C51 指令"unsigned char data ch1；"定义了一个变量，变量名是 ch1。

(2) 变量值是一个变量的内容，如 C51 指令"ch1 = 0x12；"就是将数值 0x12 赋值给变量 ch1，该指令执行后，变量 ch1 的变量值就是 0x12。

(3) 变量所在的地址是指该变量所在片内(或片外)RAM 的字节地址。假设变量 ch1 被分配在片内 RAM 的 08H 单元，即字节地址是 08H 的片内 RAM 单元，那么 ch1 变量所在的地址就是 08H。

对于 MCS-51 系列单片机，以单片机的片内 RAM 单元为例，我们强调三个概念：片内 RAM 单元的名字、片内 RAM 单元的内容和片内 RAM 单元的地址。

(1) 片内 RAM 单元的名字是用伪指令"EQU"或"DATA"给片内 RAM 单元起的名字，如汇编伪指令"ch1 EQU 08H"就是给字节地址为 08H 的片内 RAM 单元起了个名字，叫做 ch1，ch1 与字节地址为 08H 的片内 RAM 单元是同一个字节。

(2) 片内 RAM 单元的内容指的是在该 RAM 单元中存放着的数据值，如汇编指令"MOV ch1，#12H"，该指令执行后，片内 RAM 单元 ch1 的内容就是 0x12。

(3) RAM 单元的地址是该单元的字节地址，它表示着该单元在整个内存中的位置(片内 RAM 地址从 00H～0FFH，片外 RAM 地址从 0000H～0FFFFH)，如汇编伪指令"ch1 EQU 08H"就表示片内 RAM 单元 ch1 的地址是 08H。

对于 MCS-51 系列单片机，C51 与汇编语言有以下对应关系：

(1) C51 的变量名与汇编语言的 RAM 单元的名字相对应；

(2) C51 的变量值与汇编语言的 RAM 单元的内容相对应；

(3) C51 的变量所在的地址与汇编语言的 RAM 单元的地址相对应。

变量的指针就是变量所在的地址，将变量的指针简称为指针。

如果设一个变量专门用来存放其他变量的地址(指针)，则称该变量为指向变量的指针变量，简称指针变量。指针变量的值是指针(地址)。变量的指针就是变量的地址。

2．定义指针变量

定义指针变量，语法如下：

    数据类型标识符   *指针变量名;

【例 10-34】 定义指针变量举例。

```
int ab,bc,cd;          // 定义整型变量 ab，bc，cd
int *pabc;             // 定义指针变量 pabc，指针变量 pabc 指向 int 类型的数据
ab=1;
bc=2;
cd=3;
pabc = &cd;
float *pxyz;           // 定义指针变量 pxyz，指针变量 pxyz 指向 float 类型的数据
float fme;
fme=1.23;
pxyz = &fme;
```

指针变量名 pabc 前面的"*"号表示变量 pabc 为指针变量；指针变量名 pxyz 前面的"*"号表示变量 pxyz 为指针变量；指针变量名是 pabc 和 pxyz；指针变量名不是 *pabc 和 *pxyz。

3．指针的类型

Keil 公司的 C51 编译器提供通用指针和指定存储区指针两个类型的指针。

(1) 通用指针也称为一般指针。

C51 通用指针变量的定义方式和标准 C 指针变量的定义方式相同。

通用指针变量保存在 RAM 中，占用 3 个字节：第一个字节是变量的存储类型(空间位置)；第二个字节是指针(地址)的高字节；第三个字节是指针(地址)的低字节。

通用指针可访问 MCS-51 系列单片机片内 RAM 空间、片外 RAM 空间、ROM 空间内的任何一个变量。因此，C51 库函数多使用通用指针类型。通过这些通用指针，C51 库函数可以访问片内外 RAM 空间、ROM 空间中的所有数据。

注意：使用通用指针编译后产生的代码比使用指定存储区指针编译后产生的代码要多得多，执行起来慢得多。如果优先考虑执行速度，应尽可能使用指定存储区指针，尽可能不用通用指针；如果优先考虑函数的通用性，则应尽可能使用"通用指针"，不用指定存储区指针。

(2) 指定存储区指针，又称指定存储类型指针，也称为基于存储器的指针。

指定存储区指针在指针的定义(声明)中包含一个存储类型标识符，指向一个确定的存储空间。存储类型标识符有 data、bdata、idata、pdata、xdata 和 code；存储空间有片内 RAM、片外 RAM 和 ROM，详见表 10-2。

定义指定存储区指针变量的语法如下：

数据类型标识符　存储类型标识符 * 存储类型标识符　指针变量名;

10.6　C51 函数

函数是 C 语言中的一种基本模块，一个 C 语言程序就是由若干个模块化的函数所构成的。C 语言程序总是由主函数 main()开始，main()函数是一个控制程序流程的特殊函数，它是程序的起点。在进行程序设计的过程中，如果所设计的程序较大，一般应将其分成若干个子程序模块，每个模块完成一种特定的功能，这种模块化的程序设计方法可以大大提高编程效率和速度。在 C 语言中，子程序是用函数来实现的。对于一些需要经常使用的子程序，可以设计成一个专门的函数库，以供反复调用。此外，Keil Cx51 编译器还提供了丰富的运行库函数，用户可以根据需要随时调用。

1.　函数的定义

从用户的角度来看，有两种函数：标准库函数和用户自定义函数。标准库函数是 Keil Cx51 编译器提供的，不需要用户进行定义，可以直接调用。用户自定义函数是用户根据自己需要编写的实现某种特殊功能的函数，它必须先进行定义之后才能调用。函数定义的一般形式如下：

函数类型　函数名(形式参数表)
　　形式参数说明
{
　　局部变量定义
　　函数体语句
}

其中，"函数类型"说明了自定义函数返回值的类型；"函数名"是用标识符表示的自定义函数名字；"形式参数表"中列出的是在主调用函数与被调用函数之间传送数据的形式参数，形式参数的类型必须加以说明；"局部变量定义"是对在函数内部使用的局部变量进行定义；"函数体语句"是为完成该函数的特定功能而编写的各种语句。对于函数的命名，除了不能与标准库函数名相同外，命名时应尽量能体现出此函数的功能。ANSI C 标准允许在形式参数表中对形式参数的类型进行说明。如果定义的是无参函数，可以没有形式参数表，但圆括号不能省略。

如果定义函数时只给出一对花括号"{}"而不给出其局部变量和函数体语句，则该函数为空函数，这种空函数也是合法的。在进行 C 语言模块化程序设计时，各模块的功能可通过函数来实现。开始时只设计最基本的模块，其他作为扩充功能在以后需要时再加上。编写程序时可在将来准备扩充的地方写上一个空函数，这样，可使程序的结构清晰，可读性强，而且易于扩充。

【例 10-35】 定义一个延时子程序。

```
void delay(unsigned int t)
{
    unsigned int i,j;
    for(i=0;i<t;i++)
        for(j=0;j<10;j++);
}
```

这里定义了一个没有返回值的函数 delay(unsigned int t)，它只有一个形式参数 t，形式参数的作用是接受从主调用函数传递过来的实际参数的值。上例中形式参数 t 被说明为 unsigned int 类型。花括号以内的部分是自定义函数的函数体，在函数体内定义了两个局部变量 i 和 j，它们均为无符号整型数据。需要注意的是，形式参数的说明与函数体内的局部变量定义是完全不同的两个部分，前者应写在花括号的外面，而后者是函数体的一个组成部分，必须写在花括号的里面。为了不发生混淆，ANSI C 标准允许在形式参数表中对形式参数的类型进行说明。在函数体中可以根据用户自己的需要设置各种不同的语句，这些语句应能完成所需要的功能。例 10-35 在函数体中用两个 for 循环结构完成了延时子程序的功能，其中，第二个 for 循环语句后的分号(;)在汇编语言里相当于 NOP 指令。如果传递参数时 t=1，那么执行这个延时子程序就会延时 10 个机器周期，如果 8051 单片机上采用的晶振是 12 MHz，那么就延时约 10 μs。另外，这个函数定义成了空类型，即 void 类型，这类函数是不需要返回函数值的，所以在函数结尾并不需要 return 语句。如果定义的函数不是空类型，那么在函数结尾需要加上 return 语句，而且返回值的类型应与函数本身的类型一致，如果二者不一致，则函数调用时的返回值可能发生错误。为了使程序减少出错，保证函数的正确调用，凡是不要求有返回值的函数，都应将其定义成 void 类型。

【例 10-36】 不同函数的定义方法。

```
unsigned char function1(m, n)      /* 定义一个 unsigned char 型函数 */
unsigned int m;                     /* 说明形式参数的类型 */
unsigned char n;
{
    unsigned char k;                /* 定义函数内部的局部变量 */
    k=m+n;                          /* 函数体语句 */
```

```
        return(k);              /* 返回函数的值 k, 注意变量 k 与函数本身的类型均为 unsigned char 型  */
    }
    int function2(float a, float b)     /* 定义一个 int 型函数, 在形式参数表中说明形式参数的类型  */
    {
        int y;                   /* 定义函数内部的局部变量  */
        y=a-b;                   /* 函数体语句  */
        return(y);               /* 返回函数的值 y, 注意变量 y 与函数本身的类型均为 int 型  */
    }
    long function3()            /* 定义一个 long 型函数, 它没有形式参数  */
    {
        long m;                  /* 定义函数内部的局部变量  */
        int i, j;
        m=i*j;                   /* 函数体语句  */
        return(m);               /* 返回函数的值 m, 注意变量 m 与函数本身的类型均为 long 型  */
    }
    void function4(char i, char j)      /* 定义一个无返回值的 void 型函数  */
    {
        char x;                  /* 局部变量定义  */
        x=i+j;                   /* 函数体语句  */
    }                            /* 函数不需要返回值, 省略 return 语句  */
```

2. 函数的调用

C 语言程序中函数是可以互相调用的。所谓函数调用就是在一个函数体中引用另外一个已经定义了的函数, 前者称为主调用函数, 后者称为被调用函数。函数调用的一般形式如下:

函数名(实际参数表);

其中, "函数名"指出被调用的函数; "实际参数表"中可以包含多个实际参数, 各个参数之间用逗号隔开。实际参数的作用是将它的值传递给被调用函数中的形式参数。需要注意的是, 函数调用中的实际参数与函数定义的形式参数在个数、类型及顺序上必须严格保持一致, 以便将实际参数的值正确地传递给形式参数, 否则在函数调用时会产生意想不到的结果。如果调用的是无参函数, 则可以没有实际参数表, 但圆括号不能省略, 分号也不能省略。

在 C 语言中可以采用以下三种方式完成函数的调用:

(1) 函数语句。在主调函数中将函数调用作为一条语句, 例如:

delay();

这是无参调用, 它不要求被调用函数返回一个确定的值, 只要求它完成一定的操作。

(2) 函数表达式。在主调函数中将函数作为一个运算对象直接出现在表达式中, 这种表达式称为函数表达式。例如:

c=function1(m,n)+function1(x,y);

该语句其实是一个赋值语句，它包括两个函数，每个函数都有一个返回值，将两个返回值相加的结果赋值给变量 c。因此这种函数调用方式要求被调函数返回一个确定的值。

(3) 函数参数。在主调函数中将函数调用作为另一个函数的实际参数。例如：

```
y=function1(function1(2,3),y);
```

其中，函数 function1(i,j)放在另一个函数 function1(function1(i,j),y)的实际参数表中，以其返回值作为另一个函数的实际参数。这种在调用一个函数的过程中又调用了另外一个函数的方式，称为嵌套函数调用。在输出一个函数的值时经常采用这种方法，例如：

```
printf("%d",function1(i,j));
```

其中，函数 function1(i,j)是作为 printf()函数的一个实际参数处理的，它也属于嵌套函数调用方式。

3．对被调用函数的说明

与使用变量一样，在调用一个函数之前(包括标准库函数)，必须对该函数的类型进行说明，即"先说明，后调用"。如果调用的是库函数，一般应在程序的开始处用预处理命令 #include 将有关函数说明的头文件包含进来。例如前面例子中经常出现的预处理命令 #include<stdio.h>，就是将与库输出函数 printf()有关的头文件 stdio.h 包含到程序文件中来。

头文件"stdio.h"中存有关于库输入、输出函数的一些说明信息，如果不使用这个包含命令，库输入、输出函数就无法被正确地调用。如果调用的是用户自定义函数，而且该函数与调用它的主调函数在同一个文件中，一般应该在主调函数中对被调用函数的类型进行说明。

函数说明的一般形式如下：

```
类型标识符  被调用的函数名(形式参数表);
```

其中，"类型标识符"说明了函数返回值的类型；"形式参数表"中说明各个形式参数的类型。需要注意的是，函数的说明与函数的定义是完全不同的，函数的定义是对函数功能的确立，它是一个完整的函数单位，而函数的说明只是说明了函数返回值的类型。二者在书写形式上也不一样，函数说明结束时在圆括号的后面需要有一个分号(;)作为结束标志，而在函数定义时，被定义函数名的圆括号后面没有分号，即函数定义还未结束，后面应接着书写形式参数说明和被定义的函数体部分。如果被调函数是在主调函数前面定义的，或者已经在程序文件的开始处说明了所有被调函数的类型，在这两种情况下可以不必再在主调函数中对被调函数进行说明。也可以将所有用户自定义函数的说明另存为一个专门的头文件，需要时用 include 将其包含到主程序中去。

C 语言程序中不允许在一个函数定义的内部包括另一个函数的定义，即不允许嵌套函数定义。但是允许在调用一个函数的过程中包含另一个函数调用，即嵌套函数调用在 C 语言程序中是允许的。

【例 10-37】 函数调用的例子。

内存中有巡回检测 3 个通道的温度值(每个通道有 3 个点)，要求用户在输入通道号以后，能立即输出该通道所有点的温度值。

```
#include<stdio.h>
main()
```

```
        {
            float T[3][3]={ {60.3,70.7,80.5},{30.1,43.1,55.2}, {89.0,86.2,78.4}};        /*温度值*/
            float * search(float (* pointer)[4], int n);        /*对被调用函数进行说明*/
            float * point;                                       /*主函数的局部变量定义*/
            int i, m;
            printf("Enter the number of channel: ");
            scanf("%d", &m);                                     /* 调用库输入函数, 从键盘获得通道号 */
            printf("\n The temperature of channel %d are: \n", m);
            point=search(T, m);                                  /*调用自定义的 search 函数*/
            for (i=0; i<3; i++)
            printf("%5.1f\n    ", *( point+i));
            while(1);                                            //主程序停止
        }
        float * search (float (* pointer)[3], int n)             /* 功能函数定义 */
        {
            float *pt;                                           /* 局部变量定义 */
            pt= * (pointer+n);                                   /* 函数体语句 */
            return(pt);
        }
```

程序执行结果:

        Enter the number of channel:2   回车

        The temperature of channel are:

        89.0   86.2   78.4

在这个例子中, 主函数 main()先调用库输入函数值 scanf(), 从键盘输入一个值赋给局部变量 m, 然后调用用户自定义函数 * search (float (* pointer)[3], int n), 再调用库输出函数printf()将某个通道的温度值输出。

4. 函数的参数和函数的返回值

通常在进行函数调用时, 主调用函数与被调用函数之间具有数据传递关系。这种数据传递是通过函数的参数实现的。在定义一个函数时, 位于函数名后面圆括号中的变量名称为形式参数, 而在调用函数时, 函数名后面括号中的表达式称为实际参数。形式参数在未发生函数调用之前, 不占用内存单元, 因而也是没有值的, 只有在发生函数调用时它才被分配内存单元, 同时获得从主调用函数中实际参数传递过来的值。函数调用结束后, 它所占用的内存单元也被释放。

实际参数可以是常数, 也可以是变量或表达式, 但要求它们具有确定的值。进行函数调用时, 主调用函数将实际参数的值传递给被调用函数中的形式参数。为了完成正确的参数传递, 实际参数的类型必须与形式参数的类型一致; 如果两者不一致, 则会发生"类型不匹配"的错误。

5．实际参数的传递方式

在进行函数调用时，必须用主调函数中的实际参数来替换被调函数中的形式参数，这就是所谓的参数传递。在 C 语言中，对于不同类型的实际参数，有三种不同的参数传递方式。

(1) 基本类型的实际参数传递。当函数的参数是基本类型的变量时，主调函数将实际参数的值传递给被调函数中的形式参数，这种方式称为值传递。函数中的形式参数在未发生函数调用之前是不占用内存单元的，只有在进行函数调用时才为其分配临时存储单元，而函数的实际参数是要占用确定的存储单元的。值传递方式是将实际参数的值传递到为被调函数中形式参数分配的临时存储单元中，函数调用结束后，临时存储单元被释放，形式参数的值也就不复存在，但实际参数所占用的存储单元保持原来的值不变。这种参数传递方式在执行被调函数时，如果形式参数的值发生变化，可以不必担心主调函数中实际参数的值会受到影响。因此值传递是一种单向传递。

(2) 数组类型的实际参数传递。当函数的参数是数组类型的变量时，主调函数将实际参数数组的起始地址传递到被调函数中形式参数的临时存储单元，这种方式称为地址传递。地址传递方式在执行被调函数时，形式参数通过实际参数传来的地址直接到主调函数中去存取相应的数组元素，故形式参数的变化会改变实际参数的值。因此地址传递是一种双向传递。

(3) 指针类型的实际参数传递。当函数的参数是指针类型的变量时，主调函数将实际参数的地址传递给被调函数中形式参数的临时存储单元，因此也属于地址传递。在执行被调函数时，也是直接到主调函数中去访问实际参数变量，在这种情况下，形式参数的变化会改变实际参数的值。

前面介绍的一些函数调用中，例 10-36 所涉及的是基本类型的实际参数传递，这种参数传递方式比较容易理解和应用；例 10-37 所涉及的是指针类型的实际参数传递，关于数组类型和指针类型实际参数的传递较为复杂，请读者多读程序，仔细理解。

6．中断服务函数与寄存器组定义

Keil Cx51 编译器支持在 C 语言源程序中直接编写 8051 单片机的中断服务函数程序。Keil Cx51 编译器对函数的定义进行了扩展，增加了一个扩展关键字 interrupt，它是函数定义时的一个选项，加上这个选项即可将一个函数定义成中断服务函数。定义中断服务函数的一般形式为

    函数类型 函数名(形式参数表)[interrupt n][using n]

关键字 interrupt 后面的 n 是中断号，n 的取值范围为 $0 \sim 31$。编译器从 $8n+3$ 处产生中断向量，具体的中断号 n 和中断向量取决于 8051 系列单片机芯片型号，常用中断源和中断向量如表 10-10 所示。

表 10-10　常用中断源与中断向量

中断号 n	中断源	中断向量 $8n+3$
0	外部中断 0	0003H
1	定时器 0 中断	000BH
2	外部中断 1	0013H
3	定时器 1 中断	001BH
4	串行口中断	0023H

8051 系列单片机可以在片内 RAM 中使用 4 个不同的工作寄存器组，每个寄存器组中包含 8 个工作寄存器(R0~R7)。Keil Cx51 编译器扩展了一个关键字 using，专门用来选择 8051 系列单片机中不同的工作寄存器组。using 后面的 n 是一个 0~3 的常整数，分别选中 4 个不同的工作寄存器组。在定义一个函数时，using 是一个选项，如果不用该选项，则由编译器自动选择一个寄存器组作为绝对寄存器组访问。需要注意的是，关键字 using 和 interrupt 的后面都不允许跟带运算符的表达式。

关键字 using 对函数目标代码的影响如下：在函数的入口处将当前工作寄存器组保护到堆栈中；指定的工作寄存器内容不会改变；函数退出之前将被保护的工作寄存器组从堆栈中恢复。

使用关键字 using 在函数中确定一个工作寄存器组时必须十分小心，要保证任何寄存器组的切换都只在仔细控制的区域内发生，如果不保证这一点将产生不正确的函数结果。另外还要注意，带 using 属性的函数原则上不能返回 bit 类型的值，并且关键字 using 不允许用于外部函数。

关键字 interrupt 也不允许用于外部函数，它对中断函数目标代码的影响如下：在进入中断函数时，特殊功能寄存器 ACC、B、DPH、DPL、PSW 将被保存入栈；如果不使用关键字 using 进行工作寄存器组切换，则将中断函数中所用到的全部工作寄存器都入栈保存；函数退出之前所有寄存器内容出栈恢复。

编写 8051 单片机中断函数时应遵循以下规则：

(1) 中断函数不能进行参数传递，如果中断函数中包含任何参数声明，都将导致编译出错。

(2) 中断函数没有返回值，如果企图定义一个返回值将得到不正确的结果。因此建议在定义中断函数时将其定义为 void 类型，以明确说明没有返回值。

(3) 在任何情况下都不能直接调用中断函数，否则会产生编译错误。因为中断函数的退出是由 8051 单片机指令 RETI 完成的，RETI 指令影响 8051 单片机的硬件中断系统，如果在没有实际中断请求的情况下直接调用中断函数，RETI 指令的操作结果会产生一个致命的错误。

(4) 如果在中断函数中调用了其他函数，则被调用函数所使用的寄存器组必须与中断函数相同。用户必须保证按要求使用相同的寄存器组，否则会产生不正确的结果，这一点必须引起足够的注意。如果定义中断函数时没有使用 using 选项，则由编译器自动选择一个寄存器组作绝对寄存器组访问。另外，由于中断的产生不可预测，中断函数对其他函数的调用可能形成递归调用，需要时可将中断函数所调用的其他函数定义成再入函数。

(5) Keil Cx51 编译器从绝对地址 8n+3 处产生一个中断向量，其中 n 为中断号，该向量包含一个到中断函数入口地址的绝对跳转。在对源程序编译时，可用编译控制命令 NOINTVECTOR 抑制中断向量的产生，从而使用户有能力从独立的汇编程序模块中提供中断向量。

7．函数变量的存储方式

函数变量按其有效作用范围可以划分为局部变量和全局变量，还可以按变量的存储方式为其划分存储种类。在 C 语言中，变量有四种存储种类，即自动变量(auto)、外部变量

(extern)、静态变量(static)和寄存器变量(register)。这四种存储种类与全局变量和局部变量之间的关系如图 10-12 所示。

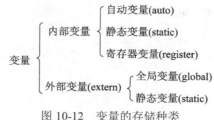

图 10-12　变量的存储种类

(1) 自动变量是 C 语言中使用最为广泛的一类变量。按照默认规则，在函数体内部或复合语句内部定义的变量，如果省略存储种类说明，该变量即为自动变量。习惯上通常采用默认形式。

(2) 使用存储种类说明符"extern"定义的变量称为外部变量。按照默认规则，凡是在所有函数之前，在函数外部定义的变量都是外部变量，定义时可以不写 extern 说明符。但是，在一个函数体内说明一个已在该函数体外或别的程序模块文件中定义过的外部变量时，则必须使用 extern 说明符。

(3) 使用存储种类说明符"static"定义的变量称为静态变量。

(4) 为了提高程序的执行效率，C 语言允许将一些使用频率最高的那些变量定义为能够直接使用硬件寄存器的所谓寄存器变量。定义一个变量时在变量名前面冠以存储种类符号"register"即将该变量定义成了寄存器变量。寄存器变量可以被认为是自动变量的一种，它的有效作用范围也与自动变量相同。由于计算机中寄存器是有限的，因此不能将所有变量都定义成寄存器变量。通常在程序中定义寄存器变量时只是给编译器一个建议，该变量是否能真正成为寄存器变量，要由编译器根据实际情况来确定。另一方面，Cx51 编译器能够识别程序中使用频率最高的变量，在可能的情况下，即使程序中并未将该变量定义为寄存器变量，编译器也会自动将其作为寄存器变量处理。

8．函数的参数和局部变量的存储器模式

Keil Cx51 编译器允许采用三种存储器模式：SMALL、COMPACT 和 LARGE。一个函数的存储器模式确定了函数的参数和局部变量在内存中的地址空间。处于 SMALL 模式下函数的参数和局部变量位于 8051 单片机的内部 RAM 中，处于 COMPACT 和 LARGE 模式下函数的参数和局部变量则使用 8051 单片机的外部 RAM。在定义一个函数时可以明确指定函数的存储器模式，一般形式如下：

　　函数类型　函数名(形式参数表)[存储器模式]

其中，"存储器模式"是 Keil Cx51 编译器扩展的一个选项。不用该选项时即没有明确指定函数的存储器模式，这时该函数按编译时的默认存储器模式处理。

【例 10-38】　存储器模式说明。

```
#pragma large                              /* 默认存储器模式为 LARGE */
extern int calc(char i, int b) small;      /* 指定 SMALL 模式 */
extern int func(int i, float f) large;     /* 指定 LARGE 模式 */
extern void * tcp(char xdata *xp, int ndx) small;   /* 指定 SMALL 模式 */
```

```
    int mtest(int i, int y) small                        /* 指定 SMALL 模式 */
    {
      return(i*y+y*i+func(-1, 4.75));
    }
    int large_func(int i, int k)                         /* 未指定模式, 按默认的 LARGE 模式处理 */
    {
      return(mtest(i,k)+2);
    }
```

该程序的第一行用了一个预编译命令"#pragma"，它的意思是告诉 Keil Cx51 编译器在对程序进行编译时，按该预编译命令后面给出的编译控制指令"LARGE"进行编译，即本例程序编译时的默认存储器模式为 LARGE。程序中共有五个函数：calc()、func()、*tcp()、mtest()和 large_func()，其中前面四个函数都在定义时明确指定了其存储器模式，只有最后一个函数未指定。在用 Cx51 进行编译时，只有最后一个函数按 LARGE 存储器模式处理，其余四个函数则分别按它们各自指定的存储器模式处理。这个例子说明，Keil Cx51 编译器允许采用所谓存储器的混合模式，即允许在一个程序中某个(或几个)函数使用一种存储器模式，另一个(或几个)函数使用另一种存储器模式。采用存储器混合模式编程，可以充分利用8051 系列单片机中有限的存储器空间，同时还可加快程序的执行速度。

10.7 预 处 理 器

C 语言与其他高级程序设计语言的一个主要区别就是对程序的编译预处理功能，编译预处理器是 C 语言编译器的一个组成部分。在 C 语言中，通过一些预处理命令可以在很大程度上为 C 语言本身提供许多功能和符号等方面的扩充，增强了 C 语言的灵活性和方便性。预处理命令可以在编写程序时加在需要的地方，但它只在程序编译时起作用，且通常是按行进行处理的，因此又称为编译控制行。C 语言的预处理命令类似于汇编语言中的伪指令。编译器在对整个程序进行编译之前，先对程序中的编译控制行进行预处理，然后再将预处理的结果与整个 C 语言源程序一起进行编译，以产生目标代码。Keil Cx51 编译器的预处理器支持所有满足 ANSI 标准 X3J11 细则的预处理命令。常用的预处理命令有：宏定义、文件包含和条件编译命令。为了与一般 C 语言语句相区别，预处理命令由符号"#"开头。

1. 宏定义

宏定义命令为#define，它的作用是用一个字符串来进行替换，而这个字符串既可以是常数，也可以是其他任何字符串，甚至还可以是带参数的宏，宏定义的简单形式是符号常量定义，复杂形式是带参数的宏定义。

1) 不带参数的宏定义

不带参数的宏定义又称符号常量定义，一般格式如下：

    #define 标识符 常量表达式

其中，"标识符"是所定义的宏符号名(也称宏名)，它的作用是在程序中使用所指定的标识符来代替所指定的常量表达式。实际上在前面的章节中我们已经见过这种用法，例如，

"#define pi 3.141592"就是用 pi 这个符号来代替常数 3.141592。使用了这个宏定义之后，程序中就不必每次都写出常数 3.141592，而可以用符号 pi 来代替。在编译时，编译器会自动将程序中所有的符号名 pi 都替换成常数 3.141592。这种方法使编程人员可以在 C 语言源程序中用一个简单的符号名来替换一个很长的字符串，还可以使用一些有一定意义的标识符，以提高程序的可读性。例如：

```
#define NaN        0xFFFFFFFF     /*定义非正常数出错条件*/
#define plusINF    0x0000807F     /*定义正无穷出错条件*/
#define minusINF   0x000080FF     /*定义负无穷出错条件*/
```

采用这些定义使程序中这些常数的意义一目了然，有助于构造和整理程序。通常程序中的所有符号定义都集中放在程序的开始处，以便于检查和修改，提高程序的可靠性。另外，如果需要修改程序中的某个常量，可以不必修改整个程序，而只要修改一下相应的符号常量定义行即可。

在实际使用宏定义时，按一般习惯，通常将宏符号名用大写字母表示，以区别于其他的变量名。宏定义不是 C 语言的语句，因此在宏定义行的末尾不要加分号，否则在编译时将连同分号一起进行替换而导致出现语法错误。在进行宏定义时，可以引用已经定义过的宏符号名，即可以进行层层代换，但最多不能超过 8 级嵌套。需要注意的是，预处理命令对于程序中用双引号括起来的字符串内的字符，即使该字符与宏符号名相同也不作替换。

宏符号名的有效范围是从宏定义命令 #define 开始，直到本源文件结束。通常将宏定义命令 #define 写在源程序的开头，函数的外面，作为源文件的一部分，从而在整个文件范围内有效。需要时可以用命令 #undef 来终止宏定义的作用域。

【例 10-39】 符号常量定义的应用(TLC1543 部分读程序)。

```c
#include<reg51.h>
#define CLOCK P1^3
#define D_IN   P1^4
#define D_OUT P1^5
#define _CS    P1^6
#define uint unsigned int
#define uchar unsigned char
uint Read1543(uchar port)
{
    uint data ad, i;
    uint data al=0, ah=0;
    CLOCK=0;
    _CS=0;
    port<<=4;
    for(i=0;i<4;i++)
    {
        D_IN=(bit)(port&0x80);
        CLOCK=1;
```

```
            CLOCK=0;
            port<<=1;
        }
    }
```

程序中的 CLOCK、D_IN、_CS 等经宏扩展后变成 P1^3、P1^4、P1^6，如果实际的硬件接线不是这几个 I/O 口，则只需在宏定义中修改，而不必修改程序。

需要注意的是，在使用符号常量定义时，这些预定义宏符号名不能用 #define 和 #undef 命令进行重复定义。

2) 带参数的宏定义

带参数的宏定义与符号常量定义的不同之处在于，对于源程序中出现的宏符号名不仅进行字符串替换，而且还进行参数替换。带参数宏定义的一般格式如下：

    #define 宏符号名 (参数表) 表达式

其中，表达式内包含了在括号中所指定的参数，这些参数称为形式参数，在以后的程序中它们将被实际参数所替换。带参数的宏定义将一个带形式参数的表达式定义为一个带形式参数表的宏符号名，对程序中所有带实际参数表的该宏符号名，用指定的表达式来替换，同时用参数表中的实际参数替换表达式中对应的形式参数。下面通过一些实例来说明带参数的宏定义的用法。

(1) 带参数的宏定义常用来代表一些简短的表达式，它用来将直接插入的代码代替函数调用，从而提高程序的执行效率。例如：

    #define   MIN(x，y) (((x) < (y))? (x) : (y))

该语句定义了一个带参数的宏 MIN(x,y)，以后在程序中就可以用这个宏而不用函数 MIN()。例如，语句"m=MIN(u,v);"经宏展开后成为"m=(((u)<(v))? (u):(v));"。

(2) 带参数的宏定义可以引用已定义过的宏定义，即宏定义的嵌套(最多不超过 8 级)。例如：

    #define SQ(x) (x*x)

    #define CUBE(x) (SQ(x)*x)

    #define FIFTH(x) (CUBE(x)*SQ(x))

对于语句"y=FIFTH(a)；"，经宏展开后成为"y=(((a*a)*a)*(a*a));"。

(3) 带参数的宏定义在进行宏展开时，只是用语句中宏符号名后面括号内的实际参数字符串来替换 #define 命令行中的形式参数。因此，对于宏展开后容易引起误解的表达式，在进行宏定义时，应将该表达式用圆括号括起来。例如：

    #define S(r) PI* r* r

对于语句"area=S(a);"，经宏展开后成为"area=PI*a*a;"，这时没有问题。但是对于语句"area=S(a+b);"，经宏展开后成为"area=PI*a+b*a+b;"，而程序设计者的原意是希望在展开后得到"area=PI*(a+b)*(a+b);"，为此应按如下方式进行宏定义：

    #define S(r) PI*(r)*(r)

(4) 进行宏定义时，宏符号名与带参数的圆括号之间不能存在空格，否则，在宏展开时会将空格以后的所有字符作为实际字符串对前面的宏名进行替换。例如：

    #define SQ (x) (x*x)

语句"y=SQ(5);"经宏展开后成为"y=(x) (x*x)(5);",这显然是一个错误的语句,其原因就在于 SQ 与(x)之间存在空格,宏定义 #define 将它们简单地作为符号常量定义,即误认为 SQ 代表(x) (x*x),所以展开后得出上述错误的语句。

(5) 宏定义命令 #define 要求在一行内写完,若一行之内写不下时需用"\"表示下一行继续。例如:

```
#define   PR(a,b) printf("%d\t%d\n",\
(a)>(b) ?(a):(b), (a) <(b)? (b):(a))
```

(6) 在宏定义中可利用符号"#"将实际参数转换为一个字符串。例如:

```
#define stringer(x) printf(#"\n")
```

语句"stringer(text);"经宏展开后成为"printf("text\n");"。

(7) 在宏定义中可利用符号"##"将两个变量合并。例如:

```
#define paster(n) printf(" token" #n"=%d",token##n)
```

语句"paster(9);"经宏展开后成为"printf("token9=%d",token9);",这里同时使用了符号"#"和符号"##"。

利用带参数的宏定义可以省去在程序中重复书写相同的程序段,实现程序的简化。

【例 10-40】 带参数宏定义的应用。

```
#include <stdio.h>
#define   PI 3.141592
#define   CIRCLE(R,L,S) L=2*PI*R; S=PI*(R)*(R)
main()
{
    float r,l,s;
    printf("Please input r: \n");
    scanf("%f", &r);
    CIRCLE(r,l,s);
    printf("r=%f\ncirc=%f\narea=%f\n",r,l,s);
    while(1);
}
```

程序执行结果:

```
Please input r:
2.5  回车
r=2.500000
circ=15.707960
area=19.634950
```

如果善于利用宏定义,可以实现程序的简化。下面的例子中,先利用宏定义将输出格式定义好,以减少在输出语句中每次都要写出具体的输出格式的麻烦。

【例 10-41】 利用宏定义简化输出语句(程序名为 Programe.c)。

```
#include <stdio.h>
#define PR printf
```

```c
#define NL "\n"
#define D    " %d"
#define D1 D NL
#define D2 D D NL
#define D3 D D D NL
#define D4 D D D D NL
#define S " %s"
main()
{
    unsigned int a,b,c,d;
    unsigned char string[]="MICROCONTROLLER";
    a=1; b=2; c=3; d=4;
    PR(D1, a);
    PR(D2, a, b);
    PR(D3, a, b, c);
    PR(D4, a, b, c, d);
    PR(S, string);PR(NL);
    PR(" %s",__FILE__);PR(NL);
    PR(" %s",__TIME__);PR(NL);
    PR(" %s",__DATE__);PR(NL);
    PR(" %bd",__STDC__);PR(NL); ;
    PR(" %d",__C51__);PR(NL); ;
    PR(" %bd",__MODEL__);PR(NL); ;
    PR(" %bd",__LINE__);PR(NL); ;
    while(1);
}
```

程序执行结果:

```
1
12
123
1234
MICROCONTROLLER
Programe.c
10:20:53
july 18 2008
1
700
0
250
```

-224-

实际应用中可以参照上例利用宏定义写出各种输入、输出格式，把它们单独编成一个文件，形成一个"格式库"，需要时可用文件包含命令 #include 将其包含到所编写的程序中。

2. 文件包含

文件包含是指一个程序文件将另一个指定的文件的全部内容包含进来。我们在前面的例子中已经多次使用过文件包含命令#include<stdio.h>，就是将 Keil Cx51 编译器提供的输入/输出库函数的说明文件 stdio.h 包含到自己的程序中去。

文件包含命令的一般格式如下：

  #include<文件名>

或

  #include"文件名"

文件包含命令 #include 的功能是用指定文件的全部内容替换该预处理行，采用<文件名>格式时，在头文件目录中查找指定文件，采用"文件名"格式时，在当前目录中查找指定文件。进行较大规模程序设计时，文件包含命令是十分有用的。为了适应模块化编程的需要，可以将组成 C 语言程序的各个功能函数分散到多个程序文件中，分别由若干人员完成编程，最后再用 #include 命令将它们嵌入到一个总的程序文件中。需要注意的是，一个 #include 命令只能指定一个被包含文件，如果程序中需要包含多个文件则需要使用多个包含命令。还可以将一些常用的符号常量、带参数的宏以及构造类型的变量等定义在一个独立的文件中，当某个程序需要时再将其包含进来。这样做可以减少重复劳动，提高程序的编制效率。

文件包含命令#include 通常放在 C 语言程序的开头，被包含的文件一般是一些公用的宏定义和外部变量说明，当它们出错或是由于某种原因需要修改其内容时，只需对相应的包含文件进行修改，而不必对使用它们的各程序文件都做修改，这样有利于程序的维护和更新。当程序中需要调用 Keil Cx51 编译器提供的各种库函数时，必须在程序的开头使用#include 命令将相应函数的说明文件包含进来，前面的程序例子中经常在程序开头使用命令 #include<stdio.h>就是为了这个目的。最后还需要指出，使用#include 命令只能调入 ASCII 文本文件。

3. 条件编译

一般情况下，对 C 语言程序进行编译时所有的程序行都参加编译，但有时希望对其中一部分内容只在满足一定条件时才进行编译，这就是所谓的条件编译。条件编译可以选择不同的编译范围，从而产生不同的代码。Keil Cx51 编译器的预处理器提供以下条件编译命令：#if、#elif、#else、#endif、#ifdef、#ifndef，这些命令有三种使用格式，分述如下：

格式一：

  #ifdef 标识符

    程序段 1

  #else

    程序段 2

  #endif

该命令格式的功能是：如果指定的标识符已被定义，则程序段 1 参加编译并产生有效代码，而忽略掉程序段 2，否则程序段 2 参加编译并产生有效代码而忽略掉程序段 1。其中 #else 和程序段 2 可以没有。这里的程序段可以是 C 语言的语句组，也可以是命令行。

这种条件编译对于提高 C 语言源程序的通用性是很有好处的。例如，对工作于 6 MHz 和 12 MHz 时钟频率下的 8051 和 8052 单片机，可以采用如下的条件编译使编写的程序具有通用性：

```
#define CPU 8051
#ifdef CPU
    #define FREQ 6
#else
    #define FREQ 12
#endif
```

这样，后面的源程序不做任何修改就可以适用于两种时钟频率的单片机系统。当然还可以仿照这段程序设计出其他多种条件编译。

格式二：

```
#ifndef 标识符
    程序段 1
#else
    程序段 2
#endif
```

该命令格式与第一种命令格式只在第一行上不同，它的作用与第一种刚好相反，即：如果指定的标识符未被定义，则程序段 1 参加编译并产生有效代码，而忽略掉程序段 2；否则程序段 2 参加编译并产生有效代码而忽略掉程序段 1。

以上两种格式的用法也很相似，可根据实际情况视需要而定。例如，对于上面的例子也可以采用如下的条件编译：

```
#define CPU 8052
#ifndef    CPU
    #define FREQ 12
#else
    #define FREQ 6
#endif
```

其效果是完全一样的。

格式三：

```
#if 常量表达式 1
    程序段 1
#elif 常量表达式 2
    程序段 2
        ⋮
#elif 常量表达式 n-1
    程序段 n-1
#else
    程序段 n
#endif
```

这种格式条件编译的功能是：如果常量表达式 1 的值为真(非 0)则程序段 1 参加编译，然后将控制传递给匹配的 #endif 命令，结束本次条件编译，继续下面的编译处理。否则，如果常量表达式 1 的值为假(0)，则忽略掉程序段 1(不参加编译)而将控制传递给下面的一个 #elif 命令，对常量表达式 2 的值进行判断。如果常量表达式 2 的值为假(0)，则将控制再传递给下一个 #elif 命令。如此进行，直到遇到 #else 或 #endif 命令为止。使用这种条件编译格式可以事先给定某一条件，使程序在不同的条件下完成不同的功能。

【例 10-42】 将一个字符串数组中的各个字母按所设置的条件，或者按大写输出，或者按小写输出。

```c
#include <stdio.h>
#define    CONDITION 1
main()
{
    char    str[]="Keil C", c;
    int     i=0;
    while((c=str[i])!='\0')
    {
        i++;
        #if CONDITION
        if(c>='a'&&c<='z')
        c=c−32;
        #else
        if(c>='A'&&c<='Z')
        c=c+32;
        #endif
        printf("%c",c);
    }
}
```

程序执行结果：

    KEIL C

由于程序第一行宏定义命令 #define CONDITION1 的作用，在程序编译过程中执行条件编译命令时，判断 CONDITION 为真，故将对程序段

    if(c>= 'a'&&c<='z')

    C=C−32;

进行编译并产生可执行代码。由于大写字母比与其相应的小写字母的 ASCII 码值小 32，若遇到小写字母时只要将其 ASCII 码值减去 32，就可以变成大字母输出。同样地，如果要按小写字母输出，只需要将程序第一行的宏定义改成：

    #define CONDITION 0

则在预处理时，将对程序段

```
        if(C>='A'&&C<='Z')
            C=C+32;
```
进行编译，运行程序时就会将大写字母变成小写字母输出。

4．其他预处理命令

除了上面介绍的宏定义、文件包含和条件编译预处理命令之外，Keil Cx51 编译器还支持 #error、#pragma 和 #line 预处理命令。#line 命令一般很少使用，下面介绍 #error 和 #pragma 命令的功能和使用方法。

#error 命令通常嵌入在条件编译之中，以便捕捉到一些不可预料的编译条件。正常情况下该条件的值应为假，若条件的值为真，则输出一条由 #error 命令后面的字符串所给出的错误信息并停止编译。例如，如果有 #define MYVAL，它的值必须为 0 或 1，为了测试 MYVAL 的值是否正确，可在程序中安排如下一段条件编译：

```
#if( MYVAL!=0&&MYVAL!=1)
#error MYVAL must be defined to either 0 or 1
#endif
```

当 MYVAL 的值出错时，将输出出错信息并停止编译。

#pragma 命令通常用在源程序中向编译器传送各种编译控制命令，其使用格式如下：

```
#pragma  编译命令名序列
```

例如，对例 10-42 的程序进行编译时希望采用 DEBUG、CODE、LARGE 编译命令，则只要在源程序的开始处加入一个命令行"#pragma   DB   CD LA"即可。

#pragma 命令可以出现在 C 语言源程序中的任何一行，从而使编译器能重复执行某些编译控制命令，以达到某种特殊的目的。如果 #pragma 命令后面的参数不是 Keil Cx51 编译器的合法编译控制命令，编译器将忽略其作用。需要指出的是，并非所有的 C51 编译控制命令都可以在 C 语言源程序中采用 #pragma 预处理命令多次使用，对于 Keil Cx51 编译器的首要控制命令只能使用一次，如果多次使用将导致致命的编译错误。

10.8　基于 C51 的 MCS-51 单片机接口程序设计

本部分采用 Keil Cx51 软件介绍单片机的基本编程方法，采用模块化的设计思想，围绕单片机在实际应用中的使用，从简单到复杂实现单片机的基本功能，通过这些基本功能的编程，使读者能够了解并掌握单片机接口的使用及相关的 C51 编程方法。

10.8.1　MCS-51 单片机的端口操作

1．I/O 口

51 系列单片机有 4 个 8 位双向 I/O 端口，每个端口既可以按字节来使用，也可以按位操作。各端口可作为一般的 I/O 使用，大多数端口又可以作为第二种功能来使用。4 个端口用 P0、P1、P2、P3 表示，每个端口的位结构(PX.Y)包括锁存器、输出驱动器、输入缓冲器、逻辑电路等。

1) P0 口

在编程使用 P0 口时，若在整个程序中作 INPUT 使用，可在程序开始处设置 P0.X 或 P0 口为高电平，并且在整个程序中进行一次初始化即可。若在程序中既作输出口，又作输入口，在每次由端口输入信号时，要先对其初始化。P0 口既可以作为总线方式，此时可不加上拉电阻，也可以作 I/O 口方式，作 I/O 口使用时，一般需要加上拉电阻。但一个应用系统中只能选择其中一种方式。

2) P1 口

P1 口为准双向口，作通用 I/O 使用。与 P0 相比，前半部分一致，输出驱动部分有一个内部上拉电阻。P1 口作输出引脚时，能增加驱动能力；作输入引脚时，可以减少对外电路的影响，同时有利于提高速度。

3) P2 口

P2 口是准双向 I/O 口或高 8 位地址端口。

4) P3 口

P3 口可作为一般 I/O 口和专用功能端口。

2. I/O 口编程实例

下面举例说明端口的使用。

【例 10-43】 电路如图 10-13 所示，P1 口输入 0x0F0，P1.4～P1.7 接 4 个发光二极管，点亮二极管。

```
#include <reg51.h>
void delay1ms(unsigned int count);      // 声明延时函数
void delay1ms(unsigned int count)       /* 延时 1 ms，精度较低，参数 count 为延时时间 */
{
  unsigned int i ,j;
  for(i=0; i< count; i++)
  {
  for(j=0; j<125; j++);
  }
}
void main()
{
  unsigned char index;
  while (1)
  {
    index=0xf0;
    P1 =index ;
    delay1ms(100);
    P1 = P1<<4;
```

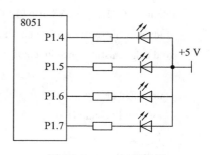

图 10-13　P1 口的应用

```
        delay1ms(100);
    }
}
```

10.8.2　MCS-51 单片机扩展的简单 I/O 接口

单片机的简单 I/O 扩展通常使用 TTL 或 CMOS 电路锁存器、三态门等作为扩展芯片，通过 P0 口来扩展。主要有带三态门的 74LS244/245 和带锁存器的 74LS273/377 来实现，其原理图见附录 D，接口电路图见图 9-1。

(1) 带三态门缓冲器(保持量输入/输出)：

单向—74LS244(1G#，2G#)

双向—74LS245(引脚 DIR—方向，G#—ENABLE)

(2) 带锁存器(脉冲量输出)：

74LS273(CLK—WR# ，CLR#—地址)

74LS377(E#—地址线，CLK—WR#)

【例 10-44】　74LS244/245 的输入。

```
#include <absacc.h>
#define   CS245   XBYTE[0xFEFF]
void main()
{
    unsigned char *b;
    while (1) { b = &CS245;   }
}
```

【例 10-45】　74LS273/373 的输出。

```
#include <absacc.h>
#define   CS273   XBYTE[0xFEFF]
void delay1ms(unsigned int count);        // 声明延时函数
void delay1ms(unsigned int count)         /* 延时 1 ms，精度较低，参数 count 为延时时间 */
{
    unsigned int i ,j;
    for(i=0; i< count; i++)
    {
        for(j=0; j<125; j++);
    }
}
void main()
{
    unsigned char i, b;
    do
```

```
        {
            b = 1;
            for (i=0; i<8; i++)
            {
                &CS273 = b;
                b <<= 1;
                delay1ms(100);
            }
        }
        while(1);
    }
```

10.8.3   MCS-51 单片机中断功能程序设计

中断是当外设需要或完成某种操作后，发出信号通知 CPU 以请求某种操作，中断系统详细介绍参见第 5 章，中断方式可保证实时性，并可实现 CPU 和外设宏观上的并行。8051 单片机 5 个中断源可以分为两个外部中断、两个定时器中断和一个串行中断。这里给出外部中断 0 的程序，定时器和串行中断方式的程序在定时器和串行口处给出。

要想让 CPU 响应中断并且同时执行相应程序，需要进行一系列的设置和处理，这一过程在 Keil Cx51 中很容易，只要进行寄存器的设置和中断函数的编写即可。

【例 10-46】 单个外部中断源($\overline{INT0}$/$\overline{INT1}$)的应用。

功能要求电路如图 10-14 所示，中断时(按 $\overline{INT0}$ 时)使与 P1 口驱动的 8 个 LED 发光二极管作亮灭闪烁。

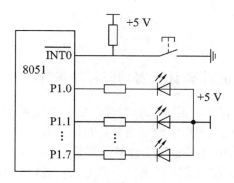

图 10-14   外部中断源应用

```
#include <reg51.h>
#include <stdio.h>
void    Uart_Init( );
void delay1ms(unsigned int count);        // 声明延时函数
void delay1ms(unsigned int count)         /* 延时 1 ms，精度较低，参数 count 为延时时间 */
{
```

```
    unsigned int i,j;
    for(i=0; i< count; i++)
    {for(j=0; j<125; j++){};}
}
void int0() interrupt 0 using 0
{
    P1=0xff;
    delay1ms(100);
    P1=0x00;
    delay1ms(100);
}
void main()
{
    Uart_Init( );
    EX0=1;
    EA=1;
    while(1);
}
void Uart_Init( )
{
    SCON=0x52;        // 设置串口控制寄存器
    TMOD=0x20;        // 12 MHz 时钟波特率为 2400 b/s
    TCON=0x69;
    TH1=0xf3;
}
```

10.8.4　MCS-51 单片机定时器/计数器功能程序设计

MCS-51 系列单片机共有两个定时器/计数器：定时器/计数器 0 和定时器/计数器 1，详细介绍参见第 6 章。单片机在应用中经常需要定时检测某个参数或按一定的时间间隔来进行某种控制，这些操作可采用内部定时器/计数器部件。

【例 10-47】　定时器 0 在方式 1 下通过中断方式实现定时到点亮发光二极管。电路图参考图 10-14。

```
    #include <reg51.h>
    #include <stdio.h>
    void   Uart_Init();
    void delay1ms(unsigned int count);        // 声明延时函数
    void delay1ms(unsigned int count)        /* 延时 1 ms，精度较低，参数 count 为延时时间 */
    {
```

```
        unsigned int i ,j;
        for(i=0; i< count; i++)        {for(j=0; j<125; j++)      ;     }
    }
    void main()
    {
        Uart_Init();                        //串口初始化
        TMOD= 0x21;                         //定时器 0 工作在方式 1
        TH0=0x00;                           //写入初值到 TH0
        TL0=0xff;                           //写入初值到 TL0
        ET0=1;                              //开定时器 0
        EA=1;                               //开总中断
        TF0=1;                              //定时器 0 中断标志位清零
        TR0=1;                              //定时器 0 开始
        while(1);
    }
    void Uart_Init()
    {
        SCON=0x52;                          //设置串口控制寄存器
        TMOD=0x20;                          //12 MHz 时钟波特率为 2400 b/s
        TCON=0x69;
        TH1=0xf3;
    }
    void Timerr0() interrupt 1 using 0
    {
        P1 = 0X0ff;
        delay1ms(100);
        P1 = 0x00;
        delay1ms(100);
    }
```

查询方式同样能够捕获到定时器溢出，相对于中断方式，查询方式的效率明显偏低，但其实现简单并且可靠性好。

【例 10-48】 定时器 0 通过查询方式实现点亮发光二极管。

```
    #include <reg51.h>
    #include <stdio.h>
    void Uart_Init();
    void delay1ms(unsigned int count);     // 声明延时函数
    void delay1ms(unsigned int count)      /* 延时 1 ms，精度较低，参数 count 为延时时间 */
    {
        unsigned int i,j;
```

```
        for(i=0; i< count; i++)
        {for(j=0; j<125; j++);}
    }
    void main()
    {
        Uart_Init();
        TMOD= 0x21;
        TH0=0x00;
        TL0=0xff;
        ET0=1;                              //开定时器 0
        EA=1;                               //开总中断
        TF0=1;
        TR0=1;
        while(1);
        {
            if(TF0==1)
            {
                TF0=0;
                P1=0xff;
                delay1ms(150);
                P1=0x00;
                delay1ms(150);
            }
        }
    }
    void Uart_Init()
    {
        SCON=0x52;                          // 设置串口控制寄存器
        TMOD=0x20;                          // 12 MHz 时钟波特率为 2400 b/s
        TCON=0x69;
        TH1=0x0f3;
    }
```

10.8.5 MCS-51 单片机串口方式程序设计

　　串行通信是单片机和外部通信的基本方式，MCS-51 系列的串行口为全双工异步通信接口，可以进行串行通信，也可以用于扩展 I/O 口。串口的基本内容及设置方式参见第 9 章。本节主要介绍。串行口在方式 0 下的两种用途：一是将串行口扩展成并入串出的输入口，另一种是将串行口扩展成串入并出的输出口。

【例 10-49】电路图如图 10-15 所示,用查询方式编写程序使发光二极管轮流显示程序。74LS164 为串行输入并行输出的同步移位寄存器,CLK 为同步脉冲输入端。STB 为控制端,当 STB = 0 时,8 位并行数据输出端关闭,但是允许串行数据从 A、B 端输入,当 STB = 1 时,A、B 输入端关闭,8 位并行数据输出端打开。

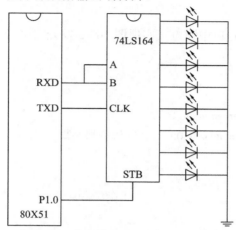

图 10-15　在并行输出端接上发光二极管

程序如下:

```c
#include <reg51.h>
#include <stdio.h>
sbit    P10=0x90;
void delay1ms(unsigned int count);        // 声明延时函数
void main()
{
   xdata   unsigned   char   nIndex=1;
   SCON=0x00;                             // 工作方式 0
   EA=1;                                  // 开全局中断
   while(1)
   {
       if (nIndex==0)    nIndex=1;
       P10=0;
       SBUF= nIndex;
       delay1ms(100);
       P10=1;
       nIndex<<=1;
   }
}
void delay1ms(unsigned int count)         /*  延时 1 ms,精度较低,参数 count 为延时时间  */
{
   unsigned int i ,j;
```

```
        for(i=0; i< count; i++)
        {
            for(j=0; j<125; j++);
        }
    }
```

【例 10-50】 利用串行口中断方式实现图 10-15 发光二极管的轮流显示。

```
#include <reg51.h>
#include <stdio.h>
sbit    P10=0x90;
xdata  unsigned  char  nIndex=1;
void delay1ms(unsigned int count);        // 声明延时函数
void main()
{
    SCON=0x00;                             // 工作方式 0
    ES=1;
    EA=1;                                  // 开全局中断
    nIndex=1;
    SBUF= nIndex;
    P10=0;
    while(1);
}
void   Serial_Port ()    interrupt 4 using 0
{
    if(TI==1)
    {
        P10=1;
        delay1ms(100);
        P10=0;
        nIndex<<=1;
        if (nIndex==0)   nIndex=1;
        SBUF=nIndex;
    }
    TI=0;
    RI=0;
}
void delay1ms(unsigned int count)      /* 延时 1 ms，精度较低，参数 count 为延时时间  */
{
    unsigned int i ,j;
    for(i=0; i<count; i++)
```

```
        {
            for(j=0; j<125; j++);
        }
    }
```

10.8.6　MCS-51 单片机键盘功能程序设计

开关和按键是重要的输入设备，键盘可分为独立连接式和矩阵式两类。每一类按其编码方式又可分为编码式和非编码式。在小型微机系统中，键盘的规模小，可采用简单、实用的独立式接口方式在软件控制下完成输入功能。独立式按键是指用 I/O 口线构成的单个按键，每一个独立式按键单独占有一根 I/O 口线，每根口线的工作状态不会影响其他口线的工作状态。独立式按键比较简单，但浪费口线，因此在按键较多时，为了减少 I/O 口线的占用，通常采用矩阵式键盘，即每条水平线和垂直线在交叉处不直接连通，而是通过一个按键加以连接。矩阵式结构的键盘识别复杂，行线通过电阻接电源，并将列线所接的 I/O 口作为输出端，而行线所接的 I/O 口则作为输入端。当没有按键按下时，所有的输入端都是高电平，一旦有键按下，输入端则有一根是低电平。这样，通过读入输入端的状态就可得知是否有键按下了。行扫描法是一种最常用的按键识别方法，其流程图参见图 10-17。

【例 10-51】　根据图 10-16 写出 4×4 键盘的程序。流程图见图 10-17。

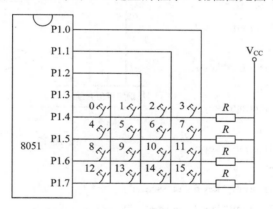

图 10-16　行列式键盘与单片机连接图

```
#include <reg51.h>
#include <stdio.h>
void    Uart_Init();
sbit    P10=0x90;
sbit    P11=0x91;
sbit    P12=0x92;
sbit    P13=0x93;
sbit    P14=0x94;
sbit    P15=0x95;
sbit    P16=0x96;
```

```
sbit    P17=0x97;
int    nKeyNumber;
void GetKeyNumber();
void main()
{
    Uart_Init();
    while(1)
    {
        nKeyNumber =0xFF;
        GetKeyNumber();
        switch(nKeyNumber)
        {
            case(0xFF) :printf("No key
            pressed!\n");
            case(0x00) :printf(" key 0
            pressed!\n");
            case(0x01) :printf(" key 1
            pressed!\n");
            case(0x02) :printf(" key 2
            pressed!\n");
            case(0x03) :printf(" key 3
            pressed!\n");
            case(0x04) :printf(" key 4
            pressed!\n");
            case(0x05) :printf(" key 5
            pressed!\n");
            case(0x06) :printf(" key 6    pressed!\n");
            case(0x07) :printf(" key 7    pressed!\n");
            case(0x08) :printf(" key 8    pressed!\n");
            case(0x09) :printf(" key 9    pressed!\n");
            case(0x0A) :printf(" key 10    pressed!\n");
            case(0x0B) :printf(" key 11    pressed!\n");
            case(0x0C) :printf(" key 12    pressed!\n");
            case(0x0D) :printf(" key 13    pressed!\n");
            case(0x0E) :printf(" key 14    pressed!\n");
            case(0x0F) :printf(" key 15 pressed!\n");
            default:    break;
        }
```

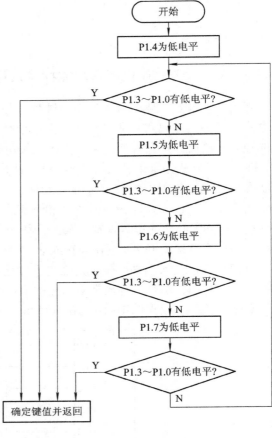

图 10-17 获取键值流程图

```
    }
}
void    Uart_Init()
{
    SCON=0X52;                              //设置串行口控制寄存器 SCON
    TMOD=0X20;                              //12 MHz 晶振波特率 2400 b/s
    TCON=0X69;
    TH1=0xF3;
}
void GetKeyNumber()
{
    P14=0;
    {
        if(P13==0)    nKeyNumber=0x00;
        if(P12==0)    nKeyNumber=0x01;
        if(P11==0)    nKeyNumber=0x02;
        if(P10==0)    nKeyNumber=0x03;
        if(nKeyNumber !=0xFF)    return;
    }
    P14=1;
    P15=0;
    {
        if(P13==0)    nKeyNumber=0x04;
        if(P12==0)    nKeyNumber=0x05;
        if(P11==0)    nKeyNumber=0x06;
        if(P10==0)    nKeyNumber=0x07;
        if(nKeyNumber !=0xFF)    return;
    }
    P15=1;
    P16=0;
    {
        if(P13==0)    nKeyNumber=0x08;
        if(P12==0)    nKeyNumber=0x09;
        if(P11==0)    nKeyNumber=0x0A;
        if(P10==0)    nKeyNumber=0x0B;
        if(nKeyNumber !=0xFF)    return;
    }
    P16=1;
    P17=0;
```

```
        {
            if(P13==0)    nKeyNumber=0x0C;
            if(P12==0)    nKeyNumber=0x0D;
            if(P11==0)    nKeyNumber=0x0E;
            if(P10==0)    nKeyNumber=0x0F;
            if(nKeyNumber != 0xFF)
            return;
        }
        P17=1;
    }
```

10.8.7   MCS-51 单片机通过 8155 扩展的显示模块程序设计

可编程并行接口芯片是专为单片机和计算机接口而设计的，具有和计算机接口的三总线引脚，与 CPU 或 MCU 连接非常方便，其功能可由微处理器的指令加以控制，利用编程的方法可以使一个接口芯片实现不同的接口功能。目前，各厂家已提供很多系列的可编程接口，MCS-51 常用的是 8255 和 8155，具体原理见第 9 章。由于显示经常利用片外扩展芯片，因此本节将 8155 和显示放在一起说明。

显示和数码管是人—机交互的重要部分，用户可通过显示了解系统的运行状态，在简单的系统中采用发光二极管指示系统的状态。复杂的系统使用数码管和液晶显示设备来实现，详细介绍参见第 9 章 9.4 节，发光二极管在有电流流过时会发光。LED 数码管的显示分为动态和静态两种显示方式。

1）动态显示工作方式

动态显示是指各 LED 轮流一次一次地显示各自的字符，由于人的视觉暂留特性，可以看到各 LED 似乎在同时点亮。原理图和流程图见 9.4 节。

【例 10-52】 根据图 9-3 和图 9-5 写出动态显示的程序。

```
        #include "absacc.h"
        #include <reg51.h>
        unsigned char xdata _8155cmd    _at_0x4000;
        #define LEDLen 6
        #define 8155a XBYTE [0x7F01]
        #define    8155b XBYTE [0x7F02]
        unsigned char LEDBuf[LEDLen];                // 显示缓冲
        unsigned char const LEDMAP[]={0x3f, 0x06, 0x5b, 0x4f, 0x66, 0x6d, 0x7d, // 八段管显示码
                                      0x07, 0x7f, 0x6f, 0x77, 0x7c, 0x39, 0x5e, 0x79, 0x71 };
        void 8155Init(unsigned char cmd)
        {
            &8155cmd=0x038;
        }
```

```c
void Delay(unsigned char CNT)
{
    unsigned char i;
    while (CNT--!=0)
    for (i=250; i !=0; i--);
}
void DisplayLED()
{
    unsigned char i;
    unsigned char Pos;
    unsigned char LED;
    Pos = 0x20;                          // 从左边开始显示
    for (i = 0; i < LEDLen; i++)
    {
        &8155a=0;                        // 关所有八段管
        LED=LEDBuf[i];
        &8155b=LED;
        &8155a=Pos;                      // 显示一位八段管
        Delay(1);
        Pos >>= 1;                       // 显示下一位
    }
}
void main()
{
    8155Init();
    unsigned char i = 0;
    unsigned char j;
    while(1)
    {
        LEDBuf[0] = LEDMAP[i & 0x0f];
        LEDBuf[1] = LEDMAP[(i+1) & 0x0f];
        LEDBuf[2] = LEDMAP[(i+2) & 0x0f];
        LEDBuf[3] = LEDMAP[(i+3) & 0x0f];
        LEDBuf[4] = LEDMAP[(i+4) & 0x0f];
        LEDBuf[5] = LEDMAP[(i+5) & 0x0f];
        i++;
        for(j=0; j<50; j++)
        DisplayLED();                    // 延时
    }
}
```

2) 静态显示工作方式

每片 LED 都有 8 个段码引脚和 1 个共阴极端,静态显示方式将每位 LED 的共阴极端接地,而每位段码线 a~h 分别由各自的 8 位并行口控制。为使显示程序具有通用性和灵活性,在单片机片内 RAM 设置一个显示缓冲区,显示缓冲区的每个单元与 LED 的各位一一对应。当主程序需要显示时,只需将要显示的字符送入显示缓冲区,然后调用显示子程序。静态显示工作方式程序见例 10-50。

10.8.8　D/A 转换器 0832 的应用

由于单片机只能够处理数字量,因此需要把数字量变成模拟量,于是数/模转换设备产生了,DAC0832 可实现 8 位数字量到模拟量的转换。

下面以 DAC0832 为例,编写产生锯齿波、三角波、正弦波的程序,介绍数/模转换芯片编程。DAC0832 原理和使用方法见第 9 章。

【例 10-53】　DAC0832 原理图如图 9-17 所示,写出 D/A 转换的程序。

```
#include "absacc.h"
#define CS0832 XBYTE [0x7FFFH]
unsigned char SinTbl[9] ={0x00,0x18,0x30,0x46,0x59,0x69,0x75,0x7c,0x7f};
void Write0832(unsigned char b)
{
   &CS0832 = b;
}
unsigned char i;
void main()
{
   while(1)
   {
     for(i=0; i<16; i++)              // 产生锯齿波
     Write0832(i*0x10);
     for(i=0; i<8; i++)              // 产生正弦波
     Write0832(0x80+SinTbl[i]);      // 0~π/2 区间的波形
     for(i=8; i>0; i−−)
     Write0832(0x80 + SinTbl[i]);    // π/2~π 区间的波形
     for(i=0; i<8; i++)
     Write0832(0x80 − SinTbl[i]);    // π~3π/2 区间的波形
     for(i=8; i>0; i−−)
     Write0832(0x80 − SinTbl[i]);    // 3π/2~2π 区间的波形
   }
}
```

10.8.9　ADC0809 的应用

　　ADC0809 是 8 位逐次逼近式 A/D 转换器，带 8 个模拟量输入通道，芯片内带通道地址译码锁存器，输出带三态数据锁存器，启动信号为脉冲启动方式，每一通道的转换大约 $100\,\mu s$。ADC0809 的原理见第 9 章。其中引脚 A、B、C 是模拟量输入通道选择；$U_{\text{REF}+}$ 是 A/D 参考正电压；$U_{\text{REF}-}$ 是 A/D 参考负电压；EOC 是 A/D 转换结束信号；IN0～IN7 是 8 路模拟通道；CLK 是 A/D 转换所需时钟信号，最大为 640 kHz，当 $f_{\text{osc}} = 6$ MHz 时，可接单片机的 ALE/2；OE 是读允许；START 是 A/D 转换启动；ALE 是地址锁存允许。ADC0809 的访问编程有三种方式，分别为查询、等待、中断。

　　(1) 查询：把 EOC 接至单片机一输入口线，不断读取它，当为 "1" 时表明转换结束。

　　(2) 等待：因为 0809 的转换时间为 $100\ \mu s$，故启动后利用软件延时超过 $100\ \mu s$ 后，即可读取 A/D 结果。

　　(3) 中断：把 EOC 接至单片机的一外部中断输入口；在中断程序中读取 A/D 结果。

　　【例 10-54】　ADC0809 原理图如图 9-27 所示，写出查询方式实现 4 路模/数转换的程序。

```
# include <reg51.h>
#include <absacc.h>
# define uchar unsigned char
# define IN0 XBYTE [0x7FFF] ;        /* 设置 ADC0809 的通道 0 地址 */
 sbit ad_busy =P3^2;                 /* 即 EOC 状态 */
 void adc0809 (uchar idata *x)       /* 采样结果放指针中的 A/D 采集函数 */
{
    uchar   i;
    uchar xdata   *ad_adr;
    ad_adr= &IN0;
    for (i=0; i<4; i++)              /* 处理 4 通道 */
    {
        *ad_adr=0 ;                 /* 启动转换 */
         i=i;                       /* 延时等待 EOC 变低 */
         i=i;
        while (ad_busy==0 );        /* 查询等待转换结束 */
        x[i]= * ad_adr;             /* 存转换结果 */
        ad_adr ++;                  /* 下一通道 */
        while(1);
    }
}
 void main ( )
{
    static uchar idata ad [ 10 ] ;
```

```
        adc0809 ( ad ) ;              /*  采样 ADC0809 通道的值  */
    }
```

【例 10-55】 ADC0809 原理图如图 9-27 所示，写出中断方式实现 4 路模/数转换的程序。

```
#include <reg51.h>
#include <stdio.h>
#include <absacc.h>
#define uchar unsigned char
#define In0 XBYTE[0x7FFF]
uchar xdata *ad_adrr;
sbit ad_busy=P3^2;
void Uart_Init();
void adc0809Init()
{
    unsigned int i;
    for(i=0;i<4;i++)
    {
        *ad_adrr=0;              // 启动 0809
        ad_adrr++;
    }
}
void adc0809(uchar idata *x)
{
    uchar i;
    for(i=0;i<8;i++)
    {
        x[i] = *ad_adrr;
        ad_adrr++;
    }
}
void int0() interrupt 0 using 0
{
    static uchar idata ad[10];
    adc0809(ad);
}
void main()
{
    Uart_Init( );
    EX0=1;
    EA=1;
```

```
        ad_adrr=&In0;
        adc0809Init();
        while(1);
    }
    void Uart_Init( )
    {
        SCON=0x52;              // 设置串口控制寄存器
        TMOD=0x20;              // 12 MHz 时钟波特率为 2400 b/s
        TCON=0x69;
        TH1=0xf3;
    }
```

习题与思考题

10-1　C51 有几种基本数据类型，和通用 C 语言有什么不同？

10-2　C51 存储类型有几种，分别用什么表示？

10-3　C51 存储方式有几种？举例说明特殊功能寄存器的定义方式。

10-4　作为一种结构化设计语言，C 语言有几种结构形式，它们分别是什么？

10-5　Keil 公司的 C51 编译器提供的指针有"通用指针"和"指定存储区指针"，各有什么不同？

10-6　什么是形参？什么是实参？二者有什么区别？

10-7　举例说明 MCS-51 单片机中一个端口的使用方法。

10-8　举例说明 MCS-51 单片机中断的使用方法。

10-9　举例说明 MCS-51 单片机定时器/计数器的使用方法。

10-10　举例说明 MCS-51 单片机串口的使用方法。

10-11　举例说明 MCS-51 单片机扩展片外 I/O 的方法。

10-12　举例说明 MCS-51 单片机扩展 A/D 或者 D/A 的使用方法。

第11章 MCS-51单片机组成的测控系统应用实例

单片机应用系统通常由单片机、显示器、键盘、打印机和系统所配置的系统软件所组成，一般应用于过程控制、智能仪器及家电等产品中。单片机控制系统的特点是：精度高，功能强，可靠性高，抗干扰能力强，系统的数据记录和处理方便，体积小，重量轻，功耗省，投资少，见效快。本章主要对单片机的典型应用系统的设计开发及应用等问题作一介绍。

11.1 单片机应用系统的设计方法

单片机系统的设计由于控制对象的不同，其硬件和软件结构有很大差异，但系统设计的基本内容和主要步骤是基本相同的。

在设计单片机控制系统时，一般需要作以下几个方面的考虑。

1. 确定系统设计的任务

在进行系统设计之前，必须对设计方案进行调研，包括查找资料、进行调查、分析研究，以充分了解单片机系统应具有的技术要求、功能、使用环境等指标。明确任务，确定系统的性能指标，包括系统必须具有哪些功能，如键盘的定义、显示方式、待处理信号的种类和控制对象等，这是系统设计的依据和出发点，它将贯穿于系统设计的全过程，也是整个研制工作成败的关键。因此，必须认真做好这项工作。

2. 系统方案设计

在系统设计任务和技术指标确定以后，即可进行系统的总体方案设计，一般包括两个方面：

(1) 机型及支持芯片的选择。机型选择应适合于系统的要求。设计人员可大体了解市场所能提供的构成单片机系统的功能部件，根据要求进行选择。若作为批量生产的系统，则所选的机种必须要保证有稳定、充足的货源，从可能提供的多种机型中选择最易实现技术指标的机型，如字长、指令系统、执行速度、中断功能等。如果要求研制周期短，则应选择熟悉的机种，并尽量利用现有的开发工具。

(2) 综合考虑软、硬件的分工与配合。因为系统中的硬件和软件具有一定的互换性，一些由硬件实现的功能也可以用软件来完成，反之也一样。因此，在方案设计阶段要认真考虑软、硬件的分工与配合。考虑的原则是"软件能实现的功能尽可能由软件来实现"，以简化硬件结构，还可降低成本。但必须注意，这会增加软件设计的工作量，此外，由软件实现的硬件功能，其响应时间要比直接用硬件时间长，而且还占用了 CPU 的工作时间。因此，在设计系统时，必须考虑这些因素。

3. 系统的硬件和软件设计

当软、硬件的分工确定后，其设计工作可同时进行。但由于微机系统的硬件与软件设计关系密切，在设计过程中还需经常进行协调，这样，才能设计出比较满意的系统。

1) **系统的硬件设计**

一个系统的硬件电路设计包含两部分：一是系统扩展，即单片机(或微处理器)内部的功能部件，如 RAM、ROM、I/O 口、定时器/计数器、中断等不能够满足系统的要求时，必须在片外进行扩展，设计时要选择相应的芯片去实现系统扩展。二是系统配置，即按系统功能要求配置外围设备，如键盘、显示器、打印机、A/D 和 D/A 转换器及驱动电路等，设计出合适的接口电路。总的来说，硬件设计工作主要是输入、输出接口电路设计和存储器的扩展。一般的单片机系统主要由图 11-1 所示的几部分组成。

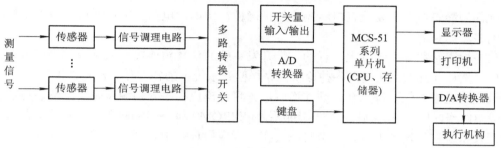

图 11-1　MCS-51 单片机组成的测控系统

图 11-1 所示是一个由 MCS-51 单片机组成的测控系统，传感器将现场采集的各种物理量(如温度、湿度、压力等)变成电量，经信号调理电路(如放大器)放大后送入 A/D 转换器，A/D 转换器将模拟量转换成二进制数字量后送 MCS-51 系列 CPU 进行处理，最后将控制信号经 D/A 转换送给控制的执行机构。为监视现场的控制一般还设有键盘及显示器，并通过打印机将控制情况如实记录下来。在有些情况下可以省掉上述组成的某些部分，这要视具体要求来设计。

单片机外接电路较多时，必须考虑其驱动能力。因为驱动能力不足会影响系统工作的可靠性，所以当所设计的系统对 I/O 端口的负载过重时，必须考虑增加 I/O 端口的负载能力，即加接驱动器。如 P0 口需要加接双向数据总线驱动器 74LS245，P2 口接单向驱动器 74LS244 即可。

对于工作环境恶劣的系统，设计时除在每块板上要有足够的退耦电容外，每个芯片的电源与地之间还要加接 0.1 μF 的退耦电容。电源线和接地线应该加粗些，并注意它们的走向(布线)，最好沿着数据的走向。对某些应用场合，I/O 端口还要考虑加光电耦合器件，以提高系统的可靠性及抗干扰能力(详见第 13 章)。

2) **系统的软件设计**

系统软件是根据系统的功能要求而设计的，应可靠地实现系统的各种功能。一个系统的工作程序实际上就是该系统的监控程序，对用于控制系统的应用程序，一般是用汇编语言编写的。编写程序时常常与输入、输出接口设计和存储器的扩展联系在一起。因此，软件设计是系统研制过程中最重要也是最困难的任务，因为它直接关系到实现系统的功能和性能。对于一些要求较高的控制系统软件，还要考虑控制算法、数据的格式及软件抗干扰等问题。

通常在编制程序前先画出流程框图，要求框图结构清晰、简洁、合理。使编制的各功能程序实现模块化、子程序化。这不仅便于调试、连接，还便于修改和移植。合理地划分程序存储区和数据存储区，既能节省内存容量，也使操作方便。合理分配各模块占用 MCS-51

单片机的内部 RAM 单元、工作寄存器和标志位，还要估算子程序和中断嵌套的最大级数，用以估算程序中的堆栈深度。此外，还应把使用频繁的数据缓冲器尽量设置在内部 RAM 中，以提高系统的工作速度。内部 RAM 不够时，或选用大容量的单片机，或外扩 RAM。

完成上述工作之后，就可着手编制软件。编制好的程序可通过开发系统自动汇编生成或手工汇编成目标程序，然后以十六进制代码形式送入开发系统进行软件调试。

4．系统调试

当硬件和软件设计好后，就可以进行调试了。硬件电路检查分为两步：静态检查和动态检查。

硬件的静态检查主要检查电路制作的正确性，例如，电路上电后通过逻辑电平检测逻辑门电路。

动态检查是在开发系统上进行的。把开发系统的仿真头连接到系统中用以代替系统的单片机，然后向开发系统输入各种诊断程序，检查系统中的各部分工作是否正常。

做完上述检查就可进行软、硬件连调。先将各模块程序分别调试完毕，然后再进行连接，待一切连好后，利用编程器将程序固化到 EPROM 或具有 ROM 的单片机中。此时即可脱离开发系统进行现场调试，以考验系统在实际应用环境中是否能正常而可靠地工作，同时再检测其功能是否达到技术指标，如果某些功能还未达到要求，则再对系统进行修改，直至满足要求为止。

综上所述，单片机系统的设计调试过程如图 11-2 所示。

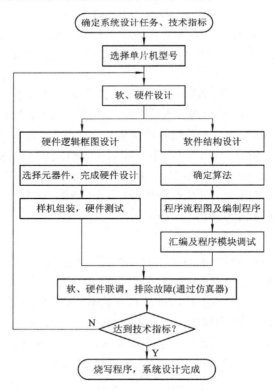

图 11-2 单片机系统设计调试流程图

11.2 土工布渗透率测控系统

土工布是一种新型建筑材料，它综合了纺织、化工、塑料等行业的技术成就，具有防护、隔离、过滤及排水等功能，广泛应用于岩石及土木工程等领域。

土工布的性能指标主要包括物理学、力学、水力学等方面，在土工布所有的性能指标中，水力学的指标更为重要，特别在排水工程应用中，必须充分考虑土工布平面内的渗透率。土工布渗透率的测试装置要求较高，测试过程复杂，选取的试样多，测试数据量大，测试时间长(一周时间)，故会因停电等多种原因造成测试失败。因此，在测试过程中需要保护测试数据及测试状态，并能通过打印机实现对测试参数的报表打印，绘制试验结果曲线。

11.2.1 土工布渗透率的测试过程

土工布渗透率，即在规定的水力梯度和接触材料下改变法向压力，测量土工布平面内单位时间的渗水量，其计算公式为

$$q_{压力/梯度} = \frac{R_T \times V}{W \times t} \tag{1}$$

式中，$q_{压力/梯度}$ 为一定的压力和梯度下土工布单位宽度的平面内的水流量(m^2/s)，即渗透率；V 为集水器中收集水的体积(m^3)；R_T 为水温修正系数(无量纲)；W 为试样宽度(m)；t 为集水器中收集体积为 V 的水所用的时间(s)。

已知 R_T、V 和 W，只要测出收集体积为 V 的水所用的时间 t，即可求出一定的压力和梯度下的土工布渗透率。

由于生产土工布的材料和厚度不同，应选取 3 块或 6 块土工布试样进行测试。每块试样应在三种压力(20 kPa，100 kPa，200 kPa)、两个水力梯度(0.1，1.0)下(共 6 种测试状态)分别测试渗透值，在每个压力、梯度下，各测 3 次，再对 3 次测试结果取平均值，得到该土工布试样在此状态下的渗透率。最后所有试样测试完毕后，取相同测试状态下渗透率的平均值，以此作为该土工布平面内渗透率的测试值。

实际测试时，各参数取值分别为 $V = 0.5\ m^3$，$W = 0.2\ m$，$R_T = 1$(实验温度为 20℃)。

11.2.2 测控系统的硬件电路设计

该测控系统由测试装置和单片机测试系统两部分组成。

1) 测试装置

测试装置主要用来放置试样，形成规定的水力梯度及加压装置和对溢出水的收集。如图 11-3 所示，测试装置由土工布的试样层、加压步进电机及传动装置、0.1 梯度阀、1.0 梯度阀、压力传感器、进水阀及集水器的排水阀等组成。在测试过程中，应保证水沿试样的截面内流过，其他与试样接触的部分不能漏水。因此上盖板与试样之间必须配合严密，移动压板能上下移动，由步进电机经传动装置驱动。

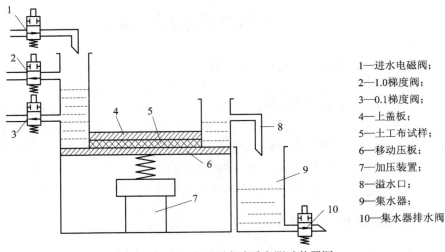

图 11-3 土工布平面内渗透率测试装置图

1—进水电磁阀；
2—1.0 梯度阀；
3—0.1 梯度阀；
4—上盖板；
5—土工布试样；
6—移动压板；
7—加压装置；
8—溢水口；
9—集水器；
10—集水器排水阀

2) 单片机测试系统硬件电路设计

图 11-4 所示为测控仪硬件电路图。图中选用了 89C52 单片机，扩展了 A/D 转换接口、微型打印机接口、并行输入/输出接口等电路。

具体的测试电路说明如下：

使用应变片式压力传感器检测压力值，通过 8 位的 ADC0809 模/数转换器输入到单片机，通过 74LS245 驱动 TP40 打印机，打印出测试的数据。利用位置传感器通过 P1.0 检测水满信号；P1.1～P1.4 分别控制进水阀、0.1 梯度阀、1.0 梯度阀及集水器的排水阀等相应的电磁阀，满足测试过程对水力梯度及自动排水的要求；P1.5～P1.7 经驱动后连接三相步进电机，控制加压装置，使压力保持在所需的恒定值；使用 1 片 8155 并行口，分别连接 LED 显示和按键，测试数据存放在 8155 内部的 RAM 中(外加电池供电)。

渗透率的值可以通过 LED 显示，或通过 TP40 打印机打印。按键用来控制所测土工布的试样数目(3 块或 6 块)、启动等功能。对于输出信道中的步进电机和电磁阀的控制回路，采用了光电耦合器，以提高系统的抗干扰性能。

AT89C52 单片机系统中，片内和片外 RAM、ROM 以及 I/O 口存储空间的地址编制是统一的，地址分配如下：

堆栈栈顶地址：片内 RAM 数据缓冲区 60H

显示缓冲区：片内 RAM 40H～45H 单元

8155 状态口地址：4700H

8155A 口：4701H

8155B 口：4702H

8155C 口：4703H

8155 内部 RAM 地址：4600H～46FFH(用于存储测试结果等数据)

打印机接口地址：07FFH

0809 通道地址：2700H～2707H(8 路)

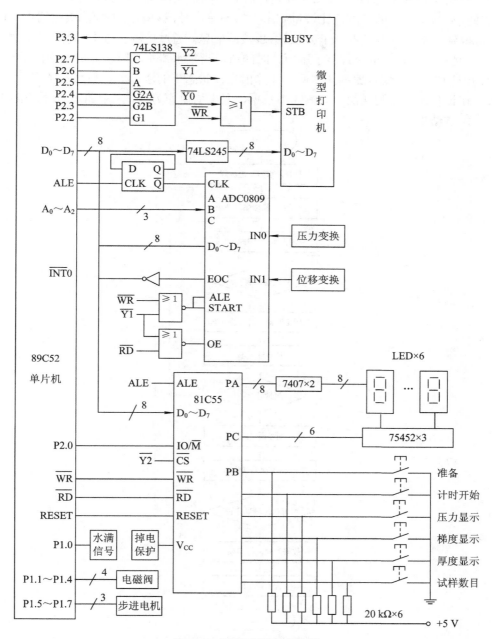

图 11-4 测控仪硬件电路图

11.2.3 软件设计及部分典型程序

1. 单片机测试系统主程序设计

根据测试工艺过程,主程序框图如图 11-5 所示。在测试装置中放置好待测试样,打开进水阀及排水阀,控制压力及梯度,当满足 20 kPa、0.1 梯度的测试条件时,关闭集水器的排水阀，利用 AT89C52 的定时器 T0 开始计时。其间，实时采集压力信号，将所测数值经过数字滤波后与该压力的基准值比较得到压力的偏差信号，该偏差信号经 PI(比例积分)运算后，即可得到控制步进电机正(反)转及进给步数的信息。通过控制步进电机便可保证测试过程中的压力恒定。LED 可交替显示压力、时间值。当集水器水满时，完成一次测量。定时器 T0 停止计时，打开集水器的排水阀，计算出在该状态下的渗透率。集水器排空后，关闭排水阀，在该状态下再测两次，共测 3 组数据，取平均值作为该试样在此状态下的渗透率，并打印出测试结果。

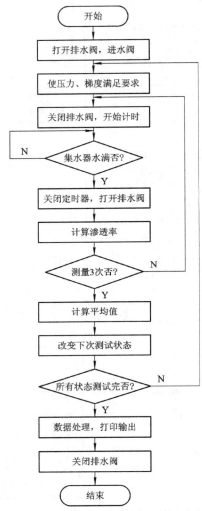

图 11-5 单片机测试系统主程序流程图

控制到下一个测试状态(压力/梯度)，同样测三次，取平均值。依次把该试样在不同的状态下渗透率测试完毕，关闭进水阀。

最后，计算出试样在相同压力/梯度(共 6 个测试状态)下的渗透率平均值，作为该土工布渗透率的测试值。

测试时，这些数据存储在 8155 内部 RAM 中，以防止掉电时丢失数据。所有的试样测试完毕后，通过打印机打印出测试结果。单片机的程序对于渗透率的计算采用的是三字节浮点数形式。程序清单略。

2. 打印机驱动举例

1) 打印机的选择

单片机系统中，经常选用微型打印机，如 TPμP40、GP16 等。本系统选用 TPμP40 微型打印机，因其接口简单，功能强，能打印 ASCII 码字符。

TPμP40 提供了多达 40 种打印命令。这些命令规定了打印机的定义格式、放大或缩小字符、打印点阵图形、选择字符集、定义用户可定义字符以及打印汉字(可选)等功能。

具体来讲，TPμP40 微型打印机的主要指标如下：

打印行宽：24 字符/行，32 字符/行，40 字符/行，有三种机型可选。

打印字符：全部 96 个 5×7 点阵 ASCII 字符和 352 个 5×7 或 6×8 点阵其他字符或图符。

行间距：1～255 点。

接口：并行接口(CENTRONICS 兼容)或串行接口。

2) 接口

TPμP40 打印机采用了与 CENTRONICS 标准兼容的 D-25 并行接口，接口插座则与 IBM PC 的打印口相配合，可以直接将打印机和 IBM PC 主机连接起来。对于并行接口，各引脚信号的定义如表 11-1 所示。

表 11-1 打印机引脚及功能

引脚号	信号	方向	说　　明
1	$\overline{STB}$	入	数据选通触发脉冲。下降沿时读入数据
2	DATA1	入	
3	DATA2	入	
4	DATA3	入	
5	DATA4	入	这些信号分别代表并行数据的第 1～8 位信息。每个信号当其逻辑为"1"时为"高"电平，逻辑为"0"时为"低"电平
6	DATA5	入	
7	DATA6	入	
8	DATA7	入	
9	DATA8	入	
10	$\overline{ACK}$	出	回答脉冲。"低"电平表示数据已被接收而且打印机准备好接收下一数据
11	BUSY	出	"高"电平表示打印机正"忙"，不能接收数据
12	PE	—	接地
13	SEL	出	经电阻上拉"高"电平
15	$\overline{ERR}$	出	经电阻下拉"低"电平
14～17	NC	—	未接
18～25	GND	—	接地，逻辑"0"电平

注：① "入"表示输入到打印机，"出"表示从打印机输出；② 信号的逻辑电平为 TTL 电平。

3) 时序

打印机数据、控制信号时序图如图 11-6 所示。

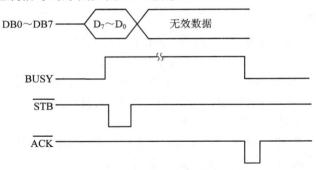

图 11-6　打印机数据、控制信号时序图

4) 打印命令代码

打印机接受的代码分为四类：可打印的标准 ASCII 代码 20H～7FH、可打印的非标准 ASCII 代码 80H～FFH、打印的命令代码 01H～0FH 和用户自定义的代码 10H～1FH。

(1) 可打印的标准 ASCII 代码。可以直接打印出的内容：① ASCII 字符信息，如打印输出字符 45H(E)、62H(b)等；② 数字，如 36H(6)、38H(8)、2EH(小数点)等；③ 命令，如 39H、32H、0DH(回车)等。ASCII 码可参阅附录 A。

(2) 命令代码 01H～0FH。这些命令是由一字节控制码或 ESC 控制码序列组成的。ESC 控制码序列是以 "ESC" 码开始，后跟其他字符码。打印机的控制码(尤其是 ESC 控制码)并不是标准化的。每一个打印机制造厂商都有自己的一套控制码系统。TPµP40 的控制码是在参考了流行的 IBM 和 EPSON 打印机的基础上设计的，因此，它能和大多数的打印机兼容。

各个命令的描述形式如表 11-2 所示。

表 11-2　打印命令代码表

命令代码	命 令 功 能
01H	打印字符，图增宽
02H	打印字符，图增高
03H	打印字符，图宽和高同时增加
04H	字符间距改变
05H	用户自定义的字符点阵
07H	水平跳区
08H	垂直跳区
0AH	换行
0DH	回车
0FH	打印位点阵图
1BH	众多子功能(略)

有效代码表的编号是从 00H～0FFH 排列的，其中 00H～1FH 用于控制码，20H～0FFH

用于字符码。

5) 应用举例

使用 TPμP40 打印机打印出测试的土工布渗透率。

设测试的渗透率值在 8155 内部 RAM 中，分配情况如图 11-7 所示。设存储单元中存放的是某试样在不同梯度、压力下测得的渗透率值，其格式为 ASCII 码表示的浮点数占 6B，前三字节为尾数(小数点隐含在第一字节之后，后三字节表示阶码(含符号))。打印驱动子程序流程图如图 11-8 所示。

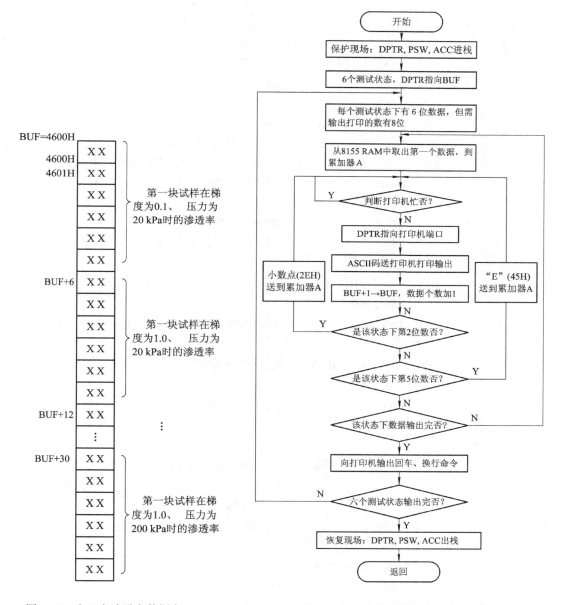

图 11-7 土工布渗透率数据在 8155RAM 中的存储图

图 11-8 打印驱动子程序流程框图

打印子程序清单如下：

```
    PRINT:  PUSH  ACC
            PUSH  DPH
            PUSH  DPL
            PUSH  PSW              ; 保护现场
            MOV   R7, #06H         ; 每块试样有 6 个测试状态，放在 R7 寄存器
            MOV   DPTR, #4600H     ; 8155 内部 RAM 首地址开始，存放第一块试样的第一
                                   ; 个测试状态的数据
    NEXT2:  MOV   R6, #00H         ; 每个测试状态的测试数据有 6 位(ASCII 码)，数据 8 位，
                                   ; 初值为 0
    NEXT1:  MOVX  A, @DPTR         ; 取出 1 位数据
    NEXT7:  PUSH  DPL              ; 保存 DPTR 指针
            PUSH  DPH
            MOV   DPTR, #07FFH     ; DPTR 指向打印机端口地址
            JB    P3.3, $          ; 查询打印机是否忙，如忙，则等待
            MOVX  @DPTR, A         ; 如打印机不忙，则把欲打印的数据输出到打印机
            POP   DPH              ; 恢复 DPTR 指针，使之指向 8155 RAM 单元
            POP   DPL              ;
            INC   DPTR             ; DPTR 指针指向 8155 RAM 下一数据单元
            INC   R6               ; 向打印机输出的某测试状态的测试数据位加 1
            MOV   A, R6
            CJNE  A，#01H，NEXT8    ; 第二个打印输出的数据应为小数点
            MOV   A, #2EH
            DEC   DPL              ; 恢复 DPTR 指针，使之重新指向 8155 RAM 单元
            SJMP  NEXT7
    NEXT8:  CJNE  A，#04H，NEXT9    ; 第五个打印输出的数据应为"E"
            MOV   A, #45H
            DEC   DPL              ; 恢复 DPTR 指针，使之重新指向 8155 RAM 单元
            SJMP  NEXT7
    NEXT9:  MOV   A, R6
            CJNE  A，#07H，NEXT1    ; 第一个测试状态的 8 位测试数据打印完否，如没有，
                                   ; 则打印下一位，如打印完，取下一个测试状态的 6 位
                                   ; 测试数据输出打印
            PUSH  DPL              ; 保存 DPTR 指针
            PUSH  DPH
            MOV   DPTR, #07FFH
            MOV   A, #0DH          ; 如打印完，使打印机输出回车
            JB    P3.3, $          ; 查询打印机是否忙，如忙，则等待
            MOVX  @DPTR, A         ; 如打印机不忙，则把回车命令输出到打印机
```

```
MOV   A，#0AH          ；使打印机输出换行
JB   P3.3, $
MOVX  @DPTR，A         ；如打印机不忙，则把换行命令输出到打印机
POP   DPH             ；恢复 DPTR 指针，使之指向 8155 RAM 单元
POP   DPL             ；
DJNZR7，NEXT2         ；判断 6 个测试状态的数据打印完否
POP   PSW             ；打印完毕，恢复现场
POP   DPL
POP   DPH
POP   ACC
RET                  ；打印返回
```

打印机打印的某种土工布第一块试样渗透率测试结果如下(黑色字体所示，单位为 m^2/s)：

4.96E-07	q20/0.1 (测试状态，下同)	4.96×10^{-07} (表示的数据，下同)
3.64E-06	q20/1.0	3.64×10^{-06}
1.21E-07	q100/0.1	1.21×10^{-07}
1.33E-06	q100/1.0	1.33×10^{-06}
9.33E-08	q200/0.1	9.33×10^{-08}
6.68E-07	q200/1.0	6.68×10^{-07}

11.3 无线掌上抄表系统

传统电能表的抄表方式是由抄表员逐户进行抄表的，这样既复杂又容易出错，为此研制出了基于掌上的无线近距离抄表系统。把蓝牙芯片分别嵌入到电能表和掌上抄表器中，可使掌上抄表器具有以无线方式读取电能表的转数并控制电能表断/送电的功能。通过 RS-232 串行通信口可将掌上抄表器内存储的各用户的抄表信息传送到管理计算机中，通过计算机软件实现各个用户电量和电费的综合管理。

11.3.1 系统组成及功能要求

本系统由三部分组成：光电采集、掌上抄表器、管理计算机，如图 11-9 所示。

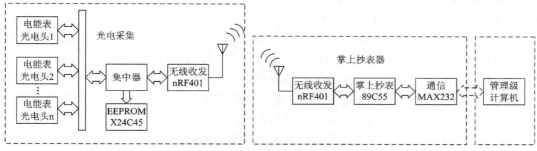

图 11-9 无线抄表系统组成原理图

(1) 光电采集。使用光电头改造传统的电能表，检测每个用户电能表的转数，使用兼看门狗功能的 X24C45 EEPROM 保存每个电能表内的转数。每一个电能表经一路继电器控制断/送电，利用 Nordic 公司的 nRF401 芯片收/发信息。

(2) 掌上抄表器。这是系统的核心部分。掌上抄表器运行功耗低，工作可靠，存储数据量大且具有 LCD 显示、时钟、EEPROM 存储、无线收/发、RS-232 通信等功能。

(3) 管理计算机。这是系统的管理级部分，其运行环境为主频 P II 266 以上微型计算机，操作系统 Windows 98 以上，其开发环境为 VB 6.0 和 SQL 2000，标准的 Windows 操作界面，使用方便。管理计算机具有与掌上抄表器通信、存储数据、查询并打印电量、电费等功能。

11.3.2 硬件电路设计

无线掌上抄表器电路原理图如图 11-10 所示，其主要组成如下：

(1) AT24C512。使用功耗低、工作可靠的 AT24C512 串行 EEPROM 存储器，其存储容量为 64 K × 8 bit，读写次数 100 000 次，数据可保存 10 年以上，完全可以满足设计要求和用户的需要。利用芯片所提供的按页读写功能，可以大大提高芯片对数据的访问速度。按照设计要求，每一个用户的信息占用 16 B，使用两片可以存储 8196 个用户的信息，基本满足一个乡镇的用户数量。16 个字节存储信息分别表示：电表读数 4 个字节，电表底数 2 个字节，电表常数 4 个字节，互感器倍率 3 个字节，抄表日期 3 个字节。

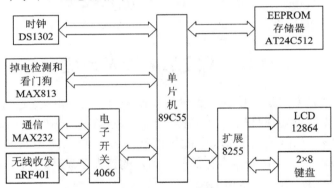

图 11-10　无线掌上抄表设备硬件原理图

(2) LCD 显示器。通过并行输出的 128 × 64 点阵 LCD 显示器作为设备的人机界面，用来显示抄表提示等信息。汉字字符采用 16 × 16 点阵，数字字符采用 12 × 12 点阵。每屏可以显示 4 × 8 个汉字。如：用户信息、抄表信息、电表状态、通信状态、系统参数设置、密码、日期等信息都可以通过 LCD 显示出来。

(3) 时钟 DS1302 芯片。通过串行的 DS1302 芯片来获得系统时钟、抄表时间等时间信息。该串行时钟芯片具有体积小、功耗低、走时准确、接口简单、占用 CPU I/O 口线少等特点。另外它可对时钟芯片备份电池进行涓流充电。

(4) 电压检测。掌上抄表器正常使用是采用电池供电，为了使掌上抄表器工作可靠(数据存储正确)必须有电压检测电路。我们选用 MAX813 电压检测芯片，当电压低于 4.70 V 时，系统将自动进入掉电状态。此时，系统将显示"电池电压低！"且不响应任何操作，只有当电池电压恢复后，系统才会重新工作。该芯片同时还具有看门狗的功能。

(5) 无线收/发芯片。nRF401 芯片是无线收/发芯片，是系统的核心器件。它采用了 DSS+PLL 频率合成技术，接收、发射合一，频率稳定性好，载波频率为 433 MHz，最大传输速度为 20 kb/s，抗干扰能力强，编程方便。该芯片可以使用 RS-232 协议收、发数据，采用低功率发射，高接收灵敏度，无需申请频段占用许可证。

(6) RS-232 接口。通过 MAX232 芯片将掌上抄表器的用户抄表信息传送到管理计算机，实现用户信息的计算机管理。同时利用电子开关实现 RS-232 与 nRF401 的切换，实现双通信接口的功能。

为了减小功耗及电路板的体积，该抄表器采用内置 20 KB 的 AT89C55 单片机，扩展的 2×8 键盘和 LCD 显示器由 8255 接口驱动。

11.3.3　软件设计及部分典型程序

1. 主程序

主程序设计采用模块化结构，主要包含有初始化程序、LCD 显示、读/写时钟、读/写存储器、无线抄表、无线控制电表的断/送电状态、用户电表参数设置、与微机管理软件通信等功能模块。因 LCD 显示字符信息少，因此，可利用菜单方式实现以上信息的设置及控制。具体来讲，分别可以实现密码、电价、电表参数、日期/时钟等参数的设置和修改功能，以及电表的断/送电和与上位机的通信控制功能。这些功能分别由对应的数字键及上、下移动键控制实现。其中，用户电表参数主要指电表常数(每度电所转的转数)、互感器倍率(指大功率用户，一般用户为 1)及电表底数等。主程序流程图如图 11-11 所示。限于篇幅，主程序及各个模块(除 LCD 显示外)的程序略。

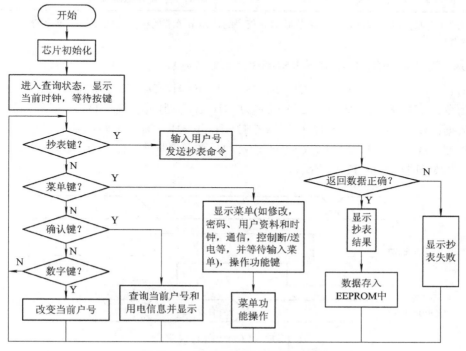

图 11-11　掌上抄表器主程序流程图

2. 点阵 LCD 显示程序

LCD 近几年来被广泛用于单片机控制的仪器仪表和低功耗电子产品中。本节介绍点阵式液晶显示器 SMG12864(控制器为 KS108B)与单片机的接口及编程方法，以 16×16 点阵汉字为例，设计汉字显示程序的编程方法。

1) 接口信号

SMG 12864 液晶显示器采用并口传送方式，其引脚信号定义如表 11-3 所示。

表 11-3　12864 LCD 引脚信号

编号	符号	引脚说明	编号	符号	引脚说明
1	V_{SS}	电源地	11	DB4	数据 4 位
2	V_{DD}	电源正极(+5 V)	12	DB5	数据 5 位
3	VO	LCD 偏压输入	13	DB6	数据 6 位
4	D/$\bar{\text{I}}$	数据/命令选择	14	DB7	数据 7 位
5	R/$\overline{\text{W}}$	读/写控制	15	CS1	片选 1(左)
6	E	使能信号	16	CS2	片选 2(右)
7	DB0	数据 0 位	17	RST	复位端，低电平复位，高电平工作
8	DB1	数据 1 位	18	V_{EE}	LCD 驱动负电压输出(−5 V)
9	DB2	数据 2 位	19	BLA	背光电源正极
10	DB3	数据 3 位	20	BLK	背光电源负极

注：LCD 电源控制端 VO 是用来调节显示屏灰度的，调节该端的电压可改变显示屏字符、图形的颜色深浅。

2) 基本操作时序(LCD 控制器 KS108B 及兼容芯片)

读状态：D/$\bar{\text{I}}$=L，R/$\overline{\text{W}}$=H，CS1 或 CS2=H，E=H，$D_0 \sim D_7$ 输出状态字。

写指令：D/$\bar{\text{I}}$=L，R/$\overline{\text{W}}$=L，CS1 或 CS2=H，E=高脉冲，$D_0 \sim D_7$ 输入指令码。

读数据：D/$\bar{\text{I}}$=H，R/$\overline{\text{W}}$=H，CS1 或 CS2=H，E=H，$D_0 \sim D_7$ 输出数据。

写数据：D/$\bar{\text{I}}$=H，R/$\overline{\text{W}}$=L，CS1 或 CS2=H，E=高脉冲，$D_0 \sim D_7$ 输入数据。

(1) 读操作时序如图 11-12 所示。

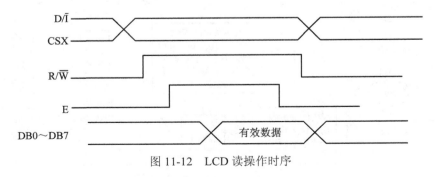

图 11-12　LCD 读操作时序

(2) 写操作时序如图 11-13 所示。

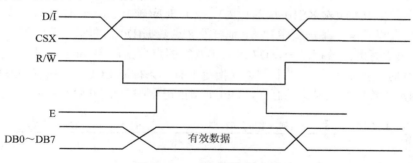

图 11-13　LCD 写操作时序

3) 状态字、命令代码及数据格式

(1) 状态字：只有一个，表示 LCD 显示当前是否开闭及 LCD 状态是否忙。格式如下：

D_7	D_6	D_5	D_4	D_3	D_2	D_1	D_0
STA7	STA6	STA5	STA4	STA3	STA2	STA1	STA0

状态字只用到两位：

STA7 = 1，表示 LCD 忙，不能访问它；STA7 = 0，表示 LCD 不忙，允许访问它。

STA5 = 1，表示 LCD 当前为关闭状态；STA5 = 0，表示 LCD 当前为显示状态。

注：每次访问 LCD 之前，必须进行读/写检测，确保 STA7=0，或通过延时 5 ms(不同的 LCD 控制器有不同的时间要求)使 LCD 不忙时才能访问 LCD。

(2) 显示开/关设置命令字：

　　命令码　　　功能

　　3EH　　　　关显示

　　3FH　　　　开显示

(3) 显示初始行设置命令字：

　　命令码　　　功能

　　0C0H　　　设置显示初始行命令字

(4) 数据指针设置命令字。

控制器内部设有一个数据地址页指针和一个数据地址列指针，用户可通过它们来访问内部的全部 512 B RAM，其值如下：

命 令 码	功　　能
0B8H + 页码(0～7)	设置数据地址页指针
40H + 列码(0～63)	设置数据地址列指针

显示位置设置中 40H 为显示起始列的首地址，加上 0～3FH(1～64 列范围内)，指明 LCD 对应的内部列地址；B8H 为显示起始的页面地址，外加 0～7H，指明 LCD 对应的内部页地址，对应 0～7 页。

(5) 点阵数据。

LCD 显示屏由两片控制器控制，每个内部带有 64×64 位(512 B)的 RAM 缓冲区，这个缓冲区与 LCD 屏对应关系如图 11-14 所示。显示器为 128 点×64 点，每 8 点为一字节数据，都对应着显示数据 RAM(在 KS108B 芯片内)，一点对应一个 bit，计算机写入或输出显示存储器的数据代表显示屏上某一页中，列上垂直的 8 点数据(D0 指向每一页中最上 1 行的点数据，D1 指向第 2 行的点数据，…，D7 指向第八行的点数据)。该 bit = 1 时该点显示黑点点亮，该 bit = 0 时该点则消失。另外，LCD 指令中有一条控制 LCD 开/关(ON/OFF)的指令，ON 时显示 RAM 数据对应显示的画面，OFF 时则画面消失，但 RAM 中显示数据仍存在。

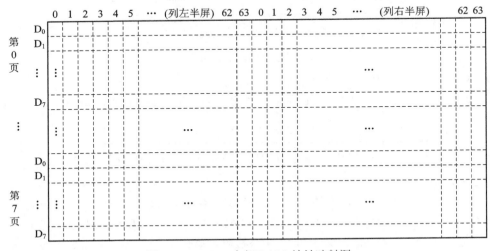

图 11-14　LCD 内部 RAM 地址映射图

综上所述，液晶控制器 KS108B 共有七条指令，从作用上可分为两类，显示状态设置指令和命令及数据读/写操作指令。

4) 初始化过程

(1) 写指令 3FH：开显示。

(2) 写指令 0C0H：设置显示初始行。

(3) 输出指定待显示位置(页/列值)。

此时，要按照图 11-13 的时序要求，使数据/命令选择信号 D/Ī、片选 CS1 或 CS2(左右屏选择)、读/写控制、使能信号 E 等输出相应的电平。

(4) 之后，便可以向 LCD 显示缓冲区输出数据信息(字符的点阵)。此时，所有的控制信号也要满足时序要求。注：指明待显示位置(页/列值)后，输出的数据在 LCD 内部 RAM 对应的列值会自动加 1。

5) 硬件设计

这里着重介绍液晶显示器与单片机的接口技术及在抄表中的应用。

单片机可以通过数据总线与控制信号直接采用存储器访问形式或 I/O 设备访问形式控制该液晶显示模块。本文以 ATMEL 公司的 AT89C55 为例，它是 51 系列单片机兼容的微控制器，其内部有 20 KB 的 FLASH ROM，用户编制的程序及需要显示的英文字母、数字、汉字、曲线和图形都可以存储在里面，免去了扩展外部存储器的麻烦，使得以 AT89C55 单片机为核心的控制系统电路更简单。AT89C55 单片机通过 8255 可编程并行接口驱动

SMG12864,硬件电路如图 11-15 所示。单片机通过 8255 的 PC5、PC6 控制 CS1、CS2,以选通液晶显示屏上各区的控制器 KS108B;同时 PC4 作为 R/$\overline{\text{W}}$ 信号控制数据总线的数据流向;用 PC7 作为 D/$\overline{\text{I}}$ 信号控制数据/命令的选择;E 信号由 PC3 控制。液晶显示器采用上电复位方式。图中的 2×8 键盘电路略。

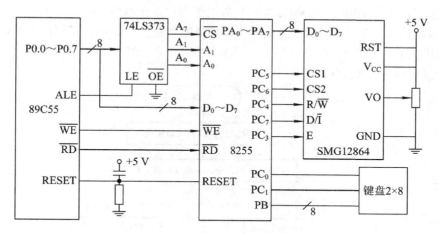

图 11-15　单片机与液晶显示器硬件电路图

根据硬件电路图可知,8255 PA 口、PB 口、PC 口和命令字的端口地址分别为 00H~03H。

6) 软件设计

由于 SMG12864 液晶显示器没有内部字符发生器,所以在屏幕上显示的任何字符、汉字等须自己建立点阵字模库,然后按图形方式进行显示(可将计算机内的汉字库和其他字模库提出直接使用)。用高级语言编写的读取 UCDOS 点阵字库字模程序以完成字模的读/取及数据重新排列,并按 MCS-51 汇编程序的要求写成相应格式的文本文件。关于提取汉字点阵的方法和程序略。

所有用到的字模数据都存放在单片机 AT89C55 的程序存储器中,如果用到的汉字、图形较多,可选用较大容量的程序存储器。

通用子程序分左半屏、右半屏写指令代码子程序和写显示数据子程序。液晶显示驱动器 KS108B 内部有个忙标志寄存器,当该位为 1 时,表示内部操作正在运行,不能接收外部数据或指令。也可以通过延时(一般 5 ms)使 LCD 不忙。

下面通过程序实现在 12864LCD 上显示"无线抄表系统"的字样,要求采用 16×16 点阵。显示从 LCD 的第 1 行(页码为 0 和 1)、第 16 列(左边列码为 16)的位置开始,一行显示,即在 LCD 左半屏第 1 行显示"无线抄",在 LCD 右半屏第 1 行显示"表系统"。

将前面生成的 16×16 点阵库文件存放在单片机的存储器中。

显示程序中,数据的存储很关键,一般可将一个汉字(32 B)上半部分(16 B)和下半部分(16 B)分别依次存放在 ROM 中,显示时需要将一个汉字字模(点阵)的上、下各 16 个字节一个接一个地依次写入相应的显示地址内。

也可以采用按左半屏一行汉字的点阵,分上、下行依次存入 ROM 中,分两次写入:先写一页的左半屏 16×3 个字节(3 个汉字的上半部分),再写下一页的 16×3 个字节(3 个汉字的下半部分)。

显示一个汉字则是将汉字的字模分页、逐个写进显示缓冲区内，且每次写之前都要检测 LCD 是否处于空闲状态(只有处于空闲状态时写进去的数据才有效)。本程序采用延时 5 ms 方法，保证 LCD 不忙。

显示子程序包括左半屏写指令子程序 LWRCMD、左半屏写数据子程序 LWRDATA、右半屏写指令子程序 RWRCMD 和右半屏写数据子程序 RWRDATA。

LCD 显示程序、左半屏写指令子程序 LWRCMD、左半屏写数据子程序 LWRDATA 流程图分别如图 11-16、11-17 和 11-18 所示。RWRCMD、RWRDATA 的编制与左半屏子程序相同，只是对应 CS(片选)不同。

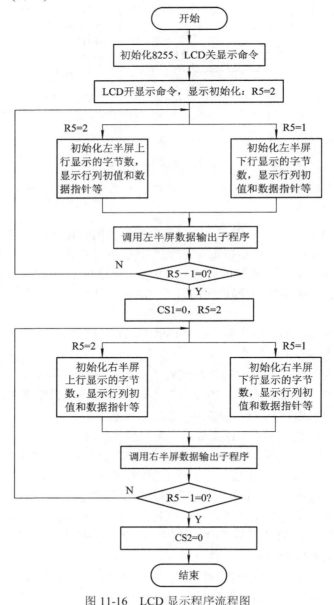

图 11-16　LCD 显示程序流程图

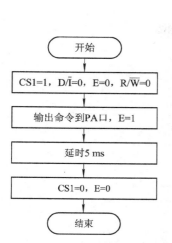

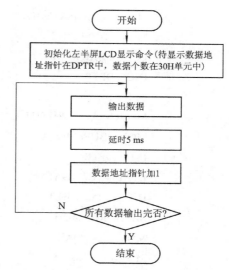

图 11-17　LCD 左半屏命令输出子程序流程图　　图 11-18　LCD 左半屏半行数据输出显示子程序流程图

　　显示程序、LWRCMD 子程序、LWRDATA 子程序清单如下(定义 BUFFER 为暂存区，在单片机内部 RAM 30H 单元):

```
            ORG 0000H
            BUFFER  EQU  30H
            MOV   R0, #03H          ; 8255 初始化
            MOV   A, #80H
            MOVX  @R0, A
DISP:       MOV   BUFFER, #3EH      ; 关显示
            LCALL LWRCMD
            LCALL RWRCMD
            MOV   BUFFER, #3FH      ; 开显示
            LCALL LWRCMD
            LCALL RWRCMD
            MOV   BUFFER, #0C0H     ; 显示初始化
            LCALL LWRCMD
            LCALL RWRCMD
            MOV DPTR, #DOTLU16      ; 左起始行
            MOV   R5, #02H
NEXT1:      CLR   A
            MOVC  A, @A+DPTR
            MOV   BUFFER, A
            LCALL LWRCMD
            INC   DPTR             ; 左起始列
            CLR   A
```

```
            MOVC  A，@A+DPTR
            MOV  BUFFER，A
            LCALL  LWRCMD
            INC  DPTR              ；左字节个数
            CLR  A
            MOVC  A，@A+DPTR
            MOV  BUFFER，A
            INC  DPTR              ；输出的数据指针
            LCALL  LWRDATA
            DJNZ  R5，NEXT1
            MOV  R0，#03H          ；CS1=0
            MOV  A，#0AH
            MOVX  @R0，A
            MOV  DPTR，#DOTRU16    ；右起始行
            MOV  R5，#02H
   NEXT2：  CLR  A
            MOVC  A，@A+DPTR
            MOV  BUFFER，A
            LCALL  RWRCMD
            INC  DPTR              ；右起始列
            CLR  A
            MOVC  A，@A+DPTR
            MOV  BUFFER，A
            LCALL  RWRCMD
            INC  DPTR              ；右字节个数
            CLR  A
            MOVC  A，@A+DPTR
            MOV  BUFFER，A
            INC  DPTR              ；输出的数据指针
            LCALL  RWRDATA
            DJNZ  R5，NEXT2
            MOV  R0，#03H          ；CS2=0
            MOV  A，#0CH
            MOV  @R0，A
            SJMP  $
LWRCMDL：MOV  R0，#03H             ；CS1 = 1
            MOV  A，#0BH
            MOVX  @R0，A
            MOV  R0，#03H          ；D/$\bar{\text{I}}$ = 0
```

```
        MOV  A, #0EH
        MOVX  @R0，A
        MOV  R0, #03H          ; R/W = 0
        MOV  A, #08H
        MOVX  @R0，A
        MOV  R0, #03H          ; E = 0
        MOV  A, #06H
        MOVX  @R0，A
        MOV  R0, #00H          ;
        MOV  A, BUFFER
        MOVX  @R0，A
        MOV  R0, #03H          ; E = 1
        MOV  A, #07H
        MOVX  @R0，A
        LCALL  DLY5MS          ; 延时 5 ms
        MOV  R0, #03H          ; E = 0
        MOV  A, # 06H
        MOVX  @R0，A
        MOV  R0, #03H          ; CS1=0
        MOV  A, #0AH
        MOVX  @R0，A
        RET
LWRDATA: MOV  R0, #03H         ; CS1 = 1
        MOV  A, #0BH
        MOVX  @R0，A
        MOV  R0, #03H          ; D/I = 1
        MOV  A, #0FH
        MOVX  @R0，A
        MOV  R0, #03H          ; R/W = 0
        MOV  A, #08H
        MOVX  @R0，A
        MOV  R0, #03H          ; E = 0
        MOV  A, #06H
        MOVX  @R0，A
        CLR  A
        MOVC  A, @A+DPTR
        MOV  R0, #00H
        MOVX  @R0，A           ; 通过 PA 口，写入数据
        MOV  R0, #03H          ; E=1
```

```
        MOV   A，# 07H
        MOVX  @R0，A
        LCALL  DLY5MS            ；延时 5 ms
        MOV   R0，#03H           ；E=0
        MOV   A，# 06H
        MOVX  @R0，A
        MOV   R0，03H            ；CS1=0
        MOV   A，#0AH
        MOVX  @R0，A
        INC   DPTR
        DJNZ   BUFFER，LWRDATA
        RET
；显示"无线抄表系统"字符点阵
DOTLU16：DB 0B8H，50H，30H                              ；起始行、列值，字节数
        DB 00H，22H，22H，22H，22H，22H，0FEH，22H      ；"无"上半部分
        DB 0E2H，22H，22H，23H，32H，20H，00H，00H
        DB 20H，30H，0ACH，63H，10H，88H，90H，90H       ；"线"上半部分
        DB 0FFH，48H，4AH，4CH，48H，00H，00H，00H
        DB 08H，08H，88H，0FFH，48H，08H，0C0H，38H       ；"抄"上半部分
        DB 00H，0FFH，00H，08H，10H，60H，00H，00H
DOTLD16：DB  0B9H，50H，30H                             ；起始行、列值，字节数
        DB 00H，20H，20H，10H，08H，06H，01H，00H        ；"无"下半部分
        DB 1FH，20H，20H，20H，20H，3CH，00H，00H
        DB 09H，1BH，09H，05H，25H，20H，10H，10H        ；"线"下半部分
        DB 0BH，04H，0AH，11H，20H，3CH，00H，00H
        DB 01H，11H，20H，1FH，00H，20H，20H，10H        ；"抄"下半部分
        DB 10H，0BH，04H，02H，01H，00H，00H，00H        ；LCD 左半屏显示点阵
DOTRU16：DB   0B8H，   40H，   30H                      ；起始行、列值，字节数，
        DB   80H，84H，94H，94H，94H，94H，94H，0FFH     ；"表"上半部分
        DB   94H，94H，94H，94H，96H，0C4H，80H，00H
        DB   00H，02H，22H，22H，32H，2EH，0A2H，62H      ；"系"上半部分
        DB   22H，22H，91H，09H，01H，00H，00H，00H
        DB   20H，30H，0ACH，63H，30H，88H，0C8H，0A8H  ；"统"上半部分
        DB   99H，8EH，88H，0A8H，0CCH，88H，00H，00H
DOTRD16：DB   0B9H，   40H，   30H                      ；起始行、列值，字节数
        DB   10H，10H，08H，08H，04H，0FEH，41H，22H     ；"表"下半部分
        DB   04H，08H，14H，12H，20H，60H，20H，00H
        DB   00H，00H，42H，22H，1AH，43H，82H，7EH       ；"系"下半部分
        DB   02H，02H，0AH，13H，66H，00H，00H，00H
```

```
        DB   22H，67H，22H，12H，92H，40H，30H，0FH      ；"统"下半部分
        DB   00H，00H，3FH，40H，40H，41H，70H，00H      ；LCD 右半屏显示点阵
        END
```

RWRDATA、RWRCMD 子程序与 LWRDATA、LWRCMD 子程序类似，只要把 CS1 改为 CS2 即可，连同 DLY5MS 子程序略。

C51 实现的程序如下：

```c
#include <reg51.h>
unsigned char xdata _8255a    _at_ 0x00;
unsigned char xdata _8255b    _at_ 0x01;
unsigned char xdata _8255c    _at_ 0x02;
unsigned char xdata _8255cmd _at_ 0x03;
unsigned char code up[];
unsigned char code down[];
unsigned char code up1[];
unsigned char code down1[];
void delay(unsigned int t)
{
    unsigned int i,j;
    for(i=0;i<t;i++)
    for(j=0;j<10;j++)
    ;
}
void LWRCMD(unsigned char cmd)
{
    _8255cmd=0x0b;              // CS1=1
    _8255cmd=0x0e;              // D/I̅=0
    _8255cmd=0x08;              // R/W̅=0
    _8255cmd=0x06;              // E=0
    _8255a=cmd;
    _8255cmd=0x07;              // E=1
    delay(100);
    _8255cmd=0x06;              // E=0
    _8255cmd=0x0a;              //CS1=0
}
void RWRCMD(unsigned char rcmd)
{
    _8255cmd=0x0d;              // CS2=1
    _8255cmd=0x0e;              // D/I̅=0
    _8255cmd=0x08;              // R/W̅=0
```

```
        _8255cmd=0x06;              // E=0
        _8255a=rcmd;
        _8255cmd=0x07;              // E=1
        delay(100);
        _8255cmd=0x06;              // E=0
        _8255cmd=0x0C;              // CS2=0
}
void LWRDATA1(unsigned char num,unsigned char *p)
{
    unsigned char i;
    for(i=0;i<num;i++)
    {
        _8255cmd=0x0b;              // CS1=1
        _8255cmd=0x0f;              // D/I̅=1
        _8255cmd=0x08;              // R/W̅=0
        _8255cmd=0x06;              // E=0
        _8255a=*(p+i+3);
        _8255cmd=0x07;              // E=1
        delay(10);
        _8255cmd=0x06;              // E=0
        _8255cmd=0x0a;              // CS1=0
    }
}
void RWRDATA1(unsigned char rnum,unsigned char *r)
{
    unsigned char i;
    for(i=0;i<rnum;i++)
    {
        _8255cmd=0x0d;              // CS2=1
        _8255cmd=0x0f;              // D/I̅=1
        _8255cmd=0x08;              // R/W̅=0
        _8255cmd=0x06;              // E=0
        _8255a=*(r+i+3);
        _8255cmd=0x07;              // E=1
        delay(10);
        _8255cmd=0x06;              // E=0
        _8255cmd=0x0C;              // CS2=0
    }
}
```

```
main()
{
    unsigned char m,n,j;
    _8255cmd=0x80;
    LWRCMD(0x3e);              // 关左屏
    RWRCMD(0x3e);              // 关右屏
    LWRCMD(0xc0);              // 初始化
    LWRCMD(0x3f);              // 开左屏
    RWRCMD(0x3f);              // 开右屏
    for(m=0;m<3;m++)           // 显示"无线抄"上半部分
    {
        if(m==0)
        {
            j=up[m];
            LWRCMD(j);
        }
        if(m==1)
        {
            j=up[m];
            LWRCMD(j);
        }
        if(m==2)
        {
            j=up[m];
            LWRDATA1(j,up);
        }
    }
    for(n=0;n<3;n++)           // 显示"无线抄"下半部分
    {
        if(n==0)
        {
            j=down[n];
            LWRCMD(j);
        }
        if(n==1)
        {
            j=down[n];
            LWRCMD(j);
        }
```

```
        if(n==2)
        {
            j=down[n];
            LWRDATA1(j,down);
        }
    }
    for(m=0;m<3;m++)                // 显示 "表系统" 上半部分
    {
        if(m==0)
        {
            j=up1[m];
            RWRCMD(j);
        }
        if(m==1)
        {
            j=up1[m];
            RWRCMD(j);
        }
        if(m==2)
        {
            j=up1[m];
            RWRDATA1(j,up1);
        }
    }
    for(n=0;n<3;n++)                // 显示 "表系统" 下半部分
    {
        if(n==0)
        {
            j=down1[n];
            RWRCMD(j);
        }
        if(n==1)
        {
            j=down1[n];
            RWRCMD(j);
        }
        if(n==2)
        {
            j=down1[n];
```

```
                RWRDATA1(j,down1);
            }
        }
        while(1);
    }
    Unsigned char code up[ ]={……}
    Unsigned char code down[ ]={……}
    Unsigned char code up1[ ]={……}
    Unsigned char code down1[ ]={……}
```

点阵字库数据同汇编语言程序此处略。

需要说明的是，SMG12864 是不带字库的 LCD 显示器，对于带字库的 LCD 显示器在显示汉字时，只需向 LCD 送入汉字的内码(两个字节)即可。

3. 键盘扫描子程序

判别键盘上是否有键按下的方法是让扫描口 PC6、PC7 输出全"0"，然后读 PB 口的状态，若 PB 口为全"1"(键盘上行线全为高电平)，则键盘上没有键按下，若 PB 口不为全"1"，则有键按下。但是，为了排除由于键盘上键的机械抖动而产生的误判，可以在判到有键按下后，经软件延时一段时间再判键盘的状态，若仍有键按下，则才认为键盘有键合上，否则就认为是键的抖动(相关的软件设计请参阅第 9 章)。

11.4　大屏幕显示及应用

大屏幕显示以其显示清晰、更新方便等特点在信息提示中广泛应用，如车站的车次显示、机场的航班显示、证券交易系统中的行情实时显示等，都用到了大屏幕显示。一些工厂生产车间的产量、效率等实时统计信息，也可以通过大屏幕显示出来。大屏幕显示方式分两种：点阵式和八段码方式，前者显示信息灵活，功能强大，但控制较为复杂，硬件成本较高；后者则应用八段码方式显示一些数值信息，方便简单，价格低，在数字显示中被广泛应用。目前，一般的数字式 LED 显示屏普遍采用单片机的串行口或其他 I/O 口通过诸如串行输入并行输出芯片(如 74LS164、74HC595 等)驱动。

11.4.1　功能要求

本书设计的数字式 LED 显示屏是用在某纺织厂纺纱车间的技术改造过程中，对该车间的 240 台纺纱机的产量、效率、车速等参数进行实时显示。这样便于对每台机器进行动态管理，同时也便于工人了解自己当班的产量。根据该车间的 240 台纺纱机的分布位置不同，我们设计了五块显示屏，每块显示屏由 4 列×12 行组成，每个显示模块有 5 位 LED 数码管，可以分时显示 48 台纺纱机的产量、效率、车速等信息。产量、效率、车速等参数由上位机进行检测后，经 RS-485 总线将数据传送给下位机，下位机进行数据处理、变换后，把相应的参数显示出来。利用 74HC595(以下简称 595)芯片直接驱动八段码，通过 AT89C51 单片机 I/O 口控制，不占用其串行口，可以很方便地构成大屏幕显示电路。

11.4.2 硬件电路设计

一般来讲，数字式 LED 显示屏由 N 行×M 列组成，共有 N×M 个显示模块(单元)，每个显示模块有若干位 LED 数码管(根据具体需要显示信息的位数决定)。

对每个显示模块中的数据输入及每位 LED 数码管的输出驱动，我们采用具有串行移位输入、8 位并行带锁存输出的 595 芯片，其内部由数据移位触发器和三态输出锁存器组成。

如图 11-19 所示，595 有 16 个引脚：

SI：串行输入数据；

SCK：移位时钟脉冲(输入)；

RCK：锁存时钟脉冲(输入)输入；

SCLK：复位清零信号(输入)；

QA～QH：数据输出；

QH*：向下一片(位)的串行数据输出。

595 输出电流大(35 mA)，可以直接驱动八段码。它的输出具有锁存功能，可以有效防止移位输出时 LED 八段码的闪烁，其移位及锁存信号频率高，最大值为 55 MHz，这两个脉冲信号都采用上升沿触发。

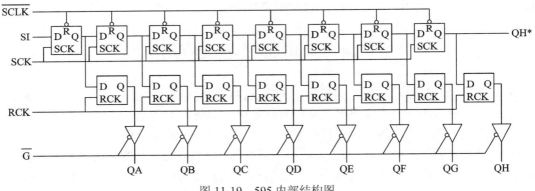

图 11-19　595 内部结构图

每块显示屏由一片 AT89C51 下位机控制，其硬件电路如图 11-20 所示。

图中，每个显示模块由 5 个 595 分别驱动 5 位八段码，制成一块 PCB 电路板，通过程序控制可以分时显示 48 台纺纱机的产量、效率、车速等信息。6264RAM 存储器作为接收数据及输出显示参数(LED 段码表示)的缓冲区，MAX485 为 RS-485 通信接口芯片。

每块显示屏中，第 1 行显示模块第 1 列的第一个 595 的移位数据输入引脚 SI 分别由 89C51 的 P1.0、P1.1、P1.2、P1.3 经 74HC244 驱动后控制，其数据输出引脚 QH* 依次接至下一个 595 移位数据输入引脚 SI，该列显示模块中的第 5 个(最后一个)595 的数据输出引脚 QH* 接至该列下一行显示模块的第一个 595 数据输入引脚 SI，以此类推，直至最后一行。而所有 595 芯片的移位脉冲和锁存脉冲由 P3.4、P3.5 经 244 驱动后提供。例如，显示产量时，把存储在外部 RAM 中的产量信息分四组，对应于显示屏上的 4 列，在移位脉冲(P3.5)的作用下，依次经 P1.0、P1.1、P1.2、P1.3 并行输出，当所有的产量信息都移位输出后，再发出锁存脉冲 P3.4。这样，在该显示屏相应位置(显示模块)便显示出 48 台纺纱机的产量值，对于效率、车速的显示方法相同。

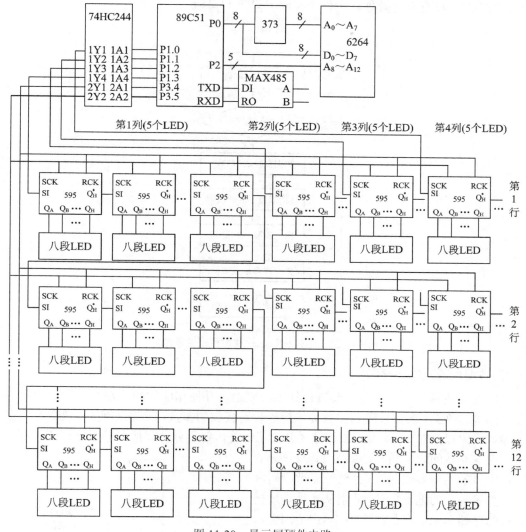

图 11-20 显示屏硬件电路

11.4.3 软件设计

每块显示屏的软件包含两部分：通信接收、数据处理及输出显示。

1. 通信接收

通信部分用来接收数据，在通信中断服务子程序中，首先接收上位机传过来的每块显示屏的屏号(地址)，若地址与该屏设定的地址不一样，则退出中断，若地址与该屏设定的地址相同，则接收上位机传过来的每台车的参数，同时进行校验，并存入外部数据缓冲区 RAM中。每块显示屏的下位机通过 RS-485 接收上位机传来的数据，共 48 台车×8 字节，其中，

8 个字节包含每台车的车号(1 B), 产量、效率、车速(各 2 B)及累加校验和(1 B)。所有 48 台车的参数接收完毕后, 设置一标志位退出中断。通信中断服务子程序流程图略。由主程序对接收到的数据进行变换处理。主程序流程图如图 11-21 所示。

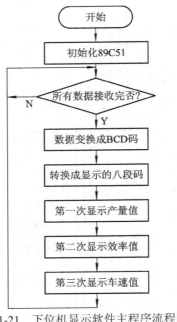

图 11-21　下位机显示软件主程序流程图

2. 数据处理及输出显示

数据处理及输出显示部分主要进行处理、变换, 并使相应的参数在显示屏上相应的位置显示出来。89C51 根据设置的接收完毕标志位对接收的参数经过数据处理、变换后, 把待显示参数段码存储在 6264 中, 该存储区分为三部分, 每部分分别按车号顺序存储产量、效率、车速等参数的显示段码, 如图 11-22 所示。

需要输出显示某种参数时, 在存储该参数段码区设置 4 个等长度的地址指针, 分别从 4 个地址指针所指的存储单元中取数, 经 P1 口(P1.0、P1.1、P1.2、P1.3)并行输出驱动 595; 修改地址指针直到输出 48 台车的该参数段码; 最后, 向 595 发出输出锁存脉冲, 48 台车的该参数的数值便可以在显示屏相应位置上显示出来。产量、效率、车速可以分时显示, 各参数分时输出显示的时间长短由通信接收数据的时间决定。大屏幕中一行显示单元输出显示流程图如图 11-23 所示, 而其中一个显示单元模块(5 个八段码)输出流程图如图 11-24 所示。

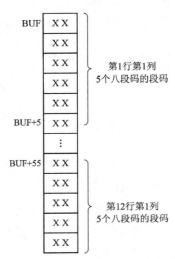

图 11-22　一列显示数据在 RAM 中的存储图

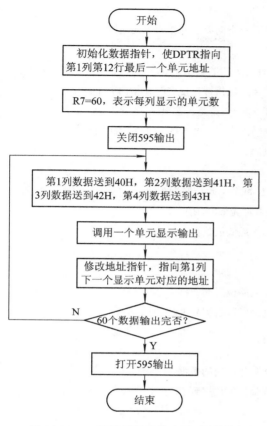

图 11-23 一行显示单元输出显示流程图

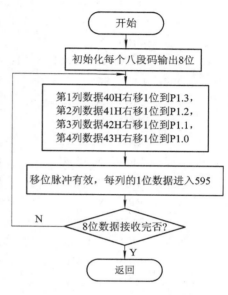

图 11-24 一个显示单元输出流程图

显示 48 台车产量的程序清单(显示一屏 12 行共 240 个字节数据):

```
        BUF   EQU   0000H
        SCK   EQU   BIT     P3.5
        RCK   EQU   BIT     P3.4
        MOV   DPTR，#BUF+59    ；DPTR 指向第 1 列最后一个单元
        MOV   R7，#60        ；每列有 60 个字节待显示的数
        CLR   RCK           ；关闭 595 输出
NEXT：  MOV   R2，#04H        ；
        MOV   R0，#40H        ；
CSHU：  MOVX  A，@DPTR        ；第 1 列数据送到 40H，第 2 列数据送到 41H，
        MOV   @R0，A          ；第 3 列数据送到 42H，第 4 列数据送到 43H
        INC   R0
        MOV   A，DPL
        ADD   A，#60          ；
        MOV   DPL，A          ；DPTR 依次指向第 2 列、3 列、4 列
        DJNZ  R2，CSHU
        MOV   A，DPL          ；此时 DPTR 指向第 4 列相应单元地址
```

```
        CLR   C
        SUBB  A，#240        ；使 DPTR 重新指向第 1 列相应单元地址
        MOV   DPL，A
        LCALL DSP8           ；40H~41H 单元内容输出到 595
        DEC   DPTR           ；修改 DPTR 地址指针，使 DPTR 指向第 1 列下一单元
        DJNE  R7，NEXT        ；判断每列 60 个数据是否输出完
        SETB  RCK            ；该屏数据输出完，打开 595，使数据输出到该屏所
                             ；有的八段码

        SJMP  $
DSP8:   MOV   R6，#08H        ；40H~41H 每个单元数据为 8 位
DSP1:   CLR   SCK            ；595 移位脉冲无效(关闭)
        MOV   A，40H          ；取第 1 列的最低位数据到 P1.3
        RRC   A
        MOV   P1.3，C
        MOV   40H，A          ；保存第 1 列移位后的数据
        MOV   A，41H          ；取第 2 列最低位数据到 P1.2
        RRC   A
        MOV   P1.2，C
        MOV   41H，A          ；保存第 2 列移位后的数据
        MOV   A，42H          ；取第 3 列最低位数据到 P1.2
        RRC   A
        MOV   P1.1，C
        MOV   42H，A          ；保存第 3 列移位后的数据
        MOV   A，43H          ；取第 4 列最低位数据到 P1.2
        RRC   A
        MOV   P1.0，C
        MOV   43H，A          ；保存第 4 列移位后的数据
        SETB  SCK            ；595 移位脉冲有效，每列的 1 位数据锁存到 595
        NOP
        DJNZ  R6，DSP1        ；判断每列的 8 位数据输出完否
        RET
```

习题与思考题

11-1 单片机的系统设计包括哪些步骤？

11-2 以 AT89C51 单片机组成 8 路温度检测系统。每隔 20 ms 采样一次，并把结果打印和显示(即各路信号循环显示，20 ms 后刷新)。试设计硬件电路，画出程序流程图，并编写程序。设每路温度范围为 30.0℃～50.0℃。

11-3 试为 8051 单片机设计一个自动管理交通信号灯产品。设在一个十字路口的两个

路口均有一组交通信号灯(红、黄、绿)，控制要求：

(1) 主干线绿灯亮时间为 30 s，然后转为黄灯亮，2 s 后即转为红灯亮。

(2) 当主干线绿灯和黄灯亮时，支干线为红灯亮，直到主干线黄灯熄时支干线才转为绿灯亮。其绿灯亮的持续时间为 20 s，然后黄灯亮 2 s 即转为红灯。

如此反复控制。设计硬件电路，画出程序流程图并编写程序。

11-4 通过 8051 单片机设计电子钟，要求有 6 个按键，8 位八段码，其中，K1 键控制日期、时间切换；K2 键为设置键；K3 键为加 1 键；K4 键为减 1 键；K5 键为左换位键；K6 键为右换位键。8 位八段码显示时间/日期格式如下：XX(年或时)-XX(月或分)-XX(日或秒)。

11-5 设计一个空调(或其他家电)的控制系统，带遥控装置，功能自定，如具有温度设置与控制功能、定时开/关机功能等。设计硬件电路，编写相应的程序。

第12章 MCS-51单片机兼容机及 I²C 串行总线技术

本章主要介绍 MCS-51 单片机的 ATMEL89 系列和华邦 W77E58 两种兼容机型及 I²C 总线技术。这两种兼容机型在功能、技术、存储器等方面都比标准 8051 要好得多，而且都与标准 MCS-51 指令系统及 8052 产品引脚相兼容。I²C 总线技术是由 PHILIPS 公司主推的一种总线标准，它是一种简单、双向二线制同步串行总线，只需要两根线(串行时钟线和串行数据线)即可在连接于总线上的器件之间传送信息，因此，其应用广泛。

12.1 ATMEL89 系列单片机

AT89C52 是美国 ATMEL 公司生产的低电压、高性能 CMOS 8 位单片机，片内含 8 KB 的可反复擦写的只读程序存储器(PEROM)和 256 B 的随机存取数据存储器(RAM)。AT89C52 采用 ATMEL 公司的高密度、非易失性存储技术生产，与标准 MCS-51 指令系统及 8052 产品引脚兼容，芯片内置通用 8 位中央处理器(CPU)和 Flash 存储单元，其功能强大，适合于较为复杂的控制应用场合。

12.1.1 AT89C52 的主要性能参数

AT89C52 的主要性能参数如下：
- ◆ 与 MCS-51 产品指令和引脚完全兼容；
- ◆ 8 KB 可重擦写 Flash 闪速存储器；
- ◆ 1000 次擦写周期；
- ◆ 全静态操作：0 Hz～24 MHz；
- ◆ 三级加密程序存储器；
- ◆ 256 × 8 B 内部 RAM；
- ◆ 32 个可编程 I/O 口线；
- ◆ 3 个 16 位定时器/计数器；
- ◆ 8 个中断源；
- ◆ 可编程串行 UART 通道；
- ◆ 低功耗空闲和掉电模式。

AT89C52 可降至 0 Hz 的静态逻辑操作，并支持两种软件可选的节电工作方式。空闲方式下，CPU 停止工作，但允许 RAM、定时器/计数器、串行通信口及中断系统继续工作。掉电方式下，AT89C52 会自动保存 RAM 中的内容，但振荡器停止工作并禁止其他所有部件工作直到下一个硬件复位。

12.1.2 AT89C52 的结构及引脚

AT89C52 的内部硬件结构如图 12-1 所示,从结构图上看与 8051 基本上是一样的,只是比 8051 多了一个定时器 T2。

AT89C52 的引脚与 8051 的引脚是完全兼容的,引脚图见附录 D。

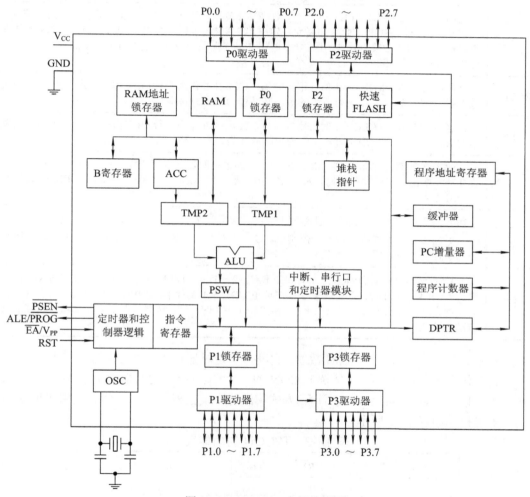

图 12-1 AT89C52 内部结构图

12.1.3 AT89C52 的定时器 T2

与 8051 相比,AT89C52 除了拥有定时器/计数器 0 和定时器/计数器 1 外,还增加了一个定时器/计数器 2。定时器/计数器 2 的控制和状态位位于 T2CON,其格式如下:

T2CON 地址	D_7	D_6	D_5	D_4	D_3	D_2	D_1	D_0	复位值
0xC8	TF2	EXF2	RCLK	TCLK	EXEN2	TR2	C/$\overline{\text{T2}}$	CP/$\overline{\text{RL2}}$	0000 0000B

T2CON 各位功能见表 12-1。T2MOD 寄存器对(RCAP2H、RCAP2L)是定时器 2 在 16 位捕获方式或 16 位自动重装载方式下的捕获/自动重装载寄存器。

表 12-1 定时器/计数器 2 控制寄存器 T2CON 各位功能

符 号	功 能
TF2	定时器 2 溢出标志。定时器 2 溢出时,又由硬件置位,必须由软件清零。当 RCLK = 1 或 TCLK = 1 时,定时器 2 溢出,不对 TF2 置位
EXF2	定时器 2 外部标志。当 EXEN2 = 1,且当 T2EX 引脚上出现负跳变而出现捕获或重装载时,EXF2 置位,申请中断,此时如果允许定时器 2 中断,CPU 将响应中断,执行定时器 2 中断服务程序,EXF2 必须由软件清除,当定时器 2 工作在向上或向下计数工作方式时(DCEN = 1),EXF2 不能激活中断
RCLK	接收时钟允许。RCLK = 1 时,用定时器 2 溢出脉冲作为串行口(工作于方式 1 或 3 时)的接收时钟,RCLK = 0,用定时器 1 的溢出脉冲作为接收时钟
TCLK	发送时钟允许。TCLK = 1 时,用定时器 2 溢出脉冲作为串行口(工作于方式 1 或 3 时)的发送时钟,TCLK = 0,用定时器 1 的溢出脉冲作为发送脉冲
EXEN2	定时器 2 外部允许标志。当 EXEN2 = 1 时,如果定时器 2 未用于串行口的波特率发生器,在 T2EX 端出现负跳变脉冲时,激活定时器 2 捕获或重装载。EXEN2 = 0 时,T2EN 端的外部信号无效
TR2	定时器 2 启动/停止控制位。TR2 = 1 时,启动定时器 2
C/$\overline{T2}$	定时器 2 定时方式或计数方式控制位。C/$\overline{T2}$ = 0 时,选择定时方式。C/$\overline{T2}$ = 1 时,选择对外部事件计数方式(下降沿触发)
CP/$\overline{RL2}$	捕获/重装载选择。CP/$\overline{RL2}$ = 1 时,如 EXEN2 = 1,且 T2EN 端出现负跳变脉冲时发生捕获操作。CP/$\overline{RL2}$ = 0 时,若定时器 2 溢出或 EXEN2 = 1 条件下,T2EN 端出现负跳变脉冲,都会出现自动重装载操作。当 RCLK = 1 或 TCLK = 1 时,该位无效,在定时器 2 溢出时强制其自动重装载

定时器 2 是一个 16 位定时器/计数器。它既可当定时器使用,也可作为外部事件计数器使用,其工作方式由特殊功能寄存器 T2CON 的 C/$\overline{T2}$ 位选择。定时器 2 有三种工作方式:捕获方式、自动重装载(向上或向下计数)方式和波特率发生器方式。工作方式由 T2CON 的控制位来选择,如表 12-2 所示。

表 12-2 T2CON 的功能表

RCLK + TCLK	CP/$\overline{RL2}$	TR2	模 式
0	0	1	16 位自动装载模式
0	1	1	16 位捕获模式
1	×	1	波特率发生器
×	×	0	关闭

定时器 2 由两个 8 位寄存器 TH2 和 TL2 组成,在定时器工作方式中,每个机器周期 TL2 寄存器的值加 1,由于一个机器周期由 12 个振荡时钟构成,因此,计数速率为振荡频率的 1/12。在计数工作方式时,当 T2 引脚上外部输入信号产生由 1 至 0 的下降沿时,寄存器的值加 1,在这种工作方式下,每个机器周期的 S5P2 期间,对外部输入进行采样。若在第一个机器周期中采到的值为 1,而在下一个机器周期中采到的值为 0,则在紧跟着的下一个周

期的 S3P1 期间寄存器加 1。由于识别 1 至 0 的跳变需要 2 个机器周期(24 个振荡周期)，因此，最高计数速率为振荡频率的 1/24。为确保采样的正确性，要求输入的电平在变化前至少保持一个完整周期的时间，以保证输入信号至少被采样一次。

1. 捕获方式

在捕获方式下，通过 T2CON 控制位 EXEN2 来选择两种方式。

如果 EXEN2 = 0，定时器 2 是一个 16 位定时器或计数器计数溢出时，对 T2CON 的溢出标志 TF2 置位，同时激活中断。

如果 EXEN2 = 1，定时器 2 完成相同的操作，而当 T2EX 引脚外部输入信号发生 1 至 0 负跳变时，也出现 TH2 和 TL2 中的值分别被捕获到 RCAP2H 和 RCAP2L 中。

另外，T2EX 引脚信号的跳变使得 T2CON 中的 EXF2 置位，与 TF2 相仿，EXF2 也会激活中断。

2. 自动重装载(向上或向下计数器)方式

当定时器 2 工作于 16 位自动重装载方式时，能对其编程为向上或向下计数方式，这个功能可通过特殊功能寄存器 T2MOD 的 DCEN 位(允许向下计数)来选择的。其格式如下：

T2MOD 地址	D_7	D_6	D_5	D_4	D_3	D_2	D_1	D_0	复位值
0xC8	—	—	—	—	—	—	T2OE	DCEN	0000 0000B

复位时，DCEN 位置零，定时器 2 默认设置为向上计数。当 DCEN 置位时，定时器 2 既可向上计数也可向下计数，这取决于 T2EX 引脚的值。

当 DCEN = 0 时，定时器 2 自动设置为向上计数。在这种方式下，T2CON 中的 EXEN2 控制位有两种选择：若 EXEN2=0，定时器 2 为向上计数至 0xFFFF 溢出，置位 TF2 激活中断，同时把 16 位计数寄存器 RCAP2H 和 RCAP2L 重装载，RCAP2H 和 RCAP2L 的值可由软件预置；若 EXEN2=1，定时器 2 的 16 位重装载，由溢出或外部输入端 T2EX 从 1 至 0 的下降沿触发。这个脉冲使 EXF2 置位，如果中断允许，同样产生中断。

当 DCEN=1 时，允许定时器 2 向上或向下计数。这种方式下，T2EX 引脚控制计数器方向：T2EX 引脚为逻辑"1"时，定时器向上计数，当计数 0xFFFF 向上溢出时，置位 TF2，同时把 16 位计数寄存器 RCAP2H 和 RCAP2L 重装载到 TH2 和 TL2 中；T2EX 引脚为逻辑"0"时，定时器 2 向下计数，当 TH2 和 TL2 中的数值等于 RCAP2H 和 RCAP2L 中的值时，计数溢出，置位 TF2，同时将 0xFFFF 数值重新装入定时寄存器中。当定时器/计数器 2 向上溢出或向下溢出时，置位 EXF2 位。

表 12-3 所示为 T2MOD 的功能。

表 12-3　T2MOD 功能

符　号	功　能
—	未定义，保留将来使用
T2OE	定时器 2 输出允许控制位
DCEN	置位该位，允许定时器 2 向上和向下计数

3. 波特率发生器

当 T2CON 中的 TCLK 和 RCLK 置位时，定时器/计数器 2 作为波特率发生器使用。如果定时器/计数器 2 作为发送器或接收器，其发送和接收的波特率可以不相同，此时，定时器 1 用于其他功能。当定时器 2 工作于波特率发生器方式时，其波特率发生器的方式与自动重装载方式相仿，在此方式下，TH2 翻转使定时器 2 的寄存器用 RCAP2H 和 RCAP2L 中的 16 位数值重新装载，该数值由软件设置。

在方式 1 和方式 3 中，波特率由定时器 2 的溢出速率根据下式确定：

$$\text{方式 1 和 3 的波特率} = \frac{\text{定时器的溢出}}{16}$$

定时器 2 作为波特率发生器时，与作为定时器的操作是不同的，通常作为定时器时，在每个机器周期(1/12 振荡频率)寄存器的值加 1，而作为波特率发生器使用时，在每个状态时间(1/2 振荡频率)寄存器的值加 1。波特率的计算公式如下：

$$\text{方式 1 和 3 的波特率} = \frac{\text{振荡频率}}{32 \times [65\,536 - (\text{RCAP2H，RCAP2L})]}$$

式中(RCAP2H，RCAP2L)是 RCAP2H 和 RCAP2L 中的 16 位无符号数。

T2CON 中的 RCLK 或 TCLK=1 时，波特率工作方式才有效。在波特率发生器工作方式中，TH2 翻转不能使 TF2 置位，故而不产生中断。但若 EXEN2 置位，且 T2EX 端产生由 1 至 0 的负跳变，则会使 EXF2 置位，此时并不能将(RCAP2H，RCAP2L)的内容重新装入 TH2 和 TL2 中。所以，当定时器 2 作为波特率发生器使用时，T2EX 引脚可作为附加的外部中断源来使用。需要注意的是，当定时器 2 工作于波特率发生器时，作为定时器运行(TR2=1)时，并不能访问 TH2 和 TL2。因为此时每个状态时间定时器都会加 1，对其读写将得到一个不确定的数值。然而，对 RCAP2 则可读而不可写，因为写入操作将是重新装载，它可能令写和/或重装载出错。在访问定时器 2 或 RCAP2 寄存器之前，应将定时器关闭(清除 TR2)。

4. 可编程时钟输出

定时器 2 可通过编程从 P1.0 输出一个占空比为 50% 的时钟信号。P1.0 引脚除了是一个标准的 I/O 口外，还可以通过编程使其作为定时器/计数器 2 的外部时钟输入和输出占空比 50% 的时钟脉冲。当时钟振荡频率为 16 MHz 时，输出时钟频率范围为 61 Hz～4 MHz。当设置定时器/计数器 2 为时钟发生器时，C/$\overline{\text{T2}}$(T2CON.1)=0，T2OE(T2MOD.1)=1，必须由 TR2(T2CON.2)启动或停止定时器。时钟输出频率取决于振荡频率和定时器 2 捕获寄存器(RCAP2H，RCAP2L)的重新装载值，公式如下：

$$\text{输出时钟频率} = \frac{\text{振荡频率}}{4 \times [65\,536 - (\text{RCAP2H，RCAP2L})]}$$

在时钟输出方式下，定时器 2 的翻转不会产生中断，这个特性与作为波特率发生器使用时相似。定时器 2 作为波特率发生器使用时，还可作为时钟发生器使用，但需要注意的是，波特率和时钟输出频率不能分开确定，这是因为它们同时使用 RCAP2H 和 RCAP2L。

12.2 华邦 W77E58 单片机

W77E58 是与标准 8051 相兼容的全新核心的微处理器，其特点如下：

(1) 去掉了多余的存储器周期和运算周期，在相同周期里加快了执行 8051 指令的速度。典型的指令周期比 8051 快 1.5~3 倍。

(2) 电源采用静态 CMOS 设计，降低了消耗。

(3) 可以工作于较低的时钟频率下。

(4) 具有 32 KB 的 EEPROM 程序存储器和 1 KB 的外部 SRAM，可省去外部的扩展存储器。

(5) 可为使用者保留更多的引脚。

12.2.1 W77E58 性能

W77E58 的性能如下：

◆ 8 位处理器。

◆ 最高 40 MHz 时钟，4 机器周期的指令执行速度。

◆ 与标准 8051 兼容的管脚和指令。

◆ 4 个 8 位 I/O 口。

◆ 扩展的 4 位 I/O 和等待信号线(44 脚的 PLCC 或 QFP 封装提供)。

◆ 三个 16 位定时器/计数器。

◆ 12 级中断。

◆ 片上时钟源。

◆ 两个增强的双工串口。

◆ 1 KB 的片上外部存储器。

◆ 可编程看门狗电路。

◆ 两个全速 16 位数据指针 DPTR。

◆ 外部数据访问周期可编程。

12.2.2 W77E58 的硬件结构及引脚

W77E58 的内部硬件结构如图 12-2 所示，它的引脚配置见附录 D。

扩展引脚描述：

P1.0：定时器/计数器 2 引脚

P1.1：定时器/计数器 2 重装/捕获/计数方向控制脚

P1.2：串口 1 收

P1.3：串口 1 发

P1.4：扩展中断 2

$\overline{P1.5}$：扩展中断 3

P1.6：扩展中断 4

$\overline{P1.7}$：扩展中断 5

P4.0～P4.3：4 位 I/O 口，P4.0 也作为等待信号脚

注意：串口 0 的波特率发生器可用定时器 1 或 2，但串口 1 的波特率发生器只能用定时器 1。

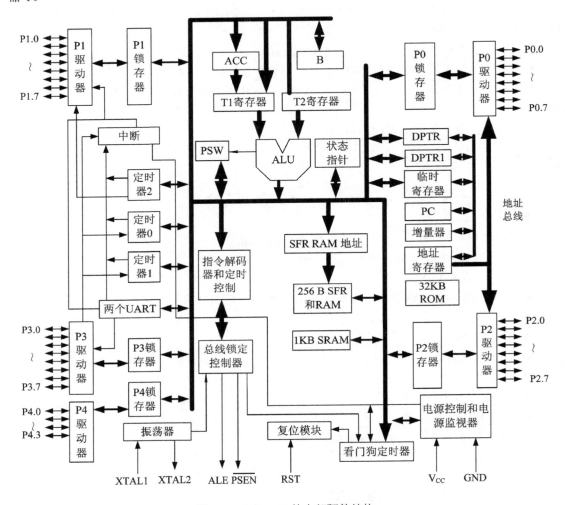

图 12-2　W77E58 的内部硬件结构

12.2.3　特殊功能寄存器(SFR)

W77E58 用特殊功能寄存器(SFR)来控制和监控外围设备和模式。特殊功能寄存器的地址范围是 0x80～0xFF，它们只能用直接寻址的方式来访问，但其中一些可以通过位寻址的方式来访问。

W77E58 除了拥有标准 8052 的所有 SFRS 外，另外又增加了一些。所有的 SFRS 如表 12-4 所示。

表 12-4　特殊功能寄存器表

F8	EIP							
F0	B							
E8	EIE							
E0	ACC							
D8	WDCON							
D0	PSW							
C8	T2CON	T2MOD	RCAP2L	RCAP2H	TL2	TH2		
C0	SCON1	SBUF1	ROMMAP		PMR	STATUS		TA
B8	IP	SADEN	SADEN1					
B0	P3							
A8	IE	SADDR	SADDR1					
A0	P2							
98	SCON0	SBUF						
90	P1	EXIF						
88	TCON	TMOD	TL0	TL1	TH0	TH1	CKCON	
80	P0	SP	DPL	DPH	DPL1	DPH1	DPS	PCON

注：加黑框的特殊功能寄存器是可以位寻址的。

1. 时钟控制(CKCON)

时钟控制寄存器的格式如下：

地址	D_7	D_6	D_5	D_4	D_3	D_2	D_1	D_0
0x8E	WD1	WD0	T2M	T1M	T0M	MD2	MD1	MD0

① WD1 和 WD0：看门狗模式选择位。这些位决定了看门狗定时器的时间溢出周期，在所有的四个周期模式设置中，复位溢出时间比中断周期多 512 个时钟周期(即当时钟中断周期和看门狗的复位周期相同时，程序有足够的时间去复位看门狗)。看门狗模式选择位如表 12-5 所示。

表 12-5　看门狗模式选择位

WD1	WD0	中断周期	WD 复位周期
0	0	2^{17}	$2^{17}+512$
0	1	2^{20}	$2^{20}+512$
1	0	2^{23}	$2^{23}+512$
1	1	2^{26}	$2^{26}+512$

② T2M：计数器 2 的时钟选择位。T2M=1 时将时钟周期 4 分频作为输入；T2M=0 时将时钟周期 12 分频后作为输入。

③ T1M：计数器 1 的时钟选择位。T1M=1 时将时钟周期 4 分频作为输入；T1M=0 时将时钟周期 12 分频后作为输入。

④ T0M：计数器 0 的时钟选择位。T0M=1 时将时钟周期 4 分频作为输入；T0M=0 时将时钟周期 12 分频后作为输入。

⑤ MD2～MD0：MOVX 延时位。这三个位用来选择 MOVX 命令的等待延时值，使用合适的 MOVX 延时，使用者可以让 W77E58 和低速的存储器或器件接口，而不用插入额外的等待周期，$\overline{RD}$ 或 $\overline{WR}$ 将适应所选的时序周期。当 W77E58 与片内 SRAM 接口时，MOVX 为两个机器周期，默认的延时值为 1(3 个机器周期)。如果要更快的接口速度，可以设置为 0。具体设置如表 12-6 所示。

表 12-6　时钟控制等待延时值

MD2	MD1	MD0	对应值	MOVX 所用机器周期
0	0	0	0	2
0	0	1	1	3
0	1	0	2	4
0	1	1	3	5
1	0	0	4	6
1	0	1	5	7
1	1	0	6	8
1	1	1	7	9

2. 数据指针 DPH1 和 DPL1

数据指针 DPH1 的格式如下：

地址	D_7	D_6	D_5	D_4	D_3	D_2	D_1	D_0
0x85	DPH1.7	DPH1.6	DPH1.5	DPH1.4	DPH1.3	DPH1.2	DPH1.1	DPH1.0

数据指针 DPL1 的格式如下：

地址	D_7	D_6	D_5	D_4	D_3	D_2	D_1	D_0
0x84	DPL1.7	DPL1.6	DPL1.5	DPL1.4	DPL1.3	DPL1.2	DPL1.1	DPL1.0

DPTR1：新增的 16 位数据指针，通过设置 DPS(数据指针选择，见下面叙述)，可在 DPTR 和 DPTR1 间切换：当 DPS.0 位为 1 时，DPTR 指令中的 DPTR 寄存器由 DPTR1 取代；当不需要 DPTR1 时，可以像普通寄存器一样使用。

3. 数据指针选择位 DPS

数据指针选择位 DPS 的格式如下：

地址	D_7	D_6	D_5	D_4	D_3	D_2	D_1	D_0
0x86	—	—	—	—	—	—	—	DPS.0

该位选择是用 DPL/DPH 还是 DPL1/DPH1 作为当前数据指针。当 DPS.0=1 时，DPL1/DPH1 被选中；否则，DPL/DPH 被选中。DPS 的 1～7 位保留，为 0。

4. 从地址寄存器 Slave Address

① 名字：SADDR。

地址：0xA9

SADDR：可以为编程赋予地址，指出哪个从处理器被指派。

② 从机地址掩码 SADEN。

地址：0xB9

该寄存器使能了串口 0 的地址自动识别功能。当 SADEN 的某一位设为 1，相应的 SADDR 位将和串行进入的数据比较。当 SADEN 的某一位为 0，那么该位在比较时将忽略。当 SADEN 所有位都为 0 时，任何输入数据都将引起中断。

③ 从机地址掩码 SADEN1。

地址：0xBA

该寄存器使能了串口 1 的地址自动识别功能。当 SADEN1 的某一位设为 1，相应的 SADDR 位将和串行进入的数据比较。当 SADEN1 的某一位为 0，那么该位在比较时将忽略。当 SADEN1 所有位都为 0 时，任何输入数据都将引起中断。

5. 串口 1 控制位 SCON1

串口 1 控制位 SCON1 的格式如下：

地址	D_7	D_6	D_5	D_4	D_3	D_2	D_1	D_0
0xC0	SM0_1/FE_1	SM1_1	SM2_1	REN_1	TB8_1	RB8_1	TI_1	RI_1

① SM0_1/FE_1：方式 0 位或者帧错误标志位。特殊寄存器 PCON 的 SMOD0 决定该位是作为方式 0 还是作为校验位。当作为错误帧校验，收到一个错误的停止位时，该位为 1。该位必须用软件清除。

② SM0_1，SM1_1：串口 1 模式位，见表 12-7。

表 12-7　串口 1 模式定义

SM0_1	SM1_1	模　式	描　述	帧　长	速　率
0	0	0	同步	8	时钟 4/12 分频
0	1	1	异步	10	自定
1	0	2	异步	11	时钟 64/32 分频
1	1	3	异步	11	自定

模式 1 和模式 3(当 SM2_1 为 1 时)为多机通信模式。当为多机模式时，如果收到的第 9 位为 0 时，接收中断将不起作用。

在模式 1，如果 SM2_1＝1，而且没有接收到合法的停止位，接收中断将不起作用。在方式 0，SM2_1 位控制了串口 1 的时钟。如果为 0，串口工作于 12 分频模式。这就相当于标准的 8052 串口。当为 1 时，串口时钟为振荡器的 4 分频。这个速度比同步串口还快。

③ REN_1：接收使能。当 REN_1=1 时，串口 1 使能；否则，被禁止。

④ TB8_1：串行帧第 9 位。在模式 2 和 3 时，该位被发出。该位由软件置位。

⑤ RB8_1：在模式 2 或 3，收到的是帧的第 9 位。如果 SM2_1＝0，RB8_1 作为停止位被接收。在方式 0 下，该位无效。

⑥ TI_1：发送中断标志位。该位在发送完一帧后被置位，该位由软件清除。

⑦ RI_1：接收中断标志位。该位在接收完一帧后被置位，该位由软件清除。

6. ROMMAP

ROMMAP 的格式如下：

地址	D_7	D_6	D_5	D_4	D_3	D_2	D_1	D_0
0xC2	WS	1	—	—	—	—	—	—

WS：等待状态信号使能。当该位为 1 时，作为 $\overline{WAIT}$ 的 P4.0 脚使能。当执行 MOVX 时，这个脚对等待状态采样。该位保证了存取数据的可靠性。

7. 电源管理寄存器 PMR

电源管理寄存器 PMR 的格式如下：

地址	D_7	D_6	D_5	D_4	D_3	D_2	D_1	D_0
0xC4	CD1	CD0	SWB	—	XTOFF	ALEOFF	—	DME0

① CD1，CD0：时钟分频控制。这两位选择了一个机器周期所需的时钟周期数。这里有三种模式：4、64 或 1024 时钟周期/机器周期，见表 12-8。在这几种模式间切换时，必须先切换回 4 分频模式。比如，要从 64 分频切换到 1024 分频前必须先从 64 分频切换到 4 分频，然后从 4 分频切换到 1024 分频。

表 12-8　时钟分频控制

CD0	CD1	时钟周期/机器周期
0	0	保留
0	1	4
1	0	64
1	1	1024

② SWB：切换使能，当 SWB=1 时，允许一个外部中断或者串口强行将 CD1、CD0 设置为 4 分频。该位会在外部中断发生后切换到中断服务程序时被处理器识别。当是一个串行收中断时，这个切换会在下一帧起始位的下降沿发生。

③ XTOFF：振荡锁存无效。该位只能在处理器使用 RC 振荡器时置 1。该位清零时重启振荡锁存，XTUP(STATUS.4)位将在锁存器准备好后置 1。

④ ALEOFF：该位为 1 时禁止处理器在对所有内部数据和程序操作时的 ALE 信号。对外部数据存储器操作时将忽略 ALEOFF 而自动启用 ALE。

⑤ DME0：该位决定是否使用片内的 1 K"MOVX SRAM"。DME0=1 时使用，DME0=0 时则不用。

8. 看门狗控制寄存器 WDCON

看门狗控制寄存器 WDCON 的格式如下：

地址	D_7	D_6	D_5	D_4	D_3	D_2	D_1	D_0
0xD8	SMOD_1	POR	—	—	WDIF	WTRF	EWT	RWT

① SMOD_1：当该位为 1 时，工作于模式 1、2、3 下的串口 1 波特率倍增。

② POR：掉电复位标识。当上电时，该位硬件置位。该标志位可以由软件读/写，但软件写操作只能清零。

③ WDIF：看门狗中断标志。当看门狗中断打开时，硬件置该位表明看门狗中断发生了。当看门狗中断禁止时，该位指出定时时间到。该位必须软件清零。

④ WTRF：看门狗复位标志。如果 CPU 复位是由看门狗引起的，则该位硬件置位。该位仅由软件清除。掉电复位将该位清零。该位帮助软件指出复位的渠道。如果 EWT 为 0，该位无效。

⑤ EWT：置 1 时看门狗复位功能有效。

⑥ RWT：看门狗计数器复位。该位将看门狗复位到可知状态。也可用来在看门狗定时时间到达之前复位看门狗(喂狗)。如果超过复位时间未操作，将引起看门狗中断。如果 EWDI(EIE.4)置位且在 EWT 置位下看门狗被复位，那么 512 个时钟周期后该位清零。看门狗的特殊功能寄存器在发生外部复位时置为 0x0x0xx0B。WTRF 在看门狗复位 CPU 后置 1，而在掉电复位时为 0，且在其他复位方式下不变。EWT 在掉电复位后为 0，其他复位方式下不变。看门狗的所有特殊功能寄存器无条件被读。但 POR、EWT、WDIF 和 RWT 为写计时通道寄存器所保护。其保留位对写无限制。

9. 中断状态寄存器 STATUS

中断状态寄存器 STATUS 的格式如下：

地址	D_7	D_6	D_5	D_4	D_3	D_2	D_1	D_0
0xC4	—	HIP	LIP	XTUP	SPTA1	SPRA1	SPTA0	SPRA0

① HIP：高中断优先级。当 HIP = 1 时，指出正在执行一个高优先级的中断。该位会在执行 RETI 指令后清零。

② LIP：低中断优先级。当 LIP = 1 时，指出正在执行一个低优先级的中断。该位会在执行 RETI 指令后清零。

③ XTUP：振荡器锁相环准备好状态。当 XTUP = 1 时，表示 CPU 知道锁相环时钟准备好。该位在每次从掉电状态恢复或者 XTOFF 位为 1 后锁相环重启时由硬件清零，该位防止由软件设置 XT/RG 位使 CPU 由锁相环作为时钟源运行时出错。

④ SPTA1：串口 1 发数据有效。当串口 1 发完一帧时，该位置 1。当 TI_1 由硬件置 1 时该位被清零。当该位为 1 并且 SWB = 1 时，改变时钟分频控制寄存器 CD0 和 CD1 的操作将会被忽略。

⑤ SPRA1：串口 1 收数据有效。当串口 1 收到一个有效的 8 位码时，该位置 1。当 RI_1 由硬件置 1 时该位被清零。当该位为 1 并且 SWB = 1 时，改变时钟分频控制寄存器 CD0 和 CD1 的操作将会被忽略。

⑥ SPRA0：串口 0 收数据有效。当串口 0 发完一帧时，该位置 1。当 RI 由硬件置 1 时该位被清零。当该位为 1 并且 SWB = 1 时，改变时钟分频控制寄存器 CD0 和 CD1 的操作将会被忽略。

⑦ SPTA0：串口 0 发数据有效。当串口 0 发完一帧时，该位置 1。当 TI 由硬件置 1 时该位被清零。当该位为 1 并且 SWB = 1 时，改变时钟分频控制寄存器 CD0 和 CD1 的操作将会被忽略。

10．计时通道 TA

计时通道 TA 的格式如下：

地址	D_7	D_6	D_5	D_4	D_3	D_2	D_1	D_0
0xC7	TA.7	TA.6	TA.5	TA.4	TA.3	TA.2	TA.1	TA.0

TA：该计时通道控制了比特保护位的写入。要想在这些位写入数据，必须先向 TA 写入 0xAA，紧接着写入 0x55，然后通道在接下的三个机器周期中打开。在这段时间内可写入数据。

11．计数器 2 模式选择寄存器 T2MOD

计数器 2 模式选择寄存器 T2MOD 的格式如下：

地址	D_7	D_6	D_5	D_4	D_3	D_2	D_1	D_0
0xC9	HC5	HC4	HC3	HC2	T2CR	—	T2OE	DCEN

① HC5：允许硬件清 INT5 位。将该位置位后，当 CPU 响应外部中断 5 时，硬件将自动将中断 5 标志位清零。

② HC4：允许硬件清 INT4 位。将该位置位后，当 CPU 响应外部中断 4 时，硬件将自动将中断 4 标志位清零。

③ HC3：允许硬件清 INT3 位。将该位置位后，当 CPU 响应外部中断 3 时，硬件将自动将中断 3 标志位清零。

④ HC2：允许硬件清 INT2 位。将该位置位后，当 CPU 响应外部中断 2 时，硬件将自动将中断 2 标志位清零。

⑤ T2CR：计数器 2 重启标志。在计数器 2 的计数模式下，该位决定当 TH2 和 TL2 重装入计数器 2 寄存器时是否自动硬件复位。

⑥ T2OE：计数器 2 输出使能位。该位可以使能/禁止计数器 2 的时钟输出功能。

⑦ DCEN：计数方向控制。该位和 T2EX 配合，控制计数器在 16 位自动重装载模式下的计数方向(加还是减)。

12．扩展中断标志寄存器 EXIF

扩展中断标志寄存器 EXIF 格式如下：

地址	D_7	D_6	D_5	D_4	D_3	D_2	D_1	D_0
0x91	IE5	IE4	IE3	IE2	XT/$\overline{\text{RG}}$	PRGMD	RGSL	—

① IE5：扩展中断 5 标志位。当 INT5 有下降沿时，由硬件置 1。

② IE4：扩展中断 4 标志位。当 INT4 有上升沿时，由硬件置 1。

③ IE3：扩展中断 3 标志位。当 INT3 有下降沿时，由硬件置 1。

④ IE2：扩展中断 2 标志位。当 INT2 有上升沿时，由硬件置 1。

⑤ XT/$\overline{\text{RG}}$：晶振/RC 振荡器选择位。设置该位为 1，选择晶振或者外部时钟作为系统时钟。清零该位，则选择片内 RC 振荡器作为时钟源。在该位为 1 时，XTUP(STATUS.4) 必须置 1，XTOFF(PMR.3)必须为 0。

⑥ RGMD：RC 模式方式位。该位显示了处理器的时钟源。CPU 的时钟源为外部时钟时该位为 0；为片内时钟时，该位为 1。当刚加电时，该位为 0。除了掉电复位外，其他复位方式不会改变该位的值。

⑦ RGSL:RC 振荡器选择位。当单片机从掉电状态恢复时，该位用来选择时钟源。如果 RGSL=1，则当单片机从掉电状态恢复时，允许单片机选择 RC 振荡器；如果 RGSL=0，则单片机只能在晶振起振后才能工作。当刚加电时，该位为 0。除了掉电复位，其他复位方式不会改变该位的值。

13．中断使能寄存器 IE

中断使能寄存器 IE 的格式如下：

地址	D_7	D_6	D_5	D_4	D_3	D_2	D_1	D_0
0xA8	EA	ES1	ET2	ES	ET1	EX1	ET0	EX0

① EA：全局中断使能位。

② ES1：串口 1 中断使能位。

③ ET2：计数器 2 中断使能位。

④ ES：串口 0 中断使能位。

⑤ ET1：计数器 1 中断使能位。

⑥ EX1：外部中断 1 使能位。

⑦ ET0：计数器 0 中断使能位。

⑧ EX0：外部中断 0 使能位。

14．扩展中断使能寄存器 EIE

扩展中断使能寄存器 EIE 的格式如下：

地址	D_7	D_6	D_5	D_4	D_3	D_2	D_1	D_0
0xE8	—	—	—	EWDI	EX5	EX4	EX3	EX2

① EIE.7～EIE.5：保留，为 1。

② EWDI：看门狗中断使能。

③ EX5：扩展中断 5 使能。

④ EX4：扩展中断 4 使能。

⑤ EX3：扩展中断 3 使能。

⑥ EX2：扩展中断 2 使能。

15．扩展中断优先级寄存器 EIP

扩展中断优先级寄存器 EIP 的格式如下：

地址	D_7	D_6	D_5	D_4	D_3	D_2	D_1	D_0
0xF8	—	—	—	PWDI	PX5	PX4	PX3	PX2

① EIE.7～EIE.5：保留，为 1。

② PWDI：看门狗中断优先级。

③ PX5：扩展中断 5 优先级。0 为低；1 为高优先级。

④ PX4：扩展中断 4 优先级。0 为低；1 为高优先级。

⑤ PX3：扩展中断 3 优先级。0 为低；1 为高优先级。

⑥ PX2：扩展中断 2 优先级。0 为低；1 为高优先级。

W77E58 的其他功能参数设置请参阅其数据手册。

12.3 I^2C 串行总线扩展技术及应用

12.3.1 I^2C 总线简介

I^2C 总线是一种简单、双向二线制同步串行总线，它只需要两根线(串行时钟线和串行数据线)即可在连接于总线上的器件之间传送信息。I^2C 总线的主要特性如下：

(1) 总线只有两根线：串行时钟线 SCL 和串行数据线 SDA。

(2) 每个连到总线上的器件都可由软件以唯一的地址寻址，并建立简单的主从关系。

(3) 主器件既可作为发送器，也可作为接收器。

(4) 它是一个真正的多主总线，带有竞争检测和仲裁电路，可使多个主机任意同时发送数据而不破坏总线上的数据信息。

(5) 同步时钟允许器件通过总线以不同的波特率进行通信。

(6) 同步时钟可以作为停止和重新启动串行口发送的握手方式。

(7) 连接到同一总线上的集成电路器件数只受 400 pF 的最大总线电容的限制。

I^2C 总线接口的电气结构如图 12-3 所示，组成 I^2C 总线的串行数据线 SDA 和串行时钟线 SCL 必须经过上拉电阻 R_1、R_2 接到正电源上，连接到总线上的器件的输出级必须为"开漏"或"开集"的形式，以便完成"线与"的功能。

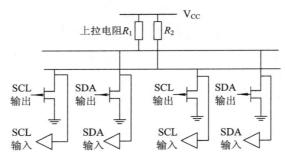

图 12-3 I^2C 总线接口电气结构图

I^2C 总线上可以实现多主双向同步数据传送，所有主器件都可发出同步时钟，但由于 SCL 接口的"线与"结构，一旦一个主器件时钟跳变为低电平，将使 SCL 线保持为低电平直至时钟达到高电平。因此，SCL 线上时钟低电平时间由各器件中时钟最长的低电平时间决定，而时钟高电平时间则由高电平时间最短的器件决定。为了使多主数据传送能够正确实现，I^2C 总线中带有竞争检测和仲裁电路。

总线竞争的仲裁及处理由内部硬件电路来完成。当两个主器件发送数据相同时不会出现总线竞争；当两个主器件发送数据不同时才出现总线竞争，其竞争过程如图 12-4 所示。

当某一时刻主器件 1 发送高电平而主器件 2 发送低电平时，由于 SDA 的"线与"作用，主器件 1 发送的高电平在 SDA 线上反映的是主器件 2 的低电平状态，这个低电平状态通过硬件系统反馈到数据寄存器中，与原有状态比较，若不同，则退出竞争。

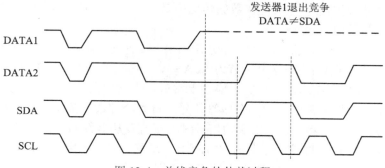

图 12-4　总线竞争的仲裁过程

I²C 总线可以构成多主数据传送系统，但只有带 CPU 的器件可以成为主器件。主器件发送时钟、启动位、数据工作方式，从器件则接收时钟及数据工作方式。接收或发送则根据数据的传送方向决定。I²C 总线上数据传送时的启动、结束和有效状态都由 SDA、SCL 的电平状态决定。在 I²C 总线中，启动和停止条件规定如下：

启动条件：在 SCL 为高电平时，SDA 出现一个下降沿则启动 I²C 总线。

停止条件：在 SCL 为高电平时，SDA 出现一个上升沿则停止使用 I²C 总线。

除了启动和停止状态，在其余状态下，SCL 的高电平都对应于 SDA 的稳定数据状态。每一个被传送的数据位由 SDA 线上的高、低电平表示，对于每一个被传送的数据位都在 SCL 线上产生一个时钟脉冲。在时钟脉冲为高电平期间，SDA 线上的数据必须稳定，否则被认为是控制信号。SDA 只能在时钟脉冲 SCL 为低电平期间改变。启动条件后总线为"忙"，在结束信号过后的一定时间总线被认为是"空闲"的。在启动和停止条件之间可传送的数据不受限制，但每个字节必须为 8 位。首先传送最高位，采用串行传送方式，但在每个字节之后必须跟一个响应位。主器件收、发每个字节后产生一个时钟应答脉冲，在此期间，发送器必须保证 SDA 为高，由接收器将 SDA 拉低，称为应答信号(ACK)。主器件为接收器时，在接收了最后一个字节之后不发应答信号，也称为非应答信号(NOT ACK)。当从器件不能再接收另外的字节时也会出现这种情况。I²C 总线的数据传送格式如图 12-5 所示。

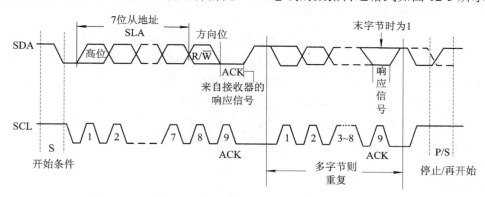

图 12-5　I²C 总线上的数据传送格式

I²C 总线中每个器件都有唯一确定的地址,启动条件后主机发送的第一个字节就是被读写的从器件的地址,其中第 8 位为方向位,"0"(W)表示主器件发送,"1"(R)表示主器件接收。总线上每个器件在启动条件后都把自己的地址与前 7 位相比较,如相同则器件被选中,产生应答,并根据读/写位决定在数据传送中是接收还是发送。无论是主发、主收,还是从发、从收,都是由主器件控制。

在主发送方式下,由主器件先发出启动信号(S),接着发从器件的 7 位地址(SLA)和表明主器件发送的方向位 0(W),即这个字节为 SLA+W。被寻址的从器件在收到这个字节后,返回一个应答信号(A),在确定主从握手应答正常后,主器件向从器件发送字节数据,从器件每收到一个字节数据后都要返回一个应答信号,直到全部数据都发送完为止。

在主接收方式下,主器件先发出启动信号(S),接着发从器件的 7 位地址(SLA)和表明主器件接收的方向位 1(R),即这个字节为 SLA + R。在发送完这个字节后,P1.0(SCL)继续输出时钟,通过 P1.1(SDA)接收从器件发来的串行数据。

主器件每接收到一个字节后都要发送一个应答信号(A)。当全部数据都发送或接收完毕后,主器件应发出停止信号(P)。图 12-6 所示为主器件发送和接收数据的过程。

关于 I²C 总线的详细操作请参阅有关参考资料。

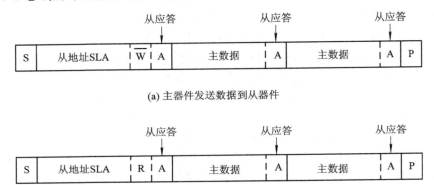

(a) 主器件发送数据到从器件

(b) 主器件接收从器件数据

图 12-6 主器件发送和接收数据的过程

12.3.2 I²C 总线通用软件模拟驱动程序

对于内部没有硬件 I²C 总线接口的 8051 系列单片机,可以采用软件模拟的方法实现 I²C 总线接口功能,下面给出一个采用 Cx51 编写的通用总线模拟驱动程序,它可用于没有内部 I²C 硬件的 8051 单片机与 I²C 总线器件的接口,在程序开始处定义了 8051 单片机的 P1.0 和 P1.1 作为 I²C 总线的 SCL 和 SDA 信号,这是为了与具有 I²C 总线的 8051 单片机引脚兼容,实际上用户可以定义其他 I/O 口引脚作为 SCL 和 SDA 信号,程序中包括如下 I²C 功能函数:

I_init():初始化。

delay():延时。

I_clock():SCL 时钟信号。

I_start():起始信号。

I_stop()：结束信号。

I_send()：数据发送。

I_ACK()：应答信号。

实现 I²C 总线基本操作的 C51 驱动程序文件 I2C.C 代码如下：

```
/*=======================================================
 *      I²C 总线基本操作函数
 * =======================================================*/
/* 全局符号定义 */
#define HIGH 1
#define LOW 0
#define FALSE 0
#define TRUE  ~FALSE
#define uchar unsigned char
sbit SCL=0x90;
sbit SDA=0x91;
/*******************************************************************
 *      函数原型：void delay(void);
 *      功    能：本函数实际上只有一条返回指令，在具体应用中可视具体要求增加延
 *                时指令。
 *******************************************************************/
void delay( void )
{
    ;
}
/*******************************************************************
 *      函数原型：void I_start(void);
 *      功    能：提供 I²C 总线工作时序中的起始位。
 *******************************************************************/
void I_start(void)
{
    SCL=HIGH;
    delay();
    SDA=LOW;
    delay();
    SCL=LOW;
    delay();
}
/*******************************************************************
 *      函数原型：void I_stop(void);
```

```
**********************************************************************/
void I_stop(void)
{
    SDA=LOW;
    delay();
    SCL=HIGH;
    delay();
    SDA=HIGH;
    delay();
    SCL=LOW;
    delay();
}
/*********************************************************************
*　　函数原型：void I_init(void);
*　　功　　能：I²C 总线初始化。在 main()函数中应首先调用本函数, 然后再调用
*　　　　　　　其他函数。
**********************************************************************/
void I_init(void)
{
    SCL=LOW;
    I_stop();
}
/*********************************************************************
*　　函数原型：bit I_clock(void);
*　　功　　能：提供 I²C 总线的时钟信号, 并返回在时钟电平为高期间 SDA 信号线上
*　　　　　　　的状态。本函数可用于数据发送, 也可用于数据接收。
**********************************************************************/
bit I_clock(void)
{
    bit sample;
    SCL=HIGH;
    delay();
    sample=SDA;
    SCL=LOW;
    delay();
    return(sample);
}
/*********************************************************************
*　　函数原型：bit I_send(uchar I_data);
```

```
bit I_send(uchar I_data)
{
    uchar i;
    /* 发送 8 位数据  */
    for(i=0; i<8; i++)
    {
        SDA=(bit)(I_data & 0x80) ;
        I_data=I_data << 1;
        I_clock();
    }
    /* 请求应答信号 ACK */
    SDA=HIGH;
    return(~I_clock());
}
/*****************************************************************
*       函数原型：uchar I_receive(void);
*       功      能：从总线上接收 8 位数据信号，并将接收到的 8 位数据作为一个字节返回，
*               不回送应答信号 ACK。主函数在调用本函数之前应保证 SDA 信号线处
*               于浮置状态，即使 8051 的 P1.1 脚置 1。
******************************************************************/
uchar I_receive(void)
{
    uchar I_data=0 ;
    register uchar i;
    for (i=0; i<8; i++ )
    {
        I_data *= 2;
        if (I_clock()) I_data++;
    }
    return (I_data );
}
/*****************************************************************
*       函数原型：void I_Ack(void);
*       功      能：向 I²C 总线发送一个应答信号 ACK，一般用于连续数据读取时。
******************************************************************/
void I_Ack(void)
{
```

```
        SDA=LOW;
        I_clock();
        SDA=HIGH;
    }
```

12.3.3　I²C 接口器件 24C04 的读/写程序

上面给出了 I²C 总线基本操作函数，下面给出一个应用基本操作函数实现对 I²C 总线接口器件 24C04 进行读/写的 C51 应用实例。24C04 是一种 I²C 接口 EEPROM 器件，它具有 512B 的存储容量，工作于从器件方式，每个字节可擦写 100 万次，数据保存时间大于 40 年，写入时具有自动擦除功能，具有页写入功能，可一次写入 16 个字节。24C04 芯片采用 8 脚 DIP 或 SOP 封装，具有 V_{CC}、V_{SS} 电源引脚，SCL、SDA 通信引脚，A0、A1、A2 地址引脚和 WP 写保护引脚。WP 脚接 V_{CC} 时，禁止写入高位地址(100～1FFH)；WP 脚接 V_{SS} 时，允许写入任何地址。A1 和 A2 决定芯片的从机地址，可接 V_{CC} 或 V_{SS}，A0 不用，应接 V_{CC} 或 V_{SS}。图 12-7 所示为 24C04 与 8051 单片机的一种接口。

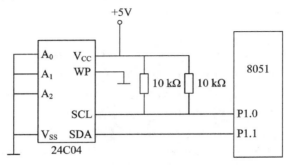

图 12-7　单片机 8051 与 24C04 的接口

8051 单片机与 24C04 之间进行数据传递时，首先传送器件的从地址 SLA，格式如下：

START	1	0	1	0	A2	A1	BA	R/W	ACK

START 为起始信号，1010 为 24C04 器件地址，A2 和 A1 由芯片的 A2、A1 引脚上的电平决定(这样总线上最多可接入 4 片 24C04 芯片)，BA 为块地址(每块 256 字节)，R/W 决定是写入(0)还是读出(1)，ACK 为 24C04 给出的应答信号。在对 24C04 进行写入时，应先发出从机地址字节 SLAW(R/W 为 0)，再发出字节地址 WORDADR 和写入的数据 data(可为 1～16 个字节)，写入结束后应发出停止信号。

1．写操作

通常对 EEPROM 器件写入时总需要一定的写入时间(5～10 ms)，因此在写入程序中无法连续写入多个数据字节。为了解决连续写入多个数据字节的问题，EEPROM 器件中常设有一定容量的页写入数据寄存器。用户一次写入 EEPROM 的数据字节不大于页写入字节数时，可按通常 RAM 的写入速度，将数据装入 EEPROM 数据寄存器中，随后启动自动写入定时控制逻辑，经过 5～10 ms 的时间，自动将数据寄存器中的数据同步写入 EEPROM 的指定单元。这样一来，只要一次写入的字节数不多于页写入容量，总线对 EEPROM 的操作可视为对静态 RAM 的操作，但要求下次数据写入操作在 5～10 ms 之后进行。24C04 的页写入字节数为 16 个。对 24C04 进行页写入是指向其片内指定首地址(WORDADR)连续写入不多于 n 个字节数据的操作。n 为页写入字节数，m 为写入字节数，$m \leqslant n$。页写入数据操作格式如下：

S	SLAW	A	WORDADR	A	data1	A	data2	A	...	data$m$	A	P

这种数据写入操作实际上就是 $m+1$ 个字节的 I^2C 总线进行主发送的数据操作。对 24C04 写入数据时也可以按字节方式进行，即每次向其片内指定单元写入一个字节的数据，这种写入方式的可靠性高。字节写入数据操作格式如下：

S	SLAW	A	WORDADR	A	data	A	P

2. 读操作

24C04 的读操作与通常的 SRAM 相同，但每读一个字节地址将自动加 1。24C04 有三种读操作方式，即现行地址读、指定地址读和序列读。现行地址读是指不给定片内地址的读操作，读出的是现行地址中的数据。现行地址是片内地址寄存器当前的内容，每完成一个字节的读操作，地址自动加 1，故现行地址是上次操作完成后的下一个地址。现行地址读操作时，应先发出从机地址字节 SLAR(R/W 为 1)，接收到应答信号(ACK)后即开始接收来自 24C04 的数据字节，每接收到一个字节的数据都必须发出一个应答信号(ACK)。

(1) 现行地址读的数据操作格式如下：

S	SLAR	A	data	A	P

(2) 指定地址读是指按指定的片内地址读出一个字节数据的操作。由于要写入片内指定地址，故应先发出从机地址字节 SLAW(R/W 为 0)，再进行一个片内字节地址的写入操作，然后发出重复起始信号和从机地址 SLAR(R/W 为 1)，开始接收来自 24C04 的数据字节。数据操作格式如下：

S	SLAW	A	WORDADR	A	S	SLAR	A	data	A	P

(3) 序列读操作是指连续读入 m 个字节数据的操作。序列读入字节的首地址可以是现行地址或指定地址，其数据操作可以在上述两种操作的 SLAR 发送之后进行。数据操作格式如下：

S	SLAR	A	data1	A	data2	...	data$m$	A	P

3. 程序设计

实现对 24C04 进行读/写的 C51 驱动程序中包含如下功能函数：

E_address()：写入器件从地址和片内字节地址。

E_read_block()：从 24C04 中读出指定个字节(BIOCK SIZE=32)的数据并送入外部数据存储器单元，采用的是序列读操作方式。

E_write_block()：将外部数据存储器中的数据内容写入从 24C04 首地址开始的指定个字节(BLOCK SIZE=32)，采用的是字节写入操作方式。如果希望采用页写入操作方式，可对该函数做适当的修改。

Wait_5ms()：为保证写入正确而设置的 5 ms 延时。

另外，需要将前面介绍的 I²C 基本功能函数文件作为一个项目文件，同时要采用一个头文件"i2c.h"将前面介绍的 I²C 总线基本操作函数包含到主程序文件中来。

主程序文件 main.c 代码如下：

```
#include <reg51.h>
#include <stdio.h>
#include <i2c.h>
#define uchar unsigned char
#define WRITE 0xA0                    /* 定义 24C04 的器件地址 SLA 和方向位 W */
#define READ 0xA1                     /* 定义 24C04 的器件地址 SLA 和方向位 R */
#define BLOCK_SIZE 32                 /* 定义指定字节个数 */
#define FALSE 0
#define TRUE 1
xdata uchar EX_ROM [BLOCK_SIZE];     /* 在外部 RAM 中定义存储映象单元 */
/************************************************************************
*      函数原型：bit E_address(uchar address);
*      功    能：向 24C04 写入器件地址和一个指定的字节地址。
************************************************************************/
bit E_address(uchar address)
{
    I_start();
    if ( I_send(WRITE))
    return (I_send(address));
    else
    return ( FALSE ) ;
}
/************************************************************************
*      函数原型：bit E_read_block(void);
*      功    能：从 24C04 中读取 BLOCK_SIZE 个字节的数据并转存于外部 RAM 存储
*                器，采用序列读操作方式从片内 0 地址开始连续读取数据。如果
*                24C04 不接受指定的地址，则返回 0(false)。
************************************************************************/
bit E_read_block(void)
{
    uchar i;
    /* 从地址 0 开始读取数据 */
    if (E_address(0))
    {
```

```
           /*  发送重复启动信号  */
           I_start();
           if (I_send(READ))
           {
              for (i=0; i<=BLOCK_SIZE; i++)
              {
                 EX_ROM [i] = (I_receive()) ;
                 if (i !=BLOCK_SIZE) I_Ack() ;
                 else
                 {
                    I_clock() ;
                    I_stop() ;
                 }
              }
              return (TRUE);
           }
           else
           {
              I_stop();
              return (FALSE);
           }
       }
       else
       I_stop();
       return (FALSE);
   }
/***********************************************************************
*     函数原型：void wait_5 ms(void);
*     功     能：5 ms 延时(时钟频率为 12 MHz)，当时钟为其他时可根据需要自行调整
***********************************************************************/
void wait_5ms(void)
{
    int i;
    for (i=0 ; i<1000 ; i++)
    {
        ;
    }
}
/***********************************************************************
```

```
*        函数原型：bit E_write_block(void);
*        功    能：将外部 RAM 存储映象单元中的数据写入到 24C04 的头 BLOCK_SIZE
*                  个字节。采用字节写操作方式，每次写入时都需要指定片内地址。如果
*                  24C04 不接受指定的地址或某个传送的字节未收到应答信号 ACK，则
*                  返回 0(false)。
*************************************************************************/
bit E_write_block(void)
{
    uchar i;
    for (i=0; i<=BLOCK_SIZE; i++)
    {
        if (E_address(i) && I_send(EX_ROM[i]))
        {
            I_stop();
            wait_5ms();
        }
        else
        return(FALSE);
    }
    return (TRUE);
}
void   main()
{
    SCON=0x5a;
    TMOD=0x20;
    TCON=0x69;
    TH1=0xfd;
    I_init();                          /* I²C 总线初始化  */
    if (E_write_block())
    printf("write I2C good.\r\n");
    else
    printf("write I2C bad.\r\n");
    if (E_read_block())
    printf("read I2C good.\r\n");
    else
    printf("read I2C bad.\r\n");
    while(1);
}
```

头文件 i2c.h 代码如下：

```
#define uchar unsigned char
#define uint    unsigned int
void delay(void);
void I_stop(void);
void I_init(void);
void I_start(void);
bit I_clock(void);
void I_Ack(void);
bit I_send(uchar I_data);
uchar I_receive(void);
```

习题与思考题

12-1　采用 AT89C52，如果要把定时器 T2 设置成自动重装载方式，向上计数，应如何设置寄存器？

12-2　采用 W77E58 把串口 1 设置成工作方式 1，波特率是 9600 b/s，试设置各个功能寄存器。

12-3　采用 W77E58 启动看门狗寄存器，实现"喂狗"功能，试设置各个功能寄存器。

12-4　利用本章已给出的程序，试编写向存储器 24C04 中 0x80 地址写入从 ADC0809 采集来的数据的程序。

第 13 章　单片机系统抗干扰技术设计

单片机系统抗干扰是设计单片机系统必不可少的环节，对于系统的正常工作具有非常重要的意义。本章从分析单片机系统干扰的来源出发，找出产生干扰的原因，针对不同的干扰源采取不同的抗干扰方法，从系统硬件和软件的角度提出抗干扰的措施和方法。

13.1　概　　述

随着单片机应用的普及，采用单片机控制的产品与设备也日益增多，而某些设备所在的工作环境往往比较恶劣，干扰严重，这些干扰会严重影响设备的正常工作，使其不能正常运行。因此，为了保证设备能在实际应用中可靠地工作，必须要周密考虑和解决抗干扰的问题。抗干扰措施对于一个单片机系统的设计来说，具有非常重要的意义，也是设计单片机系统必须要考虑的重要问题之一。对于产生的干扰，首先找出干扰源，剖析干扰的作用原因、路径及造成的后果，进而有的放矢，针对具体干扰采取相应措施。抗干扰的措施有很多种，下面将分别从硬件抗干扰和软件抗干扰所采取的不同措施加以介绍。

干扰对微机系统的作用部位可以分为三个：

(1) 输入系统。干扰使模拟信号失真，数字信号出错，微机系统根据这种输入信息作出的反应必然是错误的。

(2) 输出系统。干扰使输出信号混乱，不能正常反映微机系统的真实输出量，从而导致一系列严重的后果。如果是监测系统，则其输出的信息不可靠，人们据此信息做出的决策也必然出差错；如果是控制系统，则其输出将控制一批执行机构，使其做出一些不正确的动作，轻者造成一批废次产品，重者引起严重事故。

(3) 微机系统的内核。干扰使三总线上的数字信号错乱，从而引发一系列后果。CPU 得到错误的数据信息，使指令或操作数失真，导致结果出错，并将这个错误一直传递下去，形成一系列错误。CPU 得到错误的地址信息后，引起程序计数器 PC 出错，使程序运行离开正常轨道，导致程序失控。程序失控后，有时几经周折，自己回到正常的轨道上来，但这时它可能已经做了几件"坏事"，造成一些明显的后果，也可能埋下了几处隐患，使后续程序出错，有时程序几经周折后便进入一个死循环，使系统瘫痪。

由于程序失控，有可能不经调用指令就直接插入一个子程序，然后通过返回指令来破坏堆栈指针，使程序更加失控。如果插入到中断子程序中，不但破坏堆栈指针，而且破坏中断嵌套关系，引起中断混乱。

失控的程序有可能破坏与中断有关的特殊功能寄存器，从而改变中断设置方式，关闭或打开某些中断，引起意外的非法中断。

失控的程序还有可能修改片内 RAM 中的内容，使某些具有决定性的参数被破坏，引起系统决策失误。也可能修改片外 RAM 中的内容(这些内容多为数据)，使数据失实。各种外围芯片大多统一编址，以外部 RAM 的身份出现，当修改外部 RAM 的内容时，又可能引起对外围芯片的非法操作，如改变外围芯片的工作方式，出现意外的 I/O 操作等。

对于 80C51 系列 CPU 如果失控的程序修改了专用寄存器 PCON 的内容，则又可能直接进入掉电工作方式，也有可能进入"睡眠"工作方式，进入"死睡"状态。

13.2 干 扰 源

影响单片机系统可靠、安全运行的因素主要来自系统内部和外部的各种电气干扰，并受系统结构设计、元器件选择、安装、制造工艺的影响。这些都构成了单片机系统的干扰因素，常会导致单片机系统运行失常，轻则影响产品质量，重则会导致事故，造成重大经济损失。

13.2.1 形成干扰的基本要素

(1) 干扰源：指产生干扰的元件、设备或信号。如雷电、继电器、可控硅、电机、高频时钟等都可能成为干扰源。

(2) 传播路径：指干扰从干扰源传播到敏感器件的通路或媒介。典型的干扰传播路径是通过导线的传导和空间的辐射。

(3) 敏感器件：指容易被干扰的对象，如 A/D、D/A 变换器，单片机，数字 IC，弱信号放大器等。

13.2.2 干扰的耦合方式

干扰源产生的干扰信号是通过一定的耦合通道才对测控系统产生作用的。因此，我们有必要了解干扰源和被干扰对象之间的传递方式。干扰的耦合方式无非是通过导线、空间、公共线等，主要有以下几种：

(1) 直接耦合：这是最直接的方式，也是系统中普遍存在的一种方式。比如干扰信号通过电源线侵入系统，对于这种形式，最有效的方法就是增加去耦电路。

(2) 公共阻抗耦合：这也是常见的耦合方式，这种形式常常发生在两个电路电流有共同通路的情况。为了防止这种耦合，通常在电路设计上就要考虑，使干扰源和被干扰对象之间没有公共阻抗。

(3) 电容耦合：又称电场耦合或静电耦合，是由于分布电容的存在而产生的耦合。

(4) 电磁感应耦合：又称磁场耦合，是由于分布电磁感应而产生的耦合。

(5) 漏电耦合：这种耦合是纯电阻性的，在绝缘不好时就会发生。

13.2.3 抑制干扰措施

针对形成干扰的原因，采取的抗干扰主要有抑制干扰源、切断干扰传播路径、提高敏感器件的抗干扰性能等手段。

1. 抑制干扰源

抑制干扰源是抗干扰设计中最优先考虑和最重要的原则，常常会起到事半功倍的效果。减小干扰源一般是通过在干扰源两端并联电容来实现，通过串联电感、电阻或增加续流二极管来实现。

抑制干扰源的常用措施如下：

(1) 继电器线圈增加续流二极管，消除断开线圈时产生的反电动势干扰。仅加续流二极管会使继电器的断开时间滞后，增加稳压二极管后继电器在单位时间内可动作更多的次数。

(2) 在继电器接点两端并接火花抑制电路(一般是 RC 串联电路，电阻一般选几千欧姆到几十千欧姆，电容选 0.01 μF)，以减小电火花影响。

(3) 给电机加滤波电路。注意，电容、电感引线要尽量短。

(4) 电路板上每个集成片的电源和地之间要并接一个 0.01～0.1 μF 的高频电容，以减小 IC 对电源的影响。注意高频电容的布线，连线应靠近电源端并尽量粗短，否则，等于增大了电容的等效串联电阻，会影响滤波效果。布线时避免 90° 折线，减少高频噪声发射。双面板布线尽量做到电路板两面不要平行布线，以减小分布电容的影响。

(5) 可控硅两端并接 RC 抑制电路，以减小可控硅产生的噪声(这个噪声严重时可能会把可控硅击穿)。

2. 切断干扰传播路径

按干扰的传播路径可分为传导干扰和辐射干扰两类。

所谓传导干扰，是指通过导线传播到敏感器件的干扰。高频干扰噪声和有用信号的频带不同，可以通过在导线上增加滤波器的方法切断高频干扰噪声的传播，有时也可加隔离光耦来解决。

所谓辐射干扰，是指通过空间辐射传播到敏感器件的干扰。一般的解决方法是用地线把它们隔离和在敏感器件上加屏蔽罩，以增大干扰源与敏感器件的距离。

切断干扰传播路径的常用措施如下：

(1) 充分考虑电源对单片机的影响。电源做得好，整个电路的抗干扰就解决了一大半。许多单片机对电源噪声很敏感，要给单片机电源加滤波电路或稳压器，以减小电源噪声对单片机的干扰。比如，可以利用磁珠和电容组成 π 形滤波电路，当然条件要求不高时也可用 100 Ω 电阻代替磁珠。

(2) 选用频率低的微控制器。

(3) 如果单片机的 I/O 口用来控制电机等噪声器件，在 I/O 口与噪声源之间应加隔离(增加 π 形滤波电路)。

(4) 注意晶振布线。晶振与单片机引脚尽量靠近，用地线把时钟区隔离起来，晶振外壳接地并固定。

(5) 电路板合理分区，如强、弱信号，数字、模拟信号。尽可能把干扰源(如电机、继电器)与敏感元件(如单片机)隔开。

(6) 用地线把数字区与模拟区隔离。数字地与模拟地要分离，最后在一点接于电源地。A/D、D/A 芯片布线也以此为原则。

(7) 单片机和大功率器件的地线要单独接地，以减小相互干扰。大功率器件尽可能放在电路板边缘。

(8) 在单片机 I/O 口、电源线、电路板连接线等关键地方使用抗干扰元件如磁珠、磁环、电源滤波器、屏蔽罩，可显著提高电路的抗干扰性能。

3. 提高敏感器件的抗干扰性能

提高敏感器件的抗干扰性能是指从敏感器件这边考虑尽量减少干扰。主要措施如下：

(1) 布线时尽量减少回路环的面积，以降低感应噪声。

(2) 电源线和地线要尽量粗，除减小压降外，更重要的是降低耦合噪声。

(3) 对于单片机闲置的 I/O 口，不要悬空，要接地或接电源。其他 IC 的闲置端在不改变系统逻辑的情况下也要接地或接电源。

(4) 对单片机使用电源监控及看门狗电路，如 IMP809、IMP706、IMP813、X5043、X5045 等，可大幅度提高整个电路的抗干扰性能。

(5) 在速度能满足要求的前提下，尽量降低单片机的晶振和选用低速数字电路。

(6) IC 器件尽量直接焊在电路板上，少用 IC 座。

13.3 模拟信号输入通道的抗干扰

模拟信号输入通道是数据采集和单片机、传感器之间进行信息交换的渠道，对这一信息渠道侵入的干扰主要是因公共地线所引起的，其次当传输线较长时，也会受到静电和电磁波噪声的干扰，这些干扰将严重影响采样信号的准确性和可靠性，因此必须予以消除或抑制。

13.3.1 采用隔离技术隔离干扰

所谓隔离干扰，就是从电路上把干扰源与敏感电路部分隔离开来，使它们不存在电的联系，或者削弱它们之间点的联系。隔离技术从原理上可分为光电隔离和电磁隔离。

1. 光电隔离

光电隔离是利用光电耦合器件实现电路上的隔离，其工作原理如下：

(1) 光电隔离器的输入端为发光二极管，输出端为光敏三极管，输入与输出端之间通过光传递信息，而其又是在密封的条件下进行的，故不受外界光的影响。光电耦合器的结构如图 13-1 所示。

(2) 光电耦合器的输入阻抗很低，一般在 $100\sim1000\,\Omega$ 之间，而干扰源的内阻一般很大，通常为 $10^5\sim10^6\,\Omega$，根据分压原理可知，这些能够馈送到光电耦合器输入端的噪声很小。

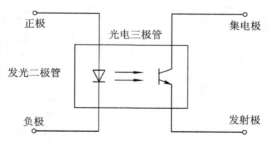

图 13-1　二极管—三极管型的光电耦合器

(3) 由于干扰源的内阻一般很大，尽管它能提供较大幅度的干扰电压，但是能够提供的能量很小，即形成微弱的电流，而光电耦合输入端的发光二极管，只有当流过的电流超过其阈值时才能发光。输出的光敏三极管只在一定光强度下才能工作，因此即使是电压幅值很高的干扰，由于没有足够的能量而不能使发光二极管发光，从而被抑制掉。

(4) 光电耦合器件的输入端与输出端之间的寄生电容极小，一般仅为 0.5～2 pF，而绝缘电阻又非常大，通常为 10^{11}～10^{13} Ω，因此输出端的各种干扰很难反馈到输入端中。由于光电耦合器件的以上优点，使得光电耦合在系统与外界以及系统内部电路之间的隔离方面有着广泛的应用。

2. 电磁隔离

电磁隔离是在传感器与输入通道之间加入一个隔离放大器，利用隔离放大器的电磁耦合，将外界的模拟信号与系统进行隔离传送。

美国 AD 公司的 Model277 隔离放大器的结构如图 13-2 所示，这是既具有一般放大器的特性，又在其输出和输入端之间无直接耦合通路的一类放大器，其信息传送通过磁路来完成。

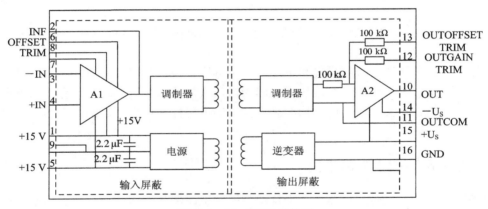

图 13-2　Model277 结构图

隔离放大器在系统中的使用如图 13-3 所示。

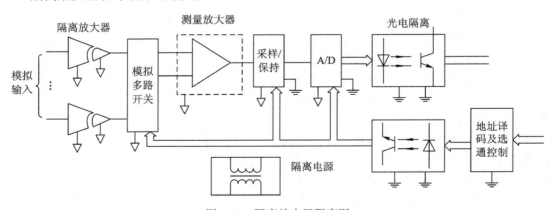

图 13-3　隔离放大器隔离图

由图 13-3 可知，外界的模拟信号由隔离放大器进行隔离放大，然后以高电平低阻抗的特性输出至多路开关。为抑制市电频率对系统的影响，电源部分由变压器隔离。

13.3.2　采用滤波器滤除干扰

滤波是一种只允许某一频带信号通过的抑制干扰措施之一，特别适用于抑制经导线传导耦合到电路中的噪声信号。从现场采集到的信号，是经过传输线送入采集电路或微机接口电路的，因此在信号传输过程中可能引入干扰信号，为使信号在进入采集电路或微机接口电路之前就消除或减弱这种干扰，可在信号传输线上加上滤波器。图 13-4 为热电偶测温系统信号滤波原理图，Z 为热电偶到地的漏阻抗，Φ 为干扰磁通，U_{cm} 为不稳定地电位差，电阻 R 和电容 C 组成 RC 滤波器。在信号之间采用 RC 滤波，会对信号造成一定的损失，对于微弱信号，采用这种方法时应注意这一点。

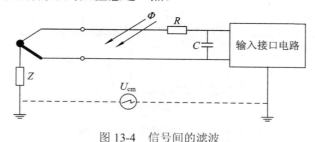

图 13-4　信号间的滤波

13.3.3　采用浮置措施抑制干扰

浮置又称浮空、浮接，是指数据采集电路的模拟信号地不接机壳或大地。对于被浮置的数据采集系统，数据采集电路和机壳或地之间无直流联系，阻断了干扰电流的通路。数据采集系统被浮置后，明显加大了系统的信号放大器公共线与地之间的阻抗，大大减少了共模干扰电流，因此其抑制共模干扰的能力得到提高。要注意的是，只有在对电路要求高并且采用多层屏蔽的条件下，才采用浮置技术，而且浮置采集电路的供电系统应该是单独的浮置供电系统，否则浮置将无效。

13.3.4　A/D 转换器的抗干扰

A/D 转换器抗干扰措施应该从以下两个方面来考虑。

1．抗串模干扰的措施

(1) 在串模干扰严重的场合，可以采用积分式或双积分式 A/D 转换器，由于转换的是平均值，瞬间干扰和高频噪声对转换结果的影响较小。同时由同一积分电路进行的正反两次积分使积分电路的非线性误差得到补偿，所以转换精度较高，动态性能较好。这种措施的缺点是转换速度慢。

(2) 对于高频干扰，可以采用低通滤波器加以滤除，对于低频干扰可采用同步采样的方式加以消除，这需要检测出干扰的频率，例如 $f=50\,\mathrm{Hz}$ 的工频干扰，选取与干扰频率成整数倍的采样频率，并使两者同步，如图 13-5 所示。

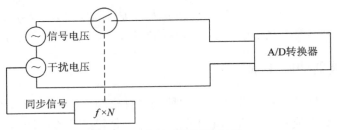

图 13-5　同步采样滤除干扰

(3) 当传感器和 A/D 转换器相距较远时，容易引起干扰，解决的办法是用电流传输代替电压传输。如图 13-6 所示，传感器输出 4～20 mA 电流信号，在长距离线上传输。在接收端并接 250 Ω 电阻，将电流信号转换成电压信号，然后送 A/D 转换器输入端，且屏蔽线在接收端接地。

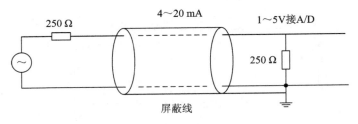

图 13-6　电流传输代替电压传输

2．抗共模干扰的措施

(1) 采用三线采样双层屏蔽浮置技术。所谓三线采样，就是将信号线和地线一起采样，实践证明，这种双层屏蔽采样技术是抗共模干扰的最有效的方法。由于传感器和机壳之间会引起共模干扰，因此 A/D 转换器的模拟地一般采取浮置接地方式，其电路如图 13-7 所示。

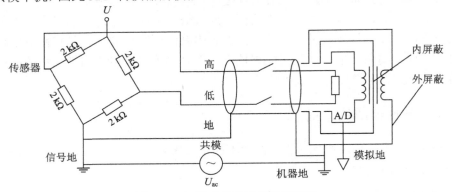

图 13-7　三线采样双层屏蔽原理图

(2) 采用隔离技术。这种方法前面已有介绍，这里不再重复。

13.3.5　印刷电路板及电路的抗干扰设计措施

印刷电路板是系统器件、信号线、电源线的高度集合体，印刷电路板设计的好坏，对抗干扰能力影响很大。因此印刷电路板设计不仅仅是器件、线路的布局安排，还必须采取以下抗干扰措施。

1. 合理布置印刷电路板上的器件

印刷电路板上器件布置应符合器件之间电气干扰小和易于散热的原则。一般印刷电路板上同时具有电源变压器、模拟器件、数字逻辑器件、输出驱动器件等,为了减少器件之间的电气干扰,应将器件按功率大小及抗干扰能力强弱分类集中布置。将电源变压器和输出驱动等大功率器件作为一类集中布置,将数字逻辑作为一类集中布置,将易于受干扰的模拟器件作为一类集中布置,各类器件之间应尽量远离,以防止相互之间的干扰。此外,每一类器件再按照小电气干扰原则进一步分类布置。

2. 印刷电路板合理布线

印刷电路板合理布线的原则如下:

(1) 电源线加粗,合理走线、接地,三总线分开以减少互感振荡。

(2) CPU、RAM、ROM 等主芯片以及 VCC 和 GND 之间接电解电容及瓷片电容,以去掉高、低频干扰信号。

(3) 独立系统结构,减少接插件与连线,提高可靠性,减少故障率。

(4) 集成块与插座接触可靠,用双簧插座,集成块最好直接焊在印制板上,以防止器件接触不良。

(5) 印刷电路板是一个平面,不能交叉配线;配线不要做成环路,特别是不要沿印刷电路板周围做成环路;不要有长段窄条并行;单元电路的输入线和输出线应当用地线隔开,有条件的采用四层以上印制板,中间两层为电源及地。

(6) 闲置不用的门电路输入端不要悬空;闲置不用的运放同相端接地,反相端接输出端。印刷电路板按频率和电流开关特性分区,噪声元件与非噪声元件的距离要远一些。电源线、地线应尽量粗一些。

(7) 元件布置要合理分区。元件在印刷电路板上排列的位置要充分考虑抗电磁干扰问题,原则之一是各部件之间的引线要尽量短。在布局上,要把模拟信号部分、高速数字电路部分、噪声源部分(如继电器、大电流开关等)这三部分合理地分开,使相互间的信号耦合为最小。

(8) 处理好接地线。印刷电路板上的电源线和地线最重要。接地设计的基本目的是消除各电路电流流经公共地线时所产生的噪声电压,以免受电磁场和地电位差的影响,即不形成地环路。在低频电路中,接地电路形成的环路对系统影响很大,一般应采用一点接地。在高频电路中,地线上具有点感应,增加了地线阻抗,而且地线向外辐射噪声信号,因此要多点就近接地。对噪声和干扰非常敏感的电路或高频噪声特别严重的电路应该用金属罩屏蔽起来。

3. 数字电路的抗干扰

在采集系统中,会用到许多类型的数字电路,如接口电路、数字量的采集电路等,数字电路与模拟电路相似,电源的性能、接地方式以及外界及内部的电场和磁场噪声等都可能成为数字电路的干扰源,因此前述的抗干扰方法同样适用于数字电路,此外还可以采用以下抗干扰措施。

1）采用积分电路抑制干扰

在脉冲电路中，为抑制脉冲型的噪声干扰，使用积分电路是一种有效的方法。使用积分电路，脉冲宽度大的信号噪声输出大，而脉冲宽度小的信号噪声输出也小，所以能将噪声干扰除掉。

2）采用脉冲隔离门抑制干扰

利用硅二极管正向压降对幅度小的干扰脉冲加以阻挡，让幅度大的信号脉冲顺利通过。

13.4　单片机系统常用软件抗干扰

13.4.1　数据采集和滤波软件抗干扰

可靠性设计是一项系统工程，单片机系统的可靠性必须从软件、硬件以及结构设计等方面全面考虑。硬件系统的可靠性设计是单片机系统可靠性的根本，而软件系统的可靠性设计起着抑制外来干扰的作用。

干扰产生在 I/O 通道上而 CPU 能够正常工作的情况下，则在输入通道上采用多次重复采集，直到连续两次或两次以上采集结果完全一致时方为有效；若多次采集后，信号一直变化不定，则停止采集数据，发出报警信息；在满足采样实时性要求的情况下，若在各次采集数字信号之间接入一段延时，抗干扰的效果会更好。在输出通道上，抑制干扰最有效的办法就是重复输出同一个数据，只要有可能，其重复周期应尽可能地短一些；在外部设备接收到一个被干扰的错误信息还未做出反应时，一个正确的输出信息又来到，这样可以及时防止错误动作的产生。

软件设计时要为每一个输出端口所接外部设备分配一个暂存单元，各决策算法负责将结果写入对应设备的暂存单元，输出功能模块负责将所有暂存单元中的数据一一输出，而不管这个数据是刚刚算出来的还是早就算好的。即使前面的输出是错误的，由于很快重复输出在同一个端口地址，也可以覆盖掉原来的错误结果。同时，在程序结构上，可将输出过程安排在监控循环中。一般情况下，监控循环程序周期比较短，可以有效地防止输出设备的错误动作。

对于带有增量控制的输出设备，如自带环型分配器和功率驱动的步进电机组件，方向信号可以重复输出，而步进脉冲则不能重复输出，因为每重复一次电机就要前进一步，这种情况如果有位置检测功能，则可实现闭环控制，闭环控制本身就有足够的抗干扰性能，不用重复输出。如果没有检测装置，则建议采用软件算法实现环型分配器的功能，这时仍可以采用重复输出的方式来防止步进电机的失步。只是这时的重复周期与步进电机之间有严格的关系，例如每个换相周期内重复二三次。

在执行输出功能时，应将有关输出芯片的状态一并重复输出，为确保输出的正确实现，输出功能模块在执行具体的数据输出之前，应先执行芯片的编程指令，再输出有关的数据。这样做能准确定义这些编程芯片的端口，确保数据模块正确地执行命令。

单片机能够识别的是数字信号，因此模拟信号都必须通过 A/D 转换后才能为单片机所接受。干扰作用于模拟信号之后，使 A/D 转换的结果偏离真实值，如果仅采样一次，无法确定该结果是否可信,必须多次采样,才能得到满意的结果。这种通过软件从数据系列中提取逼近真实值的方法,我们称之为数字滤波算法。对于非周期的随机干扰,常采用这种算法来抑制。数字滤波算法主要有程序判断滤波算法、中值滤波、算术平均滤波、去极值平均滤波、加权平均滤波、滑动平均滤波、低通滤波等。下面我们以加权平均滤波为例加以说明。

所谓加权平均滤波,就是对连续的 n 次采样值,不是直接求累加和,而是分别乘以不同的加权系数之后再累加求和的方法。加权系数一般先小后大,以突出后若干次采样效果,加强系统对参数变化趋势的辨识。各加权系数均为小于 1 的数,且满足总和等于 1 的约束条件。这样一来,加权运算之后的累加和即为有效采样值。对于 8 位单片机,为方便计算,可取各加权系数为整数,且总和为 256,加权之后的累加和再除以 256,即是有效采样值。

各加权系数存放在一个表格中,各次采样值一次存放在 RAM 中,算法流程如图 13-8 所示。

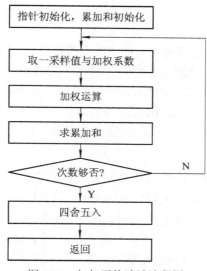

图 13-8　加权平均滤波流程图

汇编程序如下:

```
        XBUF  EQU   30H              ；采样数据缓冲区首址
        FILT: MOV   R0, #XBUF        ；指向采样数据缓冲区首址
              MOV   DPTR, #CI        ；指向加权系数表格首址
              MOV   R2, #0           ；累加和清零
              MOV   R3, #0
        FILT0: MOV  B, @R0           ；取采样值
              CLR   A
              MOVC  A, @A+DPTR       ；取加权系数
              MUL   AB               ；加权运算
              ADD   A, R3            ；求累加和
              MOV   R3, A
              MOV   A, B
```

```
        ADDC   A, R2
        MOV   R2, A
        INC   DPTR              ; 指向下一个加权系数
        INC   R0                ; 指向下一个采样值
        CJNE   R0, #XBUF+8,FILT0  ; 未完继续
        MOV   A, R3             ; 四舍五入
        RLC   A
        CLR   A
        ADDC   A, R2
        RET                     ; 有效采样值在累加器 A 中
CI:     DB   18,22, 26          ; 加权系数
        DB   30, 34, 38
```

13.4.2　CPU 抗干扰

前面的抗干扰措施都是针对通道而言的，当干扰作用到 CPU 本身时，CPU 将不能正常工作，从而引起混乱。软件系统的可靠性设计的主要方法有：开机自检、掉电保护、指令冗余、软件陷阱(进行程序"跑飞"检测)、设置程序运行状态标记、软件"看门狗"等。通过软件系统的可靠性设计，达到最大限度地降低干扰对系统工作的影响，确保单片机及时发现因干扰导致程序出现的错误，并使系统恢复到正常工作状态或及时报警的目的。

1．开机自检

开机后单片机首先对系统的硬件及软件状态进行检测，一旦发现不正常，就进行相应的处理。开机自检程序通常包括对 RAM、ROM、I/O 口状态等的检测。

(1) 检测 RAM。检查 RAM 读、写是否正常，实际操作是向 RAM 单元写"00H"，读出也应为"00H"，再向其写"FFH"，读出也应为"FFH"。如果 RAM 单元读或写出错，应给出 RAM 出错提示(声光或其他形式)，等待处理。

(2) 检查 ROM 单元的内容。对 ROM 单元的检测主要是检查 ROM 单元内容的校验和。所谓 ROM 的校验和是将 ROM 的内容逐一相加后得到一个数值，该值便称为校验和。ROM 单元存储的是程序、常数和表格。一旦程序编写完成，ROM 中的内容就确定了，其校验和也就是唯一的。若 ROM 校验和出错，应给出 ROM 出错提示(声光或其他形式)，等待处理。

(3) 检查 I/O 口状态。首先确定系统的 I/O 口在待机状态时应处的状态，然后检测单片机的 I/O 口在待机状态下的状态是否正常(如是否有短路或开路现象等)。若不正常，应给出出错提示(声光或其他形式)，等待处理。

(4) 其他接口电路检测。除了对上述单片机内部资源进行检测外，对系统中的其他接口电路，比如扩展的 EEPROM、A/D 转换电路等，又如数字测温仪中的 555 单稳测温电路，均应通过软件进行检测，确定是否有故障。只有各项检查均正常，程序方能继续执行，否则应提示出错。

2．掉电保护

瞬间断电或电压的突然下降，将使系统陷入混乱状态，在电压正常后系统难以恢复正

常。对付这类事故的有效方法就是掉电保护，掉电信号由外部硬件电路加到单片机的外部中断输入端，软件将掉电中断优先级设置为高级，使系统能够对掉电及时作出反应。在掉电子程序中，首先对现场进行保护，把当前的重要状态参数和中间结果保存起来；其次对有关外设作出妥善处理，如关闭各输入/输出口，使外设处于安全状态等；最后还必须在片内 RAM 的某一或两个单元做特定标记，作为掉电标志。这些应急措施全部实施完毕后，即可进入掉电保护状态。为保护掉电子程序的正常运行，掉电检测电路必须在电压下降到 CPU 最低工作电压之前就提出中断申请。掉电后外围电路失电，但 CPU 不能失电，以保持 RAM 中内容不变。当电源恢复正常时，CPU 重新复位，复位后应首先检测是否有掉电标志，如有则说明本次复位为掉电保护之后的复位，不应将系统初始化，而应按掉电保护程序相反的方式恢复现场，以一种合理的安全方式使系统继续未完成的工作。

3. 指令冗余

当 CPU 受到干扰后，往往将一些操作数当作指令码来执行，引起程序混乱。这时首先要尽快将程序纳入正轨，MCS-51 系列指令系统中所有的指令都不超过 3 个字节，而且有很多单字节指令。当程序飞到某一条单字节指令上时，便会自动纳入正轨；当程序"跑飞"到某一双字节指令时，又可能落到其操作数上，从而继续出错；当程序飞到三字节指令时，因为它有两个操作数，继续出错的机会更大。因此，应多采用单字节指令，并在关键的地方人为地插入一些单字节指令(NOP)，或将有效单字节指令重新书写，这便是指令冗余。

在双字节指令或者三字节指令之后插入两条 NOP 指令，可保护其后的指令不被拆散；或者说某指令前插入两条 NOP 指令，则这条指令就不会被前面冲下来的失控指令拆散，并将被完整执行，从而使程序走上正轨，但不能加入太多冗余指令，以免明显降低程序正常运行的效率。因此，常在一些程序流向起决定性作用的指令前，插入两条 NOP 指令，以保证"跑飞"的程序迅速纳入正确的轨道。此类指令有 RET、RETI、ACALL、LCALL、SJMP、AJMP、LJMP、JZ、JNZ、JC、JNC、JB、JNB、JBC、CJNZ 和 DJNZ 等。

4. 软件陷阱

在程序存储器中总会有一些区域未使用，如果因干扰导致单片机的指令计数器 PC 值被错置，则程序就会跳到这些未用的程序存储空间，系统就会出错。软件陷阱是在程序存储器未使用的区域中加上若干条空操作和无条件跳转指令，来指向程序 "跑飞" 处理子程序的入口地址。如果程序跳到这些未用区域，就会执行无条件跳转指令，转到相应的"跑飞"处理子程序中。除程序未用区域外，还可以在程序段之间(如子程序之间及一段处理程序完成后)及一页的末尾处插入软件陷阱，效果会更好。假设这段处理错误的程序入口地址为 ERR，则下面三条指令即组成一个"软件陷阱"：

NOP

NOP

LJMP ERR

"软件陷阱"一般安排在下列四种地方。

(1) 未使用的中断向量区。MCS-51 单片机的中断向量区为 0003H～002FH，如果所设计的智能化测量控制仪表未使用完全中断向量区，则可在剩余的中断向量区安排 "软件陷阱"，以便能捕捉到错误的中断。例如某设备使用了两个外部中断 INT0、INT1 和一个定时器中断 T0，它们的中断服务子程序入口地址分别为 FUINT0、FUINT1 和 FUT0，则可按下面的方式来设置中断向量区。

```
        ORG 0000H
        0000H  START： LJMP MAIN         ；引向主程序入口
        0003H         LJMP  FUINT0       ；INT0 中断服务程序入口
        0006H         NOP                ；冗余指令
        0007H         NOP
        0008H         LJMP  ERR          ；陷阱
        000BH         LJMP  FUT0         ；T0 中断服务程序入口
        000EH         NOP                ；冗余指令
        000FH         NOP
        0010H         LJMP  ERR          ；陷阱
        0013H         LJMP  FUINT1       ；INT1 中断服务程序入口
        0016H         NOP                ；冗余指令
        0017H         NOP
        0018H         LJMP  ERR          ；陷阱
        001BH         LJMP  ERR          ；未使用 T1 中断，设陷阱
        001EH         NOP                ；冗余指令
        001FH         NOP
        0020H         LJMP  ERR          ；陷阱
        0023H         LJMP  ERR          ；未使用串行口中断，设陷阱
        0026H         NOP                ；冗余指令
        0027H         NOP
        0028H         LJMP  ERR          ；陷阱
        002BH         LJMP  ERR          ；未使用 T2 中断，设陷阱
        002EH         NOP                ；冗余指令
        002FH         NOP
        0030H  MAIN：                    ；主程序
```

(2) 未使用的大片 EPROM 空间。智能化测量控制仪表中使用的 EPROM 芯片一般都不会使用完其全部空间，对于剩余未编程的 EPROM 空间，一般都维持其原状，即其内容为 0FFH。0FFH 对于 MCS-51 单片机的指令系统来说是一条单字节的指令"MOV R7，A"，如果程序"跑飞"到这一区域，则顺序向后执行，不再跳跃(除非又受到新的干扰)。因此在这段区域内每隔一段地址设一个陷阱，就一定能捕捉到"跑飞"的程序。

(3) 表格。有两种表格，即数据表格和散转表格。由于表格的内容与检索值有一一对应的关系，在表格中间安排陷阱会破坏其连续性和对应关系，因此只能在表格的最后安排陷阱。如果表格区较长，则安排在最后的陷阱不能保证一定能捕捉到飞来程序的流向，有可能在中途再次"跑飞"。

(4) 程序区。程序区是由一系列的指令所构成的，不能在这些指令中间任意安排陷阱，否则会破坏正常的程序流程。但是在这些指令中间常常有一些断点，正常的程序执行到断

点处就不再往下执行了，如果在这些地方设置陷阱就能有效地捕获"跑飞"的程序。例如，在一个根据累加器 A 中内容的正、负和零的情况进行三分支的程序中，软件陷阱安排如下：

```
            JNZ    XYZ          ；零处理
            AJMP   ABC          ；断裂点
            NOP
            NOP
            LJMP   ERR          ；陷阱
     XYZ：  JB   ACC.7，UVW      ；零处理
            AJMP   ABC          ；断裂点
            NOP
            NOP
            LJMP ERR            ；陷阱
     UVW：(程序略)

     ABC：  MOV   A，R2          ；取结果
            RET                 ；断裂点
            NOP
            NOP
            LJMP   ERR
```

由于软件陷阱都安排在正常程序执行不到的地方，故不会影响程序的执行效率。在 EPROM 容量允许的条件下，这种软件陷阱多一些为好。如果"跑飞"的程序落到一个临时构成的死循环中时，冗余指令和软件陷阱都将无能为力。

5．设置程序运行的标志

要进行程序"跑飞"处理，就要分清程序"跑飞"所造成的影响，以及程序"跑飞"前运行的进程，这就需要设置相应的标志。

1）RAM 数据正常标志

RAM 数据正常标志是检测 RAM 区的数据是否已经因程序"跑飞"或其他干扰而改变，如果已改变，则系统无法自行恢复到原来的出错地点，只能由人工或由软件复位从头开始执行。要进行 RAM 单元数据正常与否的检测，首先应在初始化程序中对 RAM 的若干单元设置 RAM 数据正常标志。通常是在 RAM 单元中选数个单元，在初始化程序中将其设置成固定的数，如"55H"或"0AAH"，只要程序正常运行，这些单元的内容是不会被修改的，若因程序"跑飞"或其他干扰导致这些 RAM 单元中的任何单元的数据发生变化，则说明其他 RAM 单元的内容也可能发生变化，这样就无法反映程序运行的结果和状态，也就不能根据 RAM 单元中的标志去恢复程序运行现场。

2）程序运行标记

程序运行状态标记是在 RAM 区中设立一些标志位，这些标志位分别代表程序运行的不同阶段及运行后的状态。在初始化程序中，首先对这些单元设置初值，在程序运行的不同阶段，这些单元的内容将被改变成特定值，以标记程序运行的阶段和运行后的状态。这些

标志除了在程序正常运行中起到条件转移的作用外，还能在程序"跑飞"而 RAM 单元数据仍正常时起到恢复程序运行现场的作用。

6．软件"看门狗"(WATCHDOG)

软件陷阱是在程序运行到 ROM 的非法区域时检测程序出错的方法，而"看门狗"是根据程序在运行指定时间间隔内未进行相应的操作，即未按时复位看门狗定时器，来判断程序运行出错的。若失控的程序进入"死循环"，则通常采用"看门狗"技术使程序脱离"死循环"，其方法是通过不断检测程序循环运行时间，若发现程序循环时间超过最大循环运行时间，则认为系统陷入"死循环"，需进行出错处理。

"看门狗"技术可由硬件实现，也可由软件实现。在工业应用中，严重的干扰有时会破坏中断方式控制字，关闭中断系统则无法定时"喂狗"，硬件看门狗电路失效。而软件看门狗可有效地解决这类问题。

WATCHDOG 有如下特征：

(1) 本身能独立工作，基本上不依赖于 CPU。CPU 只在一个固定的时间间隔内与之打一次交道，表明整个系统"目前尚属正常"。

(2) 当 CPU 落入死循环之后，能及时发现并使整个系统复位。目前有很多单片机在内部已经集成了片内的硬件 WATCHDOG 电路，使用起来更为方便。也可以用软件程序来形成 WATCHDOG。例如可以采用 8051 的定时器 T0 来形成 WATCHDOG；将 T0 的溢出中断设为高级中断，其他中断均设置为低级中断，若采用 6 MHz 的时钟，则可用以下程序使 T0 定时约 10 ms 来形成软件 WATCHDOG。

```
MOV    TMOD, #01H      ；置 T0 为 16 位定时器
SETB   ET0             ；允许 T0 中断
SETB   PT0             ；设置 T0 为高级中断
MOV    TH0, #0E0H      ；定时约 10 ms
SETB   TR0             ；启动 T0
SETB   EA              ；开中断
```

软件 WATCHDOG 启动后，系统工作程序必须每隔小于 10ms 的时间执行一次"MOV TH0, #0E0H"指令，重新设置 T0 的计数初值。如果程序"跑飞"后执行不到这条指令，则在 10ms 之内即会产生一次 T0 溢出中断，在 T0 的中断向量区安放一条转移到出错处理程序的指令 LJMP ERR，由出错处理程序来处理各种善后工作。采用软件 WATCHDOG 有一个弱点，就是如果"跑飞"的程序使某些操作数成为修改 T0 功能的指令，则执行这种指令后软件 WATCHDOG 就会失效。因此，软件 WATCHDOG 的可靠性不如硬件高。

习题与思考题

13-1　简述形成干扰源的要素。

13-2　单片机抗干扰从哪几个方面考虑？

13-3　简述硬件抗干扰的措施。

13-4　简述软件抗干扰的方法及具体措施。

附录 A ASCII 码表

ASCII 值		字符	控制字符含义	ASCII 值		字符	ASCII 值		字符	ASCII 值		字符
Dec	Hex	Char		Dec	Hex	Char	Dec	Hex	Char	Dec	Hex	Char
0	0	NUL	Null 空白	32	20	SP	64	40	@	96	60	`
1	1	SOH	start of heading 序始	33	21	!	65	41	A	97	61	a
2	2	STX	start of text 文始	34	22	"	66	42	B	98	62	b
3	3	ETX	end of text 文终	35	23	#	67	43	C	99	63	c
4	4	EOT	end of transmission 送毕	36	24	$	68	44	D	100	64	d
5	5	ENQ	Enquiry 询问	37	25	%	69	45	E	101	65	e
6	6	ACK	Acknowledge 应答	38	26	&	70	46	F	102	66	f
7	7	BEL	Bell 响铃	39	27	'	71	47	G	103	67	g
8	8	BS	Backspace 退格	40	28	(	72	48	H	104	68	h
9	9	HT	horizontal tab 横表	41	29	)	73	49	I	105	69	i
10	A	LF	line feed 换行	42	2A	*	74	4A	J	106	6A	j
11	B	VT	vertical tab 纵表	43	2B	+	75	4B	K	107	6B	k
12	C	FF	form feed 换页	44	2C	,	76	4C	L	108	6C	l
13	D	CR	carriage return 回车	45	2D	-	77	4D	M	109	6D	m
14	E	SO	shift out 移出	46	2E	.	78	4E	N	110	6E	n
15	F	SI	shift in 移入	47	2F	/	79	4F	O	111	6F	o
16	10	DLE	data link escape 转义	48	30	0	80	50	P	112	70	p
17	11	DC1	device control 1 机控 1	49	31	1	81	51	Q	113	71	q
18	12	DC2	device control 2 机控 2	50	32	2	82	52	R	114	72	r
19	13	DC3	device control 3 机控 3	51	33	3	83	53	S	115	73	s
20	14	DC4	device control 4 机控 4	52	34	4	84	54	T	116	74	t
21	15	NAK	negative acknowledge 未应答	53	35	5	85	55	U	117	75	u
22	16	SYN	synchronous idle 同步	54	36	6	86	56	V	118	76	v
23	17	ETB	end of transmitted block 组终	55	37	7	87	57	W	119	77	w
24	18	CAN	Cancel 作废	56	38	8	88	58	X	120	78	x
25	19	EM	end of medium 载终	57	39	9	89	59	Y	121	79	y
26	1A	SUB	Substitute 取代	58	3A	:	90	5A	Z	122	7A	z
27	1B	ESC	Escape 换码	59	3B	;	91	5B	[	123	7B	{
28	1C	FS	file separator 文件隔离符	60	3C	<	92	5C	\	124	7C	|
29	1D	GS	group separator 组隔离符	61	3D	=	93	5D	]	125	7D	}
30	1E	RS	record separator 记录隔离符	62	3E	>	94	5E	^	126	7E	~
31	1F	US	unit separator 单元隔离符	63	3F	?	95	5F	_	127	7F	DEL

附录 B MCS-51 单片机指令表

指 令(助记符)	功 能 说 明	机器码 (十六进制)	对标志位影响				字节数	周期数
			P	OV	AC	CY		
数据传送类指令(29 条)								
MOV A, Rn	寄存器送累加器	E8～EF	√	×	×	×	1	1
MOV A, direct	直接字节送累加器	E5(direct)	√	×	×	×	2	1
MOV A, @Ri	间接 RAM 送累加器	E6～E7	√	×	×	×	1	1
MOV A, #data	立即数送累加器	74(data)	√	×	×	×	2	1
MOV Rn, A	累加器送寄存器	F8～FF	×	×	×	×	1	1
MOV Rn, direct	直接字节送寄存器	A8～AF (direct)	×	×	×	×	2	2
MOV Rn, #data	立即数送寄存器	78～7F(data)	×	×	×	×	2	1
MOV direct, A	累加器送直接字节	F5 (direct)	×	×	×	×	2	1
MOV direct, Rn	寄存器送直接字节	88～8F(direct)	×	×	×	×	2	2
MOV direct2, direct1	直接字节送直接字节	85(direct1) (direct2)	×	×	×	×	3	2
MOV direct, @Ri	间接 RAM 送直接字节	86～87(direct)	×	×	×	×	2	2
MOV direct, #data	立即数送直接字节	75(direct) (data)	×	×	×	×	3	2
MOV @Ri, A	累加器送间接 RAM	F6～F7	×	×	×	×	1	1
MOV @Ri, direct	直接字节送间接 RAM	A6～A7(direct)	×	×	×	×	2	2
MOV @Ri, #data	立即数送间接 RAM	76～77(data)	×	×	×	×	2	1
MOV DPTR, # data16	16 位立即数送数据指针	90(data$_{15～8}$) (data$_{7～0}$)	×	×	×	×	3	2
MOVC A, @A+DPTR	以 DPTR 为变址寻址的程序存储器读操作	93	√	×	×	×	1	2
MOVC A, @A+PC	以 PC 为变址寻址的程序存储器读操作	83	√	×	×	×	1	2
MOVX A, @Ri	外部 RAM(8 位地址)读操作	E2～E3	√	×	×	×	1	2
MOVX A, @ DPTR	外部 RAM(16 位地址)读操作	E0	√	×	×	×	1	2
MOVX @Ri, A	外部 RAM(8 位地址)写操作	F2～F3	×	×	×	×	1	2
MOVX @ DPTR, A	外部 RAM(16 位地址)写操作	F0	×	×	×	×	1	2
PUSH direct	直接字节进栈	C0(direct)	×	×	×	×	2	2
POP direct	直接字节出栈	D0(direct)	×	×	×	×	2	2
XCH A, Rn	交换累加器和寄存器	C8～CF	√	×	×	×	1	1
XCH A, direct	交换累加器和直接字节	C5(direct)	√	×	×	×	2	1
XCH A, @Ri	交换累加器和间接 RAM	C6～C7	√	×	×	×	1	1
XCHD A, @Ri	交换累加器和间接 RAM 的低 4 位	D6～D7	√	×	×	×	1	1
SWAP A	半字节交换	C4	×	×	×	×	1	1

指　令(助记符)	功　能　说　明	机器码 (十六进制)	对标志位影响				字节数	周期数
			P	OV	AC	CY		
算术类指令(24 条)								
ADD A, Rn	寄存器加到累加器	28~2F	√	√	√	√	1	1
ADD A, direct	直接字节加到累加器	25(direct)	√	√	√	√	2	1
ADD A, @Ri	间接 RAM 加到累加器	26~27	√	√	√	√	1	1
ADD A, #data	立即数加到累加器	24(data)	√	√	√	√	2	1
ADDC A, Rn	寄存器带进位加到累加器	38~3F	√	√	√	√	1	1
ADDC A, direct	直接字节带进位加到累加器	35(direct)	√	√	√	√	2	1
ADDC A, @Ri	间接 RAM 带进位加到累加器	36~37	√	√	√	√	1	1
ADDC A, #data	立即数带进位加到累加器	34(data)	√	√	√	√	2	1
SUBB A, Rn	累加器带借位减去寄存器	98~9F	√	√	√	√	1	1
SUBB A, direct	累加器带借位减去直接字节	95(direct)	√	√	√	√	2	1
SUBB A, @Ri	累加器带借位减去间接 RAM	96~97	√	√	√	√	1	1
SUBB A, #data	累加器带借位减去立即数	94(data)	√	√	√	√	2	1
INC　A	累加器加 1	04	√	×	×	×	1	1
INC　Rn	寄存器加 1	08~0F	×	×	×	×	1	1
INC　direct	直接字节加 1	05(direct)	×	×	×	×	2	1
INC　@Ri	间接 RAM 加 1	06~07	×	×	×	×	1	1
DEC　A	累加器减 1	14	√	×	×	×	1	1
DEC　Rn	寄存器减 1	18~1F	×	×	×	×	1	1
DEC　direct	直接字节减 1	15(direct)	×	×	×	×	2	1
DEC　@Ri	间接 RAM 减 1	16~17	×	×	×	×	1	1
INC　DPTR	数据指针加 1	A3	×	×	×	×	1	2
MUL　AB	A 乘以 B	A4	√	√	×	0	1	4
DIV　AB	A 除以 B	84	√	√	×	0	1	4
DA　A	十进制调整	D4	√	√	√	√	1	1
逻辑运算类指令(20 条)								
ANL　A, Rn	寄存器"与"累加器	58~5F	√	×	×	×	1	1
ANL　A, direct	直接字节"与"累加器	55(direct)	√	×	×	×	2	1
ANL　A, @Ri	间接 RAM "与"累加器	56~57	√	×	×	×	1	1
ANL　A, #data	立即数"与"累加器	54(data)	√	×	×	×	2	1
ANL　direct, A	累加器"与"直接字节	52(direct)	×	×	×	×	2	1
ANL　direct, #data	立即数"与"直接字节	53(direct)(data)	×	×	×	×	3	2
ORL　A, Rn	寄存器"或"累加器	48~4F	√	×	×	×	1	1

指 令(助记符)	功 能 说 明	机器码 (十六进制)	对标志位影响 P	OV	AC	CY	字节数	周期数
ORL A, direct	直接字节"或"累加器	45(direct)	√	×	×	×	2	1
ORL A, @Ri	间接 RAM "或"累加器	46~47	√	×	×	×	1	1
ORL A, #data	立即数"或"累加器	44(data)	√	×	×	×	2	1
ORL direct, A	累加器"或"直接字节	42(direct)	×	×	×	×	2	1
ORL direct, #data	立即数"或"直接字节	43(direct)(data)	×	×	×	×	3	2
XRL A, Rn	寄存器"异或"累加器	68~6F	√	×	×	×	1	1
XRL A, direct	直接字节"异或"累加器	65(direct)	√	×	×	×	2	1
XRL A, @Ri	间接 RAM "异或"累加器	66~67	√	×	×	×	1	1
XRL A, #data	立即数"异或"累加器	64(data)	√	×	×	×	2	1
XRL direct, A	累加器"异或"直接字节	62(direct)	×	×	×	×	2	1
XRL direct, #data	立即数"异或"直接字节	63(direct)(data)	×	×	×	×	3	2
CLR A	累加器清零	E4	√	×	×	×	1	1
CPL A	累加器取反	F4	×	×	×	×	1	1
移位操作类指令(4 条)								
RL A	循环左移	23	×	×	×	×	1	1
RLC A	带进位循环左移	33	√	×	×	√	1	1
RR A	循环右移	03	×	×	×	×	1	1
RRC A	带进位循环右移	13	√	×	×	√	1	1
位操作类指令(17 条)								
MOV C, bit	直接位送进位位	A2(bit)	×	×	×	√	2	1
MOV bit, C	进位位送直接位	92(bit)	×	×	×	×	2	2
CLR C	进位位清零	C3	×	×	×	0	1	1
CLR bit	直接位清零	C2(bit)	×	×	×	×	2	1
SETB C	进位位置 1	D3	×	×	×	1	1	1
SETB bit	直接位置 1	D2(bit)	×	×	×	×	2	1
CPL C	进位位取反	B3	×	×	×	√	1	1
CPL bit	直接位取反	B2(bit)	×	×	×	×	2	1
ANL C, bit	直接位"与"进位位	82(bit)	×	×	×	√	2	2
ANL C, /bit	直接位取反"与"进位位	B0(bit)	×	×	×	√	2	2
ORL C, bit	直接位"或"进位位	72(bit)	×	OV	×	√	2	2
ORL C, /bit	直接位取反"或"进位位	A0(bit)	×	×	×	√	2	2
JC rel	进位位为 1 转移	40(rel)	×	×	×	×	2	2
JNC rel	进位位为 0 转移	50(rel)	×	×	×	×	2	2
JB bit, rel	直接位为 1 转移	20(bit)(rel)	×	×	×	×	3	2
JNB bit, rel	直接位为 0 转移	30(bit)(rel)	×	×	×	×	3	2
JBC bit, rel	直接位为 1 转移并清零该位	10(bit)(rel)	×	×	×	√	3	2

指 令(助记符)	功 能 说 明	机器码 (十六进制)	对标志位影响 P	OV	AC	CY	字节数	周期数
控制转移类指令(17 条)								
ACALL addr11	绝对子程序调用	$(addr_{10\sim8}10001)(addr_{7\sim0})$	×	×	×	×	2	2
LCALL addr16	长子程序调用	12 $(addr_{15\sim8})(addr_{7\sim0})$	×	×	×	×	3	2
RET	子程序返回	22	×	×	×	×	1	2
RETI	中断返回	32	×	×	×	×	1	2
AJMP addr11	绝对转移	$(addr_{10\sim8}00001)(addr_{7\sim0})$	×	×	×	×	2	2
LJMP addr16	长转移	02 $(addr_{15\sim8})(addr_{7\sim0})$	×	×	×	×	3	2
SJMP rel	短转移	80(rel)	×	×	×	×	2	2
JMP @A+DPTR	间接转移	73	×	×	×	×	1	2
JZ rel	累加器为零转移	60(rel)	×	×	×	×	2	2
JNZ rel	累加器不为零转移	70(rel)	×	×	×	×	2	2
CJNE A, direct, rel	直接字节与累加器比较,不相等则转移	B5(direct)(rel)	×	×	×	×	3	2
CJNE A, #data, rel	立即数与累加器比较,不相等则转移	B4(data)(rel)	×	×	×	√	3	2
CJNE Rn, #data, rel	立即数与寄存器比较,不相等则转移	B8~BF(data)(rel)	×	×	×	√	3	2
CJNE @Ri, #data, rel	立即数与间接 RAM 比较,不相等则转移	B6~B7(data)(rel)	×	×	×	√	3	2
DJNZ Rn, rel	寄存器减 1 不为零转移	D8~DF (rel)	×	×	×	√	2	2
DJNZ direct, rel	直接字节减 1 不为零转移	D5(direct)(rel)	×	×	×	×	3	2
NOP	空操作	00	√	×	×	×	1	1

注:"√"表示对标志位有影响;"×"表示对标志位无影响。

附录 C 单片机学习与开发应用常用网站

1. 单片机爱好者(http://www.mcufan.com/)
2. 单片机学习(http://www.mcustudy.com/)
3. 电子制作天地(http://www.dzdiy.com/)
4. 电子爱好者(http://www.etuni.com)
5. 平凡单片机工作室(http://www.mcustudio.com/)
6. IC 商务网(http://www.buy-ic.com/)
7. 哈尔滨工业大学单片机原理精品课程网站(http://hitjpkc.hit.edu.cn/JPWork/ShowJpkc.asp?ID=17)
8. 东华理工大学单片机原理及应用精品课程网(http://jpkch.ecit.edu.cn/dpj/Course/Index.htm)
9   中国电子网(http://www.21ic.com/)
10. 中国电子资源网(http://www.chinadz.com/)
11. 中国电子行业信息网(http://www.ceic.gov.cn/)
12. 电子工程师(http://www.eebyte.com)
13. 单片机产品设计中心(http://www.syhbgs.com/)
14. Microchip 公司中文网站(http://microchip.com.cn/)
15. Atmel 公司英文网站(http://www.atmel.com/)
16. 凌阳大学计划(http://www.unsp.com/)
17. 中国 IC 网(http://www.chinaic.net/)
18. 武汉力源(http://www.icbase.com/)
19. 元器件在线(http://www.ieechina.com/)
20. 集成电路速查网(http://www.datasheet5.com/)
21. 51 单片机学习(http://www.51c51.com/)
22. 单片机资源(http://www.kj-pub.com/)
23. PIC 单片机学习网 http://www.pic16.com/
24. 单片机开发(http://www.fjbmcu.com/.)
25. 老古开发网(http://www.laogu.com/)
26. 周立功单片机世界(http://www.zlgmcu.com/)
27. 嵌入开发网(http://www.embed.com.cn/)
28. 大虾电子网(http://www.daxia.com/)
29. PCB 信息网(http://www.pcbinfo.net/)
30. 沈阳单片机开发网(http://www.symcukf.com/)
31. 长沙太阳人电子网(http://www.sunman.com.cn/)
32. 南京伟福仿真器(http://www.wave-cn.com/)
33. 启东仿真器(http://www.qth.com.cn/)
34. 南京西尔特编程器(http://www.xeltek_cn.com/)
35. 台湾河洛编程器(http://www.soc-sopc.com/)
36. 伟纳电子网(http://www.willar.com/)

附录 D　常用芯片引脚和内部结构图

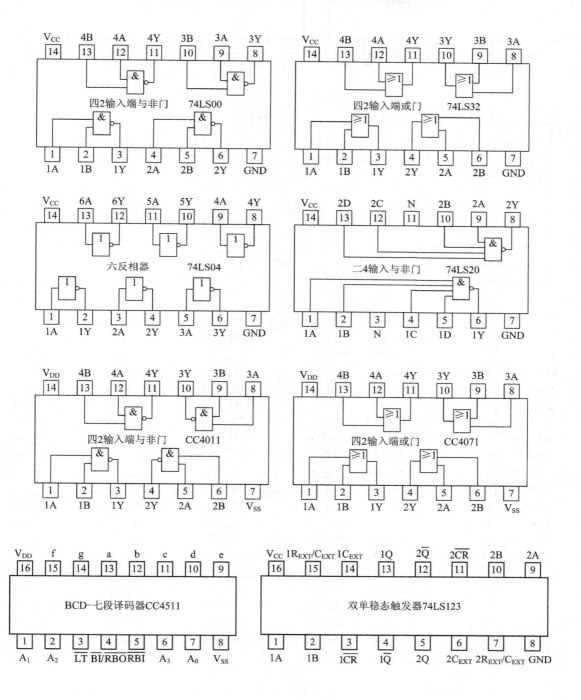

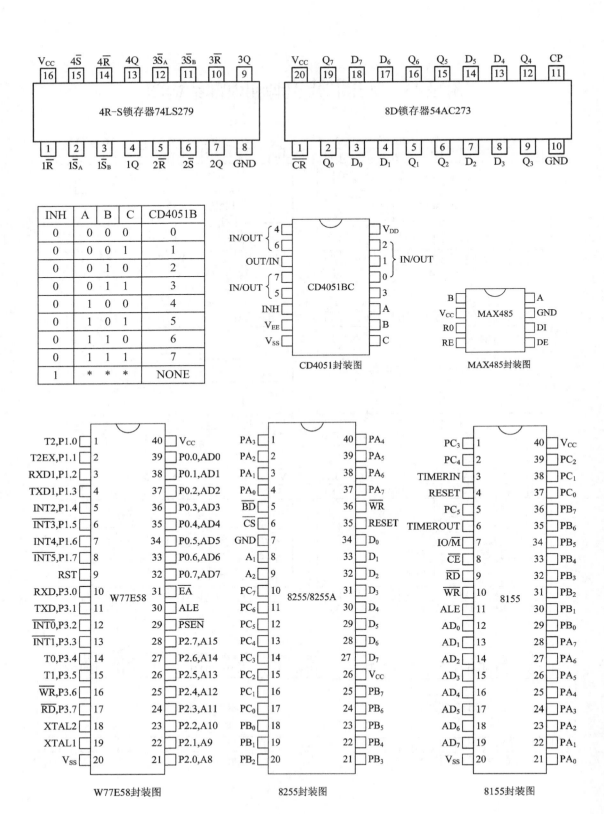

INH	A	B	C	CD4051B
0	0	0	0	0
0	0	0	1	1
0	0	1	0	2
0	0	1	1	3
0	1	0	0	4
0	1	0	1	5
0	1	1	0	6
0	1	1	1	7
1	*	*	*	NONE

CD4051封装图

MAX485封装图

W77E58封装图

8255封装图

8155封装图

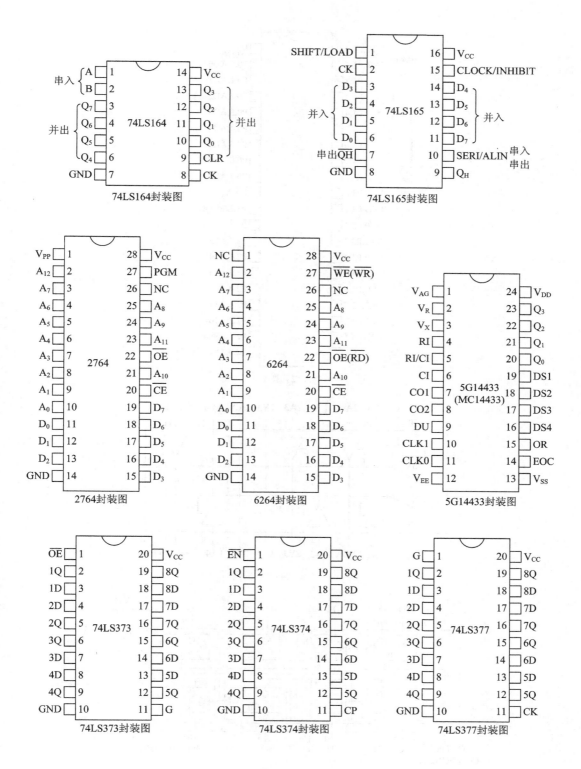

74LS164封装图

74LS165封装图

2764封装图

6264封装图

5G14433封装图

74LS373封装图

74LS374封装图

74LS377封装图

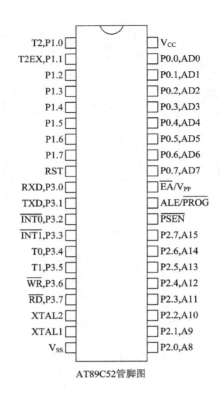

AT89C52管脚图

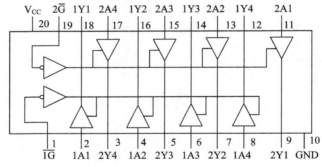

74LS244结构框图

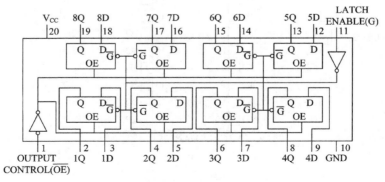

74LS373内部结构框图

附录 E MCS-51 单片机寄存器定义头文件 REG51.H 内容

```
/*-------------------------------------------------------------------
REG51.H

Header file for generic 80C51 and 80C31 microcontroller.
Copyright (c) 1988-2002 Keil Elektronik GmbH and Keil Software, Inc.
All rights reserved.
-------------------------------------------------------------------*/
#ifndef __REG51_H__
#define __REG51_H__
/*   BYTE Register   */
sfr P0     = 0x80;
sfr P1     = 0x90;
sfr P2     = 0xA0;
sfr P3     = 0xB0;
sfr PSW    = 0xD0;
sfr ACC    = 0xE0;
sfr B      = 0xF0;
sfr SP     = 0x81;
sfr DPL    = 0x82;
sfr DPH    = 0x83;
sfr PCON   = 0x87;
sfr TCON   = 0x88;
sfr TMOD   = 0x89;
sfr TL0    = 0x8A;
sfr TL1    = 0x8B;
sfr TH0    = 0x8C;
sfr TH1    = 0x8D;
sfr IE     = 0xA8;
sfr IP     = 0xB8;
sfr SCON   = 0x98;
sfr SBUF   = 0x99;
/*   BIT Register   */
/*   PSW   */
sbit CY    = 0xD7;
```

```
sbit AC    = 0xD6;
sbit F0    = 0xD5;
sbit RS1   = 0xD4;
sbit RS0   = 0xD3;
sbit OV    = 0xD2;
sbit P     = 0xD0;
/*   TCON   */
sbit TF1   = 0x8F;
sbit TR1   = 0x8E;
sbit TF0   = 0x8D;
sbit TR0   = 0x8C;
sbit IE1   = 0x8B;
sbit IT1   = 0x8A;
sbit IE0   = 0x89;
sbit IT0   = 0x88;
/*   IE    */
sbit EA    = 0xAF;
sbit ES    = 0xAC;
sbit ET1   = 0xAB;
sbit EX1   = 0xAA;
sbit ET0   = 0xA9;
sbit EX0   = 0xA8;
/*   IP    */
sbit PS    = 0xBC;
sbit PT1   = 0xBB;
sbit PX1   = 0xBA;
sbit PT0   = 0xB9;
sbit PX0   = 0xB8;
/*   P3   */
sbit RD    = 0xB7;
sbit WR    = 0xB6;
sbit T1    = 0xB5;
sbit T0    = 0xB4;
sbit INT1  = 0xB3;
sbit INT0  = 0xB2;
sbit TXD   = 0xB1;
sbit RXD   = 0xB0;
/*   SCON   */
sbit SM0   = 0x9F;
```

```
sbit SM1    = 0x9E;
sbit SM2    = 0x9D;
sbit REN    = 0x9C;
sbit TB8    = 0x9B;
sbit RB8    = 0x9A;
sbit TI     = 0x99;
sbit RI     = 0x98;
#endif
```

参 考 文 献

[1] 梅丽凤，王艳秋，汪毓铎，等. 单片机原理及接口技术. 北京：清华大学出版社，2006

[2] 何立民. 单片机应用系统设计. 北京：北京航空航天大学出版社，1990

[3] 余锡存，曹国华. 单片机原理及接口. 西安：西安电子科技大学出版社，2000

[4] 何立民. I^2C 总线应用系统设计. 北京：北京航空航天大学出版社，1995

[5] 李朝青. 单片机原理及接口. 北京：北京航空航天大学出版社，1999

[6] 陈桂友. 单片机原理及应用. 北京：机械工业出版社，2007

[7] 闫玉德，俞虹. MCS-51 单片机原理及应用. 北京：机械工业出版社，2003

[8] 蔡美琴，张为民，何金儿，等. MCS-51 单片机系统及其应用. 2 版. 北京：高等教育出版社，2004

[9] 田立，等. 51 单片机 C 语言程序设计快速入门. 北京：人民邮电出版社，2007

[10] 赵亮，等. 单片机 C 语言编程与实例. 北京：人民邮电出版社，2003

[11] 马忠梅，等. 单片机 C 语言应用程序设计. 北京：北京航空航天大学出版社，2003

[12] 周航慈，等. 单片机应用程序设计技术. 北京：北京航空航天大学出版社，2002

[13] 马明健. 数据采集与处理技术. 北京：西安交通大学出版社，2005

[14] 张鑫. 单片机原理及应用. 北京：电子工业出版社，2005

[15] 张丽娜. 单片机原理及应用. 武汉：华中科技大学出版社，2004

[16] 徐新民. 单片机原理及应用. 杭州：浙江大学出版社，2006

[17] 徐爱钧，彭秀华. Keil Cx51 v7.0 单片机高级语言编程与 μVision2 应用实践，北京：电子工业出版社，2004

[18] 杨学昭，陈旭，涂琨. 无线掌上抄表系统的设计和实现. 电测与仪表， 2004.05

[19] 杨学昭，王东云. 基于 RS-485 总线的土工布渗透率测控系统, 仪表技术与传感器，2003.03

[20] 杨学昭，张五一，陈旭. 八位移位输出芯片在 LED 大屏幕显示中的应用，电子设计应用，2003.01